工藝材料

李鈞棫 著　　東大圖書公司 印行

© 工 藝 材 料

——〇號

初 版　中華民國七十年十二月
六 版　中華民國八十二年 八 月

編 號　E 97003

基本定價　叁元伍角陸分

行政院新聞局登記證局版臺業字第〇一九七號
著作權執照臺內著字第一七七一〇號

ISBN 957-19-0837-1 （平裝）

序

　　自從學生時代，就覺得需要一本討論工藝材料的書。畢業後，從事工藝教學和實際參與生產工作時，這種需要更爲迫切。可是，迄今二十餘年，始終沒等到這本書的露面。因而興起一個念頭：何不自己動手一試，以饗同好。

　　這本書爲甚麼沒人去動筆？猜測原因，大約有二：其一、工藝一詞涵蓋很廣泛，牽涉到的材料太多，要樣樣都通，不太可能。其二、工藝界人士對其製造技巧，每多諱莫如深，包括對材料的知識，也同樣保密。事實上，後者倒不成其爲理由，因爲材料的知識並非什麼秘密，只要肯繼續發掘，終究會被找到，只不過「聞道」有先後而已。倒是有了資料之後，面對多年繁雜的累積如何取捨，頗感困惑。倘若每種材料都深入去討論，篇幅必不允許，若僅泛泛提過，又嫌膚淺不切實用。故本書在動筆時，曾希望能符合幾個原則：

　　1. 所提供的資料，要能切合工藝科系同學及一般工藝界人士的需要。

　　2. 對於材料的性狀、功能等儘可能作較科學的陳述，對於材料的產地、生態、處理、加工、銷售等也得提供必要的知識。

　　3. 對本地的材料資源，多作詳盡的介紹，鼓勵就地取材，發展特產，以符合當前的輸出經濟政策。

　　但是，動筆之後，發現要達成這些原則也頗不易。諺云：「盡力之謂誠」，但願這一份愚誠，能博得方家的不吝賜教。

李鈞棫　謹識
民國七十年八月於省立臺北師專

工藝材料　目次

第一章 緒 論

1-1 工藝與工藝材料

　　大凡藝術，都必須具備二個基本條件，一是「構想」，二是「表現」，構想是作品的主題，表現是將自我的構想傳達給他人以引起共鳴。構想因人而異，表現卻離不開材料、工具和技巧三大要素。沒有材料，作品無從表現；而人類的雙手，乃是最原始也最有用的工具，雙手有所不逮，才發明機具來延伸它的功能；至於技巧，則是運用工具來處理材料以達到爐火純青的地步。

　　工藝一科，應屬於視覺藝術的範疇，除藉材料以表現造型(Form)之外，也藉材料來表現功能(Function)。因此，我們可以很清楚地看出來，如果沒有材料，也就沒有工藝，恐怕連所有的藝術也都難以存在吧！

　　我國傳統的所謂「工藝」，含有以「工」示「藝」的意味，大多借助雙手或簡單的機具來處理材料以表現某些造型或功能，例如以手編籃、以刀刻木、以針繡線、以機織毯、以轆轤製陶之類。新近則引進「Industrial Arts」一詞，亦被譯為工藝，其內涵係屬陶冶教的一環，以傳授工業的觀念、知識、產品、技能等的「工業文化」為主。工藝一詞的新舊涵義雖有差異，不過兩者之間，並無衝突，因為其基本要件並無改變。所不同者，由於科技進步，機具更為精密，技巧更為複雜，產品複製的速度更快，至於材料本身，往昔所應用者，目前則對之更為珍惜，使用更知節省，物性更能發揮，近年並開發出不少新材料如塑膠等以資應用。時至今日，材料

的種類繁多，材料的知識不斷累積，工藝雖云小技，吾人如能對有關的材料作比較深入的了解，其在創作上的表現必能愈為優越。

1-2 材料的範圍

材料的範圍，牽涉甚廣，地球表裏所含的物質，可用者均可稱之為材料，其用之於工藝方面者，則稱為工藝材料。材料通常分為金屬和非金屬兩大類，工藝上又將金屬分為貴金屬與卑金屬，卑金屬中則包括鐵與非鐵金屬。至於非金屬材料，則分為有機物和無機物兩大類。本書討論材料，以下列各點為重：

(一)材料構成的要素。

(二)材料的基本性質，包括物理、化學及力學三方面。

(三)材料的分佈、開採、培育、製造與加工。

(四)材料的類別及主要用途。

(五)材料的規格與銷售情形。

1-3 材料的基本質點

各種物質，均由原子構成，要了解材料，先從原子開始。

原子本身係由更基本的粒子構成，重要者有質子(Proton)、中子(Neutron)、和電子 (Electron)。質子帶有陽電荷，電子帶有陰電荷，中子不帶電。質子和中子合成原子核，位於原子的中心，電子則以極高速循一定軌道繞着原子核運行。由於構成原子的各種粒子數量的不同，而有不同的原子。原子的特性可由質子的數量而定，若某一原子的原子核中有一個質子時，該原子的原子序數為 1，例如氫。

不同的原子，其電子軌道的數目也不同，電子由最靠近原子核的軌道依次分組排列運行於各軌道中。各軌道中運行的電子數是一定的，多出的電子則另成外層軌道。最外層的電子決定了原子價，稱為價電子。圍繞原

子核的電子數常和原子序數相同，正負電荷相互抵消，所以原子呈中性。

　　原子的化學性質是由原子的價電子所支配，蓋因接近原子核的內層電子與原子核的結合力甚強，並受到外層電子的保護，所以呈安定狀態。而外層的價電子較易受到外部的影響，而使能量狀態發生變化。有時電子會離開原屬的原子，而某些原子會自其他原子獲得電子。原子之間能否發生化學反應，全視價電子的性質而定。價電子也決定原子間的結合特性和原子的大小，因此對材料的力學性質、機械性質、導電度、光學性質等都發生影響。

1-4　材料的四種結合

　　材料可以說是由於原子的聚集，原子的聚集是由於原子間的結合力，其結合的型態有下列數種:

　　㈠離子結合: 中性原子（自由原子）的外層電子失去或獲得，使原子帶正或負電荷，稱為陽或陰離子，相鄰接的離子因庫倫引力定律所得的互吸力而結合，且在各方向上皆相等，例如鈉的自由原子易放出其最外層的一個價電子而成陽離子，氯原子最外層電子未滿位，可接受一個外來電子而成陰離子，兩離子間吸力相等，因而結合; 又如鎂原子之最外層可授出二個價電子，故一個鎂離子可與二個氯離子相結合。

　　離子結合型的物質，因電子已受束縛而不再流動, 所以成不導電物質。由離子結合之結晶體，當受力時，常沿某種原子面而裂開，這也就是某些材料沒有延性和不能變形的主因。

　　㈡共價結合: 原子最外層的電子若為八個時, 則電子的構造較為安定。例如氯原子的外層有七個電子, 若二個氯原子相結合而共有二個價電子時，則該二個原子都有安定的電子構造，所以氯的分子式為 Cl_2。共價結合也可以由不同原子構成，例如氫和氯可結合成 HCl 的分子。

$$\text{H}:\text{H}+:\ddot{\text{C}}l:\ddot{\text{C}}l:\longrightarrow 2\text{H}:\ddot{\text{C}}l:$$

共價結合的原子間結合力有極強者，像金剛石則是由碳的共價結合，成爲極硬的物質。這一類結合所得的物質，性多硬脆，爲電的絕緣體或半導體，有機化合物和金屬間化合物多屬於此型。

㈢金屬結合：原子外層電子逸出，若不爲其他原子所吸收而呈自由狀態，稱爲自由電子，許多自由電子可以形成電子雲，與失去電子的陽離子之間互有引力而結合。自由電子不屬於任何一種原子，而爲全部原子所共有，所以原子間起滑動時仍不變其結合，因而產生了延性；又自由電子在電場內可以自由流動，因而有導電性；由於價電子可以移流，因而可自高溫處傳熱至低溫處。金屬材料多屬這一型的結合。

㈣雙極結合：此型結合係肇因於原子核在任何時刻中，其一邊的電子數多於另一邊，正電荷之中心與負荷之中心不相一致，而產生電雙極。凡不對稱分子內均存在此種現象，此現象所生的弱極，其引力雖不強，但也足以影響固體物質原子羣的最後排列型態，決定了許多聚合材料的特性。

1-5　材料的結構型態

前節所述是原子結合的基本形式，但當多量原子聚集時，其排列必出現某種型態，通常可分爲兩大類，一類是有規則的，一類是無規則的。所有固態材料的原子結構，不外上述二類，再加上一類有規則和無規則的混合體。例如金屬材料，其原子結構在三次元空間內均呈有規則的排列，這也稱爲晶體結構；而纖維材料，如木材、皮革等則由基本的鍵相連接，少有三次元的規則結構。這些都與材料的性質關係密切，必須作初步的了解。本節無法贅述無規則的結構，僅能對有規則的結構略作介紹。

材料中的原子，在空間作有規則堆積而成的體積，稱爲晶體，卽原子沿空間各結晶軸上的間隔爲定值。圖 1-5·1 設三結晶軸間的夾角各爲 α、

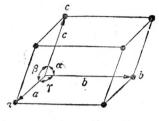

圖 1-5·1 空間晶格

β、γ，沿各軸上每相鄰二原子間之距離為 a、b、c，則此 a、b、c 為定值，如此可構成一個空間晶格。晶格上的各點，稱為晶格點，Bravais 氏研究出晶格點僅能以十四種方式排列，即原子在任何晶體結構中必依其中之一而排列，一個晶格點可以代表一個原子，也可能代表一羣原子，但其原子數必須相等，且指向須一致。此十四種晶格（圖 1-5·2）可分屬七個晶系：

㈠立方晶系（Cubic system）：三軸互相直交，三軸上各原子間隔相等，即 $\alpha = \beta = \gamma = 90°$，a = b = c，有基本立方，體心立方，面心立方三種晶格。

㈡正方晶系（Tetragonal system）：$\alpha = \beta = \gamma = 90°$，a = b $\neq$ c，有基本正方、體心正方二種晶格。

㈢斜方晶系（Orthorhombic system）：$\alpha = \beta = \gamma = 90°$，a $\neq$ b $\neq$ c，有基本斜方、底心斜方、體心斜方、面心斜方等四種晶格。

㈣單斜晶系（Monoclinic system）：$\alpha = \gamma = 90° \neq \beta$，a = b = c，（或 a $\neq$ b $\neq$ c），有基本單斜及底心單斜二種晶格。

㈤三斜晶系（Triclinic system）：三軸不相直交，即 $\alpha \neq \beta \neq \gamma \neq 90°$，a = b = c （或 a $\neq$ b $\neq$ c），僅有基本三斜一種晶格。

㈥斜方六面體（Rhombohedral）：其三軸夾角相等，但非直角，$\alpha = \beta = \gamma \neq 90°$，a = b = c，有基本斜方六面體晶格一種。

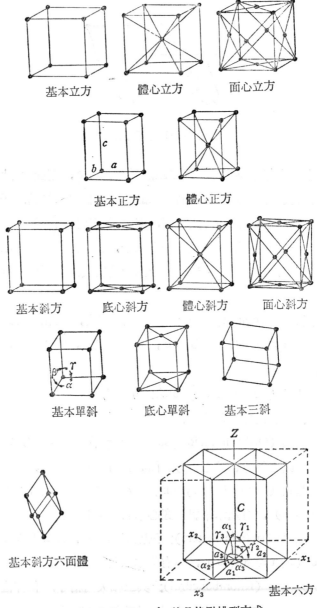

基本立方　　　體心立方　　　面心立方

基本正方　　　體心正方

基本斜方　　底心斜方　　體心斜方　　面心斜方

基本單斜　　　底心單斜　　　基本三斜

基本斜方六面體　　　　　基本六方

圖 1-5·2　Bravais 的晶格點排列方式

(七)六方晶系(Hexagonal system)：有三個同平行軸互成120°，其第四軸與此三同平面軸成直交，即 $\alpha_1=\alpha_2=\alpha_3=120°$，$\gamma_1=\gamma_2=\gamma_3=90°$，$a_1=a_2=a_3 \neq c$，有基本六方晶格一種。

1-6 材料的通性

材料的種類繁多，但有共同的基本性質，通常分三方面來研究，即物理性質、化學性質和力學性質。物理性質是討論材料的物理常數，如比重、密度、導熱、導電等性質；化學性質是討論材料的化學組成以及和他種物質起化學作用的性能；力學性質則討論材料的強度，即材料承受各種荷重作用所發生的應力和變形的情形。基於應用的觀點，對材料性質的介紹，詳簡與取捨或有不同，但測驗材料性質的原理是相同的，故於本章先行提出，作一共同了解，以免將來在各章中的重覆。

(一)材料的物理性質

1. **重量：** 材料在地表的自然狀態下秤之，均有重量。材料之重量以 $4°C$ 時同體積水之重量除之，所得之值稱爲比重 (Specific gravity)，比重爲一比較量，故無單位。如以材料的單位體積計其重量，則稱爲單位重 (Unit weight)，其單位計有公斤／公升、公克／立方公分、公噸／立方公尺、磅／立方呎等數種。

2. **實積率：** 某些材料，因具有空隙，故當計其實積率。其公式爲：

$$實積率 = \frac{單位體積重量(W)}{密度(P)} \times 100\%$$

實積率 100% 者，表示此材料不具空隙，否則即具有空隙。以 100% 減去實積率，可得該材料單位體積的空隙率。

3. **含水率：** 某些有機或無機材料，常含有水分。材料中含有水分時的重量，除以該材料乾燥時的重量，所得之值，稱爲該材料的含水率。其計算公式爲：

$$含水率 = \frac{材料含水時重 - 材料乾燥時重}{材料乾燥時重} \times 100\%$$

材料之含水率，對材料產生影響，過大的含水率，將增加單位重量、傳熱性、及減少強度。木材、竹材、皮革、纖維等有機材料，含水過多則易於腐壞。

4. 比熱：某材料溫度升高一度所需的熱量，與同質量的水升高一度所需熱量之比，稱爲比熱 (Specific heat)，水的比熱爲 1 卡$/°C$，金屬材料的比熱多小於非金屬材料，故受熱時溫度上升較快。

5. 熔點：某些固體材料，加熱至一定的溫度，將變成液體，稱爲熔化，固體開始熔化爲液體的溫度，稱爲熔點。應用在工藝方面的金屬材料，對其熔點必須十分熟悉。

6. 膨脹係數：材料因溫度上升或下降，其體積依比例膨脹或收縮。設膨脹或收縮之量爲 l，材料長度爲 L，溫度升降之差爲 $\triangle T$，則膨脹係數 α 爲：

$$膨脹係數 \alpha = \frac{l}{L \times \triangle T}$$

膨脹係數的單位爲 $1/°F$ 或 $1/°C$。故爲單位溫度之物體體積變化率。而體膨脹係數爲線膨脹係數的三倍。通常熔點愈低的材料，其膨脹係數愈大。

7. 導熱率：材料使熱量從一個表面經過單位厚度傳至另一面，於單位時間內所傳的熱量，稱爲導熱率 (Thermal conductivity)，導熱率以導熱係數 K 表示之。K值愈大，熱傳導速率愈快。

8. 導電率：材料能導電者稱爲導電體，不能導電者爲絕緣體，材料導電之難易，可視其比電阻的大小而定。

9. 耐火性：某些材料，受熱時的不燃燒、不變形的性能，稱爲耐火性 (Fire resistance)。材料之結構，遇熱超過一定溫度時，因抗力降低而

變形，其變形前所能忍受的溫度，稱爲耐火溫度。

（二）材料的化學性質

凡一種材料，分析到最後，必可得到其基本化學成份，某材料究竟由何種元素或分子所構成，各該材料的化學成份爲何，是研究材料必須具備的重要知識。獲悉材料的化學成份之後，當各材料合用調配時，其間則有化學反應發生，對材料間的化學反應，使用者亦當了解清楚。再如金屬的氧化物，皆爲碱性，加水則成氫氧化物，而鮮能與氫化合；金屬溶於酸中，則成鹽類；非金屬之氧化物，則爲酸性，加水則成酸類，此皆爲材料的化學通性。

（三）材料的力學性質

1. 強度 (Strength)：係指材料在不損壞本質的條件下，對使它變形之外力，所產生的抵抗能力，由於外力的不同，重要者有下列數種：

(1)抗拉強度 (Tensile strength)：材料承受拉力，而使材料變形破斷時最大荷重稱之。

(2)抗扭強度 (Torsional strength)：材料一端固定，而他端之外力，使其本身爲軸而旋轉。材料之靱性強者，抗扭強度亦大。

(3)抗壓強度 (Compressive strength)：普通材料的抗壓強度與抗拉強度大致相同，但亦有特別適於抗壓強度，而不適於受拉力者，如鑄鐵卽是。

(4)抗剪強度 (Shearing strength)：兩力的大小相等方向相對而不在同一平面上通稱剪力，材料抵抗剪力的強度卽爲抗剪強度。

(5)交變強度 (Alternating strength)：材料所受之外力爲一拉一壓，則其強度銳減。拉壓變換之速率愈大，材料愈不能勝任。材料在一定交變外力之下，所能承受最大外力，稱爲疲勞強度 (Fatique strength)。

(6)抗彎強度 (Ecnding stress)：材料對於橫向荷重的應力，稱爲抗彎強度。通常係將材料兩端各置於二支點上，集中荷重於中點，至材料破壞時所受之最大荷重。

2. 硬度 (Hardness): 材料對於局部變形的外力，包括被強行貫穿或被另外材料所割切的力量，發生抵抗力的程度。標示硬度有多種系統，以勃令 (Brinell) 氏硬度最爲常見，標示礦物硬度則應用摩氏 (Mohs) 硬度，此外尚有蕭氏 (Shore) 硬度和偉克氏 (Vickers) 硬度等，視應用的方便而定。

3. 靭性與脆性 (Toughness and Brittleness): 材料能承受高度應力及大量變形而仍不折斷者，稱爲靭性；能承受高度應力，但僅能產生微小變形卽破壞者，謂之脆性。靭性及脆性適爲相對，卽靭性大時脆性小，靭性小時脆性大。靭性大的材料所受應力縱然超過其彈性限度，無論漸進或突然，材料不致忽然斷裂。木材、塑膠、熟鐵、軟鋼等屬靭性材料；石材、玻璃、生鐵等屬脆性材料。

4. 彈性 (Elasticity): 材料受外力作用而產生變形，當外力移除後，仍能恢復原狀的性質，稱爲彈性。彈性有一定的範圍，若外力超過此範圍，則失去其彈性而生永久變形，此彈性範圍的最大外力稱爲降伏強度 (Yield strength)。

5. 塑性 (Plasticity): 材料承受外力發生變形而不能恢復原狀者，稱爲塑性。非金屬材料如黏土、石膏、塑膠等均具有塑性。金屬材料的塑性，卽其延性 (Ductility) 與展性 (Malleability)，延性使金屬可以抽成細絲，展性可使金屬軋或錘成薄片。

6. 耐磨性: 器物互相相對運動，不論爲滑行、廻轉、螺旋運動、衝擊作用等，均將因摩擦而蝕耗。通常結構嚴密，硬度較高之材料，其耐磨性較高。

第二章　木　　　材

第一節　概　述

2-1　木材與工藝

　　人類伐木為材，歷史已極悠久。又因林木廣被地面，種類繁多，幾可取用不竭，所以木材是工藝材料中最重要的一種。

　　地球表面上樹木的種類，據調查可有十萬種以上。臺灣位居亞熱帶，山地面積居大部份，所以樹木的種類亦甚豐富，約在八百餘種以上。惟並非每種林木，均可取為木工材料。據統計臺灣全省森林面積約為二百二十餘萬公頃，森林蓄積總量達二億四千餘萬立方公尺，由此可見本省林木蓄積之豐富及木材應用之廣泛。

　　所謂木材，有廣狹二義之分。廣義木材，係指樹木之幹、枝及根部，亦即樹木之木質部而言，故如薪炭之類，亦可含入木材範圍之內。狹義木材，係指土木或木工用材。又可別為素材與製材，一般概念中之木材，均指製材而言。木材係由無數微小的細胞，藉自身的木質素膠合而成，其細胞壁具有強度，故可供各種用途。當樹木被砍伐之後，依不同需要，割製成各種不同尺寸的材料，即所謂「製材」。

　　由於木材具有種種特性，對木材之性質了解愈澈底，則在應用時愈能得心應手。反之，如對材料性質認識不夠，則不但於製造時事倍功半，而製成品之品質恐亦難保證。本章以下各節，特將有關之重要資料，擇要列

述之。

第二節　木材的外觀

2-2　木材的三斷面

切割之木材，其外觀可有三斷面（圖 2-2）

㈠橫斷面（Cross section）：樹幹中心直立方向，稱為中軸，與中軸成直角所切成的斷面，即橫斷面。由橫斷面上觀察，樹皮在最外層，內為無數同心圓的年輪及呈網狀痕的髓線，如原木的兩端卽是。

㈡徑斷面（Radial section）：通過中軸縱切樹幹所得的斷面，稱為徑斷面。由徑斷面上觀察，樹皮應在斷面兩側，木材中有許多縱向的平行紋路，此係年輪受縱割所致。

㈢弦斷面（Tangential section）：不通過中軸，而與髓線垂直的縱切

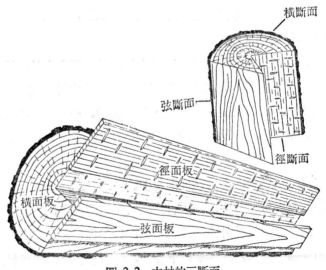

圖 2-2　木材的三斷面

面，稱爲弦斷面。由弦斷面上觀察，年輪呈斜向的曲線，有時形成美觀的紋路。

2-3 年輪 (Annual ring)

自木材之橫斷面觀察之，可有許多由生長層所形成的同心圓，俗稱爲年輪（圖 2-3.1）。由於樹木在整個生長季節中，生長力有所不同，故同心圓的厚度並不完全均勻，木部的密度也不一致。通常在生長季節之初，生長較速，木部質鬆而淡，稱爲早材或春材。而在生長季節之末，生長轉慢，材色濃而質較堅實，稱爲晚材或秋材，早材與晚材合構成一圈年輪。在溫帶地區，樹木春、夏季生長旺盛，而秋多生長休止，故年輪明顯，肉眼能夠辨別。但在氣候變化不明顯的地區，如熱帶地區，則年輪較不明顯。

木材的年輪，通常的排列都很正常、但亦有不正常者，如中斷年輪。此類年輪，常見於老齡樹木，因其一邊受樹冠或其他樹木所遮蓋，致使木

圖 2-3.1 木材的正常年輪

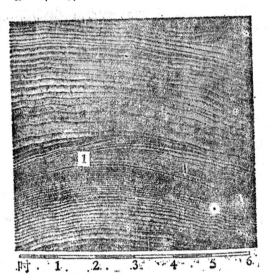

圖 2-3.2 木材的中斷年輪

材發育遲緩，年輪受了破壞（圖 2-3.2）。木材的年輪發育情況，影響木材的性能，通常以每英寸含有 7-15 輪者，為最適用之材料。一般的針葉樹，其年輪多屬每英寸 7-20 圈，故多為良材。

2-4 心材與邊材

（一）心材 (Heartwood)： 係樹幹之中央部分，色澤較深，其含水量及滲透性較低，組織中含有較多的填充物，如橡膠、單寧、樹脂等物質，故耐朽力較強。

（二）邊材 (sapwood)： 在心材之外緣，當樹木被砍伐時，尚具有生活能力。邊材之色澤較心材為淡，含水量高，對水分的吸收與放散能力均較強，故易腐朽和受蟲害，忌作戶外用材。

（三）心材與邊材的比例： 由於樹木的直徑大小不同，故邊材與心材所佔的比例亦不同，通常邊材所佔比率約在25％～30％之間。茲舉邊材與心材的比例數字如下表（表 2-4）：

表 2-4 木材邊材比率表

樹木直徑（吋）	12	24	34	48
邊材比率（%）	56	30	21	16

2-5 髓心與髓線

㈠髓心 (Pith)：　位於樹幹的最中心，爲一羣柔細胞所組成，主要功能爲貯存營養物質。一般樹木幼材，在一年後髓心卽停止生長，其形狀有三角、星形、圓形、偏斜形等，有時可依據髓心的形狀和色澤來辨別樹種。

㈡髓線 (Pith rays)：　係由髓心作輻射狀走向樹皮的柔組織，爲木材中唯一之橫向組織，其功能爲自外向內輸運養分。髓線在木材之橫斷面觀察爲細線狀，在徑斷面爲寬帶狀，在弦斷面爲成行之點狀（圖 2-5）。

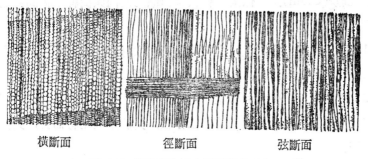

横斷面　　　　徑斷面　　　　弦斷面

圖 2-5 髓線在木材上所呈現的形態

2-6 木肌與木理

㈠木肌 (Texture)：　所謂木肌，也就是木材的質地。與樹木細胞的大小，排列狀況、導管、髓線等的生態有密切關係。木肌對木材的理學性質產生影響，故在應用時宜作適當的選擇。通常判別木肌可分爲：

1. 按質地分：

(1)細緻木肌：木材的構成組織緊密，細胞細小，光澤優良，如楊木、歐洲落葉松等。

(2)粗糙木肌：木材的細胞粗大，組織疏鬆，導管及髓線亦粗大。此類木材多生長較速，因其孔管粗糙，故在油漆加工時，須先將孔管填塞，方能獲得良好之光澤。如櫟樹、板栗等。

2. 按年輪狀態分：

(1)均勻木肌：春秋材分別不明顯的木材，細胞的形體大小相同，故其質地均勻。一般散孔木材，多屬此類。如木麻黃、臺灣杉等。

(2)不均勻木肌：春秋材分別顯著，材面上的導管及紋孔大小不一，故質地呈不勻狀態。一般環孔木材多屬此類。如黃杉、松木等。

亦有將木肌的粗細分為五個等級，分別為極細緻、細緻、中庸、微粗糙、粗糙等五級，以供取材應用之參考。

㈡木理（Grain）： 係指木材纖維組織的走向與樹幹中軸間的關係，約可分為下列數種：

1. 正直木理：木材纖維之組織排列和木材主軸方向平行，或與木板之縱面平行者。此類木材的強度高，施工方便，損耗少。

2. 螺旋木理：係木材纖維走向不與中軸垂平，而呈扭轉或螺旋狀態。此為天然的缺點，於樹木生長時卽已存在，對於建築用材而言，其機械強度受影響。

3. 波狀木理：木材之組織，朝同一方向作有規則的起伏，如於適當的方向鋸開，則木板上呈有波紋木理，頗為美觀。如樺樹與槭樹，常具此種木理。

4. 水泡狀木理：年輪上顯現無數不規則的圓丘狀紋理，弦切面呈美麗之花紋，甚具裝飾價值，如桃花心木、花樟等。

5. 對角線木理：此種木理，或由於木材組織本身的不規則，但亦可因鋸切方向不適當而生，對於材料的力學強度產生不良影響。

在應用木材時，自木材的徑切面觀察，木理愈直，其力學性質愈強。但木理不可能都是正直，通常都有些斜度，稱為木理坡度，常以分數表示之，如木理坡度為 1/5，表示木理長邊距離五倍於木理斜行後至長邊之垂直距離（圖 2-6）。木理坡度為 1/25，是常見的現象，但當木理坡度達 1/20～1/15 時，木材的破壞係數即開始大量降低。故木材應用於製造屋樑

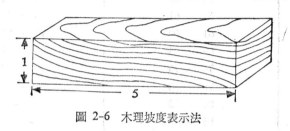

圖 2-6　木理坡度表示法

等時，其坡度不宜超過 1/15，製造地板、托樑等，其木理坡度不能超過 1/10，製造工具柄及運動器具等，最好選用正直木理，如有坡度亦不宜超過 1/25。倘較厚的木板，其兩邊的木理坡度不盡相同，此時宜利用公式，求得該木板的共同木理坡度，其公式如下：

$$木理共同坡度 = \sqrt{\left(\frac{1}{a}\right)^2 + \left(\frac{1}{b}\right)^2} = \frac{\sqrt{a^2 + b^2}}{ab}$$

例一木板之 a 邊坡度為 1/5，b 邊坡度為 1/10，則

$$共同坡度 = \frac{\sqrt{5^2 + 10^2}}{5 \times 10} = \frac{11}{50} 即 \frac{1}{5} 強$$

下表（表 2-6）顯示木理坡度對木材強度的關係，表中設定正直木理之強度為 100%，板材求其抗彎強度比，柱材說明其順紋抗壓強度比。

表 2-6　木理坡度對木材強度的影響

木理坡度	強 度 比（百 分 率）	
	樑、衍、托樑、板材	柱　　　材
$1/6$	——	50 —— 60
$1/8$	50 —— 53	55 —— 66
$1/10$	53 —— 61	66 —— 74
$1/12$	61 —— 69	74 —— 82
$1/14$	69 —— 74	82 —— 87
$1/15$	74 —— 76	78 —— 100
$1/16$	76 —— 80	——
$1/18$	80 —— 85	——
$1/20$	85 —— 100	——

2-7　木材的顏色

　　各種木材，多有固定的顏色。木材之所以有顏色，乃因細胞內填充物質所致。通常心材顏色較邊材爲濃，邊材多爲淺黃色或白色，心材則有種種顏色，如黃色、褐色、紅色、黑色等。初伐的木材，其顏色較濃，久置之後，多呈灰暗，這是因爲細胞內物質，暴露於空氣而發生變化。茲舉常見木材的色澤如下：

　　㈠黃色：臺灣雲杉、臺灣樺、肖楠柏、竹柏、羅漢柏、黃楊、椏、苦木、銀杏等。

　　㈡黃褐色：日本赤松、臺灣扁柏、烏心石、化香、楝樹、白臘等。

　　㈢褐色：栗、楡、欅、罌子桐等。

　　㈣黝褐色：槐、桐、梓、連香樹、合歡等。

　　㈤黝色：朴樹、鹽膚木、槠葉樹等。

　　㈥紅色：楊梅、柳杉、紅豆杉、臺灣杉、桃花心木、紫檀、香椿、檉柳、蘇木等。

(七)黑色：黑檀、烏木、毛柿、象牙樹等。

(八)白色：油桐、泡桐、白楊、白桕、烏桕、臺灣冷杉等。

(九)灰綠色：厚朴。

各種木材的色澤，具有獨特的裝飾效果。選擇不同色澤的木材互相配合，更可產生許多變化，頗值得用材人士的注意。

2-8 木材的氣味

在採伐樹木時，各種木材都具有某些氣味，經過若干時日後，隨乾燥的程度而逐漸減少，至鋸剖木材時，氣味復出。氣味的來源係因木材中所含之有機物的揮發或氧化而生，由於有機物的性質不同，故其氣味亦有別。心材及水分多的木材其氣味尤烈。

針葉樹多含有樹脂香味，如扁柏、圓柏、松類等，均含有芳香的氣味。

濶葉樹種中以樟科植物的氣味最為顯著，其他如桃金娘科、龍腦香科、檀香科等，均含特殊的香味。

亦有木材具有刺激性的臭味者，如在鋸截時，飛散之粉末，吸入鼻中可使人打噴嚏，侵入眼中則引起發炎，如毛柿、牛樟、鐵刀木等。

凡具有濃烈氣味的木材，多含有豐富的油脂，其耐朽力較強。有些木材，氣味芬芳，可用以製作香料或高貴的工藝品，如檀香木；有些木材，氣味特殊，如樟木、杉木等，所製成的器具，可以防蟲；再如樽木，用以製酒樽，可以增進酒的風味。

第三節　木材的植物學特徵

2-9 樹木的各部分

植物可分為兩大類，卽木本植物與非木本植物。可用的木材，係取之

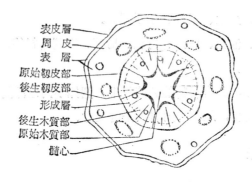

表皮層
周 皮
表 層
原始韌皮部
後生韌皮部
形成層
後生木質部
原始木質部
髓心

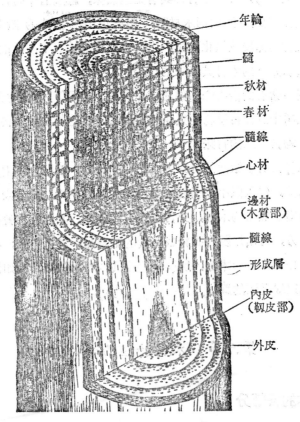

年輪
髓
秋材
春材
髓線
心材
邊材
（木質部）
髓線
形成層
內皮
（韌皮部）
外皮

圖 2-9 一年生樹幹的橫切（上）與樹幹各部（下）

木本植物。木本植物，經常有獨特之樹幹 (Trunk)，樹幹之外側生長枝條，其埋置於地面者形成根系。根具有支持地面上各器官之作用，並藉根毛發揮吸收、輸送與貯存的機能。樹幹上部有葉、花、果實、與種子，均爲樹木之主要部分。

　　樹幹之外部爲樹皮，可分內外兩層，外層具有保護作用，內層則運輸葉部所製之營養分至其他各部。樹皮與木部之間，常有一層軟組織稱爲形成層 (Cambium)，向內生長木質部 (Xylem)，向外生長靭皮部 (Phloem)。每值生長季節，形成層開始活動，在舊木質部與舊靭皮部中間，增加新木質部與新靭皮部，這種直徑方向之生長，遂形成木材（圖 2-9）。

2-10　木材的解剖特徵

　　將木材置於顯微鏡下，可發現木材係由無數細胞所組成，細胞的壁與壁間有膠性物連結，細胞腔中有液體，爲多種物質所組成，如碳水化合物、澱粉、油脂等。細胞多呈長形，在樹木中呈垂直狀態，僅有少數呈水平排列。細胞之密生者，形成纖維組織，其疏者形成許多管道。通常濶葉樹之纖維較短，材中多導管，故材質較硬；針葉樹之纖維較長，僅有假導管存在，故材質軟，稱爲軟材（圖 2-10）。從圖 2-10 中，可以看出木材內部係由幾個重要部分構成：

　　㈠導管 (Vessel) 或假導管 (Tracheid)：導管與假導管乃木材縱向的主要組織，可以輸導養料，並增強木質部的支持作用。導管的通水功能消失以後，管內產生填充物，如樹脂、炭酸石灰及填充細胞等。

　　導管多存在於濶葉樹中，係由原始形成層細胞引長增大而成，管中有節，其直徑大小視樹種不同而異。假導管則多存在於針葉樹中，係由厚壁細胞轉變而來，其功能與導管相同。用高倍顯微鏡觀察，可以發現管壁係由無數小纖維組成。

　　㈡木纖維 (Wood fiber)：木纖維係由形成層轉化而來，爲濶葉樹所

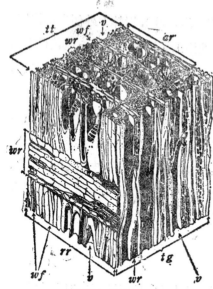

tt. 橫斷面 (Transverse surface)
rr. 徑斷面 (Radial surface)
tg. 弦斷面 (Tangential surface)
ar. 年輪 (Annual ring)
wr. 木質線 (Wood ray)
wf. 木纖維 (Wood fibers)
v. 導管或管孔 (Vessels or pores)

硬材之內部組織

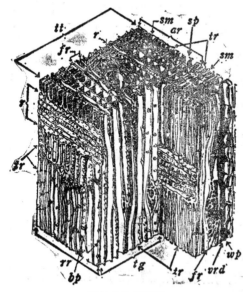

tt. 橫斷面 (Transverse surface)
rr. 徑斷面 (Radial surface)
tg. 弦斷面 (Tangential surface)
tr. 假導管 (Wood tracheids)
bp. 重紋孔 (Bordered pits)
vrd. 垂直樹脂導管 (Vertical resin ducts)
r. 正常輻射線 (Normal rays)
fr. 紡錘形輻射線 (Fusiform rays)
wo. 木質柔組織 (Wood parenchyma)
ar. 年輪 (Annual ring)
sp. 春材 (Spring wood)
sm. 秋材 (Summer wood)

軟材之內部組織

圖 2-10 木材之內部組織

獨有的組織。細胞壁木質化及原形質死亡後，都變成了富有彈性的堅靭物質，因而有支持樹體的功能。木纖維數量的多寡及排列的方式，對木材的機械強度有密切關係。

㈢木質線 (Wood ray)：木質線係木材橫向輸導組織的重要部分。完全的木質線可以從樹木的髓心伸展到內皮部分，通稱爲髓線。其細胞排列多爲水平方向，以構成橫向的管道與柔組織等。

㈣木質柔組織 (Wood parenchyma)：木材導管周圍，佈滿許多柔組織，縱向與橫向者均有，排列情形甚爲複雜。其主要功能爲貯存糖份或養料，並兼行短距離的傳導作用，當鄰近的導管或假導管的原生質死亡時，可以代行運輸工作。但有些樹種則無柔組織的存在，如松屬樹木。

㈤樹脂溝 (Resin duct)：可有縱向與橫向之分，在同一樹中，縱向者多較橫向者直徑爲大。樹脂溝本身並非一種細胞，乃由數個柔組織圍繞而來，在邊材部分者，具有分泌樹脂的作用，一旦成爲心材之後，則不再分泌。

2-11 樹木在植物學上的分類

現有的植物，約可分爲四大類，即同節植物、蘚苔植物、孢子植物、種子植物。其中種子植物因具有維管束，爲今日世界上最高級的植物。種子植物由於種子發生之情形不同，又分爲裸子植物及被子植物，可用的木材多出自此兩類植物中。

裸子植物的樹木又稱爲針葉樹、常綠樹、或軟材樹木，現存者有四目六百五十餘種。被子植物又稱爲潤葉樹、落葉樹，其木材稱爲硬材，現存種類極多，二分爲單子葉與雙子葉植物，約有十五萬種之多。

臺灣地區，平地可生長熱帶樹種，隨山勢增高，又有亞熱帶、溫帶與寒帶樹種，故所生樹種相當繁雜，據統計共有八百餘種之多，惟其中有經濟價值者，不過百餘種，茲舉其重要者如下：

（一）針葉樹

臺灣冷杉〔Abies kawakamii(HAY) ITO.〕

臺灣穗花杉（Amentotaxus formosana LI）

臺灣粗榧（Cephalotaxus wilsoniana HAY）

紅檜（Chamaecyparis formosensis MATSUM.）

臺灣扁柏〔Chamaecyparis obtusa S. et Z. var. formosana (HAY.) REHD.〕

柳杉〔Cryptomeria japonica (LINN. f.) D. DON〕

巒大杉（Cunninghamia Konishii HAY.〕

杉木〔Cunninghamia lanceolata (LAMB.) HOOK.〕

銀杏（Ginkgo biloba LINN.）

臺灣肖楠〔Heyderia formosana (FLORIN) H. L. LI〕

臺灣油杉（Keteleeria davidiana MATS. et HAY）

臺灣雲杉（Picea morrisonicola HAY.）

臺灣華山松（Pinus armandi KANEH.）

馬尾松（Pinus massoniana LAMB.）

臺灣五葉松（Pinus morrisonicola HAY.）

琉球松（Pinus luchuensis MAYR.）

臺灣二葉松（Pinus taiwanensis HAY.）

山杉〔Podocarpus nagi Zoll. et MORITZ. var. nankoensis (HAY.) MASAM.〕

百日青（Podocarpus nakaii HAY.）

臺灣黃杉（Pseudotsuga wilsoniana HAY.）

臺灣杉（Taiwania cryptomerioides HAY.）

臺灣紅豆杉（Taxus wallichiana FOXW.）

臺灣鐵杉〔Tsuga chinensis PRITZ. var. formosana (HAY.) LI et KENG〕

二）濶葉樹

相思樹（Acacia confusa MERR.）

臺灣楊桐〔Adinandra milletii BENTH. et HOOK. f. var. formosana (HAY.) KOBUSKI〕

臺灣榿木〔Alnus formosana (BURKILL) MAKINO〕

糙葉樹（Aphananthe aspera（THUNB.）PLANCH.）

黃楊〔Buxus microphylla S. et Z. Sudsp. Sinica（REHD. et WILS.）
　　　HATUS〕

臺灣錐栗（Castanopsis tribuloides DC. var. formosana SKAN）

赤枝（Castanopsis kawakamii HAY.）

鉤栗（Castanopsis taiwaniana HAY.）

烏來柯〔Castanopsis uraiana（HAY.）KANEH. et HATUSIMA〕

木麻黃（Casuarina equisetifolia FORST.）

樟〔Cinnamomum camphora（LINN.）SIEB.〕

栳樟〔Cinnamomum nominale（HAY.）HAY.〕

牛樟〔Cinnamomum micranthum（HAY.）HAY.〕

厚殼桂〔Cryptocarya chinensis（HANCE）HEMSL.〕

土楠（Cryptocarya konishii HAY.）

赤皮〔Cyclobalanopsis gilva（BL.）OERST.〕

青剛櫟〔Cyclobalanopsis glauca（THUNB.）OERST.〕

錐果櫟〔Cyclobalanopsis longinux（HAY.）SCHOTT.〕

赤柯〔Cyclobalanopsis morii（HAY.）SCHOTT.〕

赤皮杜仔〔Cyclobalanopsis ternaticupula（HAY.）KUDO〕

奧氏虎皮楠〔Daphniphyllum teijsmannii ZOLL. var. oldhamii（HEMSL.）
　　　HURUSAWA〕

赤蘭（Eugenia formosana HAY.）

龍眼（Euphoria longan LAM.）

正榕（Ficus retusa LINN.）

九重吹〔Pongamia pinnata（LINN.）MERR〕

赤榕（Ficus weightiana WALL.）

白雞油〔Aphananthe aspera（THUNB.）PLANCH〕

臺灣梣（Fraxinus insularis HEMSL.）

銀樺（Grevillea robusta A. CUNN.）

山龍眼（Helicia formosana HEMSL.）

臺灣核桃（Juglans formosana HAY.）

克蘭樹（Kleinhovia hospita LINN.）

九芎（Lagerstroemia subcostata KOEHNE）

楓樹（Liquidambar formosana HANCE）

荔枝 (Litchi chinensis SONN.)

校力 [Lithocarpus amygdalifolius (SKAN) HAY.]

紅楠 (Machilus thunbergii SIEB. et ZUCC.)

大葉楠 (Machilus kusanoi HAY.)

香楠 (Machilus zuihoensis HAY.)

檬果 (Mangifera indica LINN.)

蟲屎 [Mallotus moluccanus (LINN.) MULL-ARG.]

楝樹 (Melia azedarach LINN.)

烏心石 [Michelia formosana (KANEH.) MASAM. et SUZUK.]

月橘 [Murraya paniculat (LINN.) JACK.]

五掌新木薑子 [Neolitsea konishii (HAY.) KANEH. et SASAKI.]

臺灣紅豆樹 (Ormosia formosana KANEH.)

紅校攢 [Pasania formosana (SKAN) SCHOTT.]

泡桐 (Paulownia fortunei HEMSL)

臺灣雅楠 [Phoebe formosana (HAY.) HAY.]

黃連木 (Pistacia chinensis BUNGE)

臺灣野梨 (Pyrus kawakamii HAY.)

山柏 [Sapium discolor (CHAMP.) MÜLL-ARG.]

烏柏 [Sapium sebiferum (LINN.) ROXB.]

臺灣檫樹 [Sasafras randaiense (HAY.) REHD.]

江某 [Schefflera octophylla (LOUR.) HARMS]

白校攢 [Shiia stipitata (HAY.) KUDO et MASAM.]

桃花心木 [Swietenia mahagoni (L.) JACQ.]

山黃麻 [Trema orientalis (L.) BL.]

昆欄樹 (Trochodendron aralioides SIEB. et ZUCC.)

烏皮茶 [Tutcheria shinkoensis (HAY.) NAK.]

榔榆 (Ulmus parvifolia JACQ.)

第四節　本省重要的商用木材

　本省樹木雖有八百餘種，但其木材有經濟價值者約在百餘種左右，茲擇其中最常用者二十餘種，作較詳細的介紹，俾供參考。

2-12 濶葉樹種

（一）樟樹（土名: 本樟，芳樟。學名 Cinnamomum camphora, Sieb.）

1. 分佈: 分佈於我國大陸及臺灣北部海拔 1,200 公尺，南部 1,800 公尺以下之山地及平地，中部以北較多。或成純林或與楠木類，樣櫟類混生。

2. 樹木通性: 常綠大喬木，幹形多呈彎曲，直徑有 5 公尺者，高可至 50 公尺。

3. 木材外觀: 邊心材分界不甚明顯，心材帶黃赭褐色，邊材色稍淡，年輪通常分明，春秋材區別明顯。散孔材，木理斜走，木肌略粗，髓線微細，有芳香。

4. 加工性質: 氣乾材比重 0.50～0.61，生材含水量 169.3%。木材軟硬中庸，耐朽性強，保存期長。鉋削及其他加工容易。弦面具美麗花紋，俗稱花樟，可製單板供製飾貼面之用。鉋面加以砂磨後良好。易乾燥，乾燥情形良好，翹曲及乾裂少，收縮亦極小。惟對鐵釘有腐蝕作用。

5. 用途: 可作建築（柱、樑桁、地板、門窗）、橋樑、車輛、船艦、農具、家具、樂器、雕刻、合板、裝飾、衣櫥、衣箱等之用。亦可提煉樟腦及樟油。

（二）大葉楠（土名: 楠木，楠仔。學名: Machilus kusanoi, Hay）

1. 分佈: 分佈臺灣全省低海拔濶葉樹林中，爲臺灣主要楠木之一。全省楠木總蓄積約有 16,000,000 立方公尺之多，惟近年來砍伐甚多，蓄積日益減少。

2. 樹木通性: 常綠喬木，大者徑可達 1 公尺，高 42 公尺，樹幹多通直長大。

3. 木材外觀: 邊心材分界不甚顯明，邊材灰褐色，心材淡紅褐色，

年輪不明顯，而僅略可識別。散孔材，木理通直，在徑切面偶有鱗狀紋理，木肌稍粗。

4. 加工性質：氣乾材比重 0.57，生材含水量 71.7%。材質堅硬中庸，耐摩擦衝擊。耐朽性稍強。乾燥情形良好，少翹曲開裂，收縮小。鉋削及其他加工容易，鉋面砂磨後具光澤；油漆吸着性良好，釘着力強。

5. 用途：建築（柱、桁、地板、門窗等）、家具、車輛、船艦、橋樑、農具、器具、雕刻、合板等。

（三）香楠（土名：瑞芳楠。學名：Machilus zuihoensis, Hay.）

1. 分佈：分佈全島低海拔之潤葉樹林中，尤以北部為多。

2. 樹木通性：常綠喬木，樹幹通直者少。

3. 木材外觀：木材淡黃灰白色，年輪稍明，秋材帶狹，散孔材，導管孔密集於春材，木理通直，木肌稍粗。

4. 加工性質：氣乾材比重 0.58，生材含水量 42.2%。材質輕軟，富彈性，乾燥情形良好，少翹曲，收縮小。鉋削及其他加工容易，鉋光面良好。

5. 用途：建築、家具、橋樑、車輛、造船及箱板等。

（四）紅楠（土名：楠仔，豬脚楠。學名：Machilus thunbergii, S. et Z.）

1. 分佈：臺灣低海拔 200〜1,800 公尺之潤葉樹林中多有之。惟蓄積量較大葉楠為少。

2. 樹木通性：常綠喬木，徑可達 80 公分，高 16 公尺以上。

3. 木材外觀：邊材黃白色至淡紅黃白色，心材黃褐色至紅褐色。年輪略分明，散孔材。木理橫斜，在徑切面呈交錯木理，木肌略粗。

4. 加工性質：氣乾材比重 0.575，生材含水量 95.0%。材質堅硬中庸，劈裂稍難。鉋削及其他加工容易，鉋面略光滑，砂磨後可生光澤；乾燥情形良好。塗裝及吸着性良好，釘着力強。

5. 用途: 建築、家具、車輛、船艦、器具、雕刻。

（五）鐵刀木（學名: Cassia siamea, Lamb.）

1. 分佈: 原產於緬甸、泰國、馬來半島及印度。民前引進臺灣，栽培於低海拔地區。

2. 樹木通性: 常綠喬木。

3. 木材外觀: 有邊心材之別。邊材略帶白色，心材暗褐或黑色，具有黃褐鐵色之美紋，20～30年生之心材，色彩更濃。

4. 加工性質: 氣乾材比重 0.604，生材含水量 56.3%。材質堅硬而重，強度甚大，故有鐵刀木之稱。加工不易，材中有毒質有害人眼，不易腐朽。

5. 用途: 建築、板材、高級家具、裝飾品及雕刻。

（六）烏心石（學名: Mechelia formosana, Mas.）

1. 分佈: 生育於海拔 200～2,200 公尺間之濶葉樹林中，普遍散生於文山、竹東、大湖、濁水溪、楠梓、仙溪、潮州等地。全省蓄積曾達 210,000 立方公尺，唯現大部已被採伐。

2. 樹木通性: 常綠大喬木，樹幹挺直，直徑可達 1 公尺，高可達30公尺。

3. 木材外觀: 邊心材區別分明，邊材淡黃色，心材伐採時紅褐色，後變黃褐色。年輪寬度不定，顯明與否不定，橫斷面上導管孔略多，成輻射狀散孔材，或為不規則之連結成為聚合狀，圓形至卵圓形。徑斷面具特種花紋，木理均勻，木肌細緻，富光澤。

4. 加工性質: 氣乾材比重 0.572，生材含水量 81.2%，材質堅硬，強韌，不易劈裂；耐朽性強；鉋削及其他加工性中庸，鉋面光滑，研磨後光澤更顯著；易翹曲，乾裂較少，釘着力強，塗裝性良好。

5. 用途: 用途極廣，建築（柱、桁、地板、壁板）、家具、農具、樂器、雕刻、單板、鑄模、把柄，裝飾材、鉛筆桿無不宜。

（七）**厚殼桂**（土名：有桂，攀桂。學名：Cryptocarya chinensis, Hemsl.）

1. 分佈：臺灣全島濶葉樹林中海拔 500～1,000 公尺均有之。常與櫧、櫟類混生。全省蓄積頗多。

2. 樹木通性：常綠喬木，直徑可達 50 公分，高 20 公尺以上。

3. 木材外觀：邊心材之分界不明，材淡紅褐色，年輪不明顯，年輪間有柔組織之白線。沿髓線有硬化之斑點，散孔材；髓線有單列與集合兩式，單列僅得見，集合髓線甚顯著，間隔寬而不規則，木理通直而均勻，木肌細緻。

4. 加工性質：氣乾材比重0.49，生材含水量61.7%。材質稍輕軟，緻密，耐蟻性強，乾燥情形良好，少翹曲乾裂，收縮小；鉋削加工易，鉋面良好，塗裝性與吸着性佳。

5. 用途：建築（柱、桁、門窗）、家具、農具、器具、粗雕刻。

（八）**相思樹**（土名：相思仔，香絲樹。學名：Acacia confusa, Merr.）

1. 分佈：分佈於海拔 100～600 公尺地區，爲最常見樹種之一。全省平地及丘陵地皆可見。

2. 樹木通性：常綠中喬木，樹形彎曲，絕少通直樹幹。

3. 木材外觀：木材年輪稍分明，邊心材之分界明顯，邊材帶狹，黃褐色，心材寬濶，暗赭色，木理斜行，木肌粗。

4. 加工性質：氣乾材比重 0.931，生材含水量 32.3%。材質堅重而硬，緻密滑澤。耐衝擊摩擦及水濕，釘着力強，各項強度大，吸水性小，少翹曲，是其優點，木理斜行，枝節多，施工相當困難，爲其缺點。

5. 用途：製家具、車輛、滑車、建築、船具、農具、枕木、燒炭等。

（九）**臺灣赤楊**（土名：水柯仔，臺灣橙木。學名：Alnus formosana, Makins）

1. 分佈：全省自平地至 3,000 公尺之高山均常見之。好生於溪岸池畔，開墾跡地及山崩地，常天然自生。大溪、大甲溪、濁水溪、阿里山、八仙山等地較多。

2. 樹木通性：落葉喬木，直徑可達 80 公分，高而通直，陽性樹，能耐瘠燥之地，根部具根瘤菌，能改良地力。

3. 木材外觀：木材無邊心材之分，年輪寬闊明顯，環孔材。伐倒時木材爲白色，經久漸變爲淡紅黃白色，橫斷面褐色。髓線寬廣，富光澤，木肌稍緻細。

4. 加工性質：氣乾材比重 0.50，生材含水量 64.8%。木質輕軟而具靱性，木理緻密，易劈裂，鉋削及其他加工容易，鉋面光滑而具光澤；易乾燥，乾燥後狀況良好，少翹曲，收縮小，惟耐腐性小。

5. 用途：建築（柱、壁板、門窗）、器具、箱類、鑄型、製合板、造紙等。

（十）石櫧（土名：赤皮，赤柯，樫木。學名： Cyclobalanopsis gilva, Oerst.）

1. 分佈：本省中部以北，海拔 250 至 1,500 公尺之濶葉樹林中，散生或羣生。以海拔 1,000 公尺附近爲最多，爲本省最重要之一種殼斗科樹木。

2. 樹木通性：常綠大喬木，徑可達 3 公尺，高可達 30 公尺，樹幹通直或略成彎曲。

3. 木材外觀：邊心材略有分別而無分明之界限，邊材淡黃紅色，心材暗紅褐色。年輪不明顯，略成波狀輻射狀散孔材，木理略通直，木肌緻密，徑切面上之髓線，成美麗而隆起之虎斑狀紋理。

4. 加工性質：氣乾材比重 0.872，生材含水量 44.2%。材質優良居本省殼斗科木材之首位，堅重強靱，耐摩擦衝擊，富彈性，易割裂。人工乾燥宜緩慢，如乾燥不當易發生翹曲、潰陷及嚴重之乾裂，收縮率甚大，

乾燥後吸水性小，鉋削及其他加工困難，防腐劑注入困難。鉋面滑澤，研磨後光澤顯著，軟化處理後可削切成裝飾單板，耐腐性稍大。

5. 用途：供製車輛、船艦、家具、機械、農具、工具柄、鉋刀床、槍托、地板及其他裝飾材。

（十一）木荷（土名：荷樹，杆仔皮。學名：Schima superba, Getch. ）

1. 分佈：分佈於臺灣省新竹以南至南投中部海拔 1,000~1,500 公尺之山地。全省蓄積頗豐。

2. 樹木通性：常綠大喬木，樹幹通直完滿，直徑可達 1.5 公尺，樹高可達 40 公尺。

3. 木材外觀：木材淡紅色以至淡黃褐色，邊心材顏色無明顯之分界，年輪不明，僞年輪分明。散孔材，導管極細，平均密散。髓線細小，木理通直，木肌精緻，徑切面具帶狀紋理。

4. 加工性質：氣乾材比重 0.749，生材含水量 39.2%。材質堅重而強靭，耐摩擦衝擊；難割裂，但鉋削加工容易，鉋面光滑，磨擦之更具光澤，塗裝後優美。較難乾燥，乾燥不當易發生翹曲，潰陷，蜂巢裂。耐腐性稍差。

5. 用途：建築（柱、樓梯、地板、壁板）、車輛、家具、器具、樂器、梭管、合板。

（十二）臺灣櫸（土名：雞油。學名：Zelkova formosana, Hay）

1. 分佈：全省 1,000 公尺附近之濶葉樹林中散生，間或有純林、大湖、大甲溪及北港溪流域及花蓮，臺東為多。

2. 樹木通性：落葉大喬木，幹通直，直徑可達 1.8 公尺，高 30 公尺，陽性樹，生長稍速。

3. 木材外觀：邊心材分界明顯，邊材淡紅色，心材紅褐色，年輪明顯，間隔整齊；春材向秋材急變移行，環孔材；春材導管孔大，而秋材急遽變小，髓線微細，木理通直，木肌粗。

4. 加工性質: 氣乾材比重 0.767，生材含水量 46.3%。材質堅重，強靱而耐摩擦衝擊，富彈性，耐腐性極大，吸水性小，乾燥後之狀況極良好，不翹曲及開裂，爲省產潤葉樹最優良材。鉋削及其他加工困難，鉋面加以磨擦後木肌精美而光澤顯著，塗裝料吸收性良好；釘着力強。

5. 用途: 建築、車輛、船艦、農具、家具、樂器機械、器具、雕刻、合板及裝飾用材。

(十三) 錐果櫟 (土名: 椆仔。學名: Cyclobalanopsis longinux, Schot.)

1. 分佈: 全省海拔 800~1,400 公尺之潤葉樹林中散生，如南庄、大湖、竹東、埔里、八仙山、楠梓仙溪等地蓄積較多。

2. 樹木通性: 常綠喬木，幹形直，直徑可達 60 公分。

3. 木材外觀: 有邊心材之分，邊材淡黃灰白色，心材近紅色，中心部份呈暗紅色，年輪分明，略成波狀，輻射狀散孔材，導管孔少。木理斜走，木肌粗，徑切面之髓線虎斑紋理甚顯著，外觀與石櫧極相似。

4. 加工性質: 氣乾材比重 0.867，生材含水量 51.5%。材質堅重強靱，耐摩擦衝擊，富彈性，易分割；難乾燥，人工乾燥應特別注意防止乾裂、潰陷及翹曲。收縮率甚大，乾燥後吸水性小，鉋削及其他加工困難鉋面滑澤，磨擦後光澤顯著，耐腐性大。

5. 用途: 與石櫧相同。

(十四) 白桐 (土名: 梧桐。學名: Paulownia kawakamu, Ito.)

1. 分佈: 產中國大陸及臺灣中部中海拔之潤葉樹林中，見於新竹、埔里、臺東等地。天然生者砍伐殆盡，現多爲造林木。尚有同屬另一種泡桐(Paulownia fortunei, Hemsl.)木材較本種略優。

2. 樹木通性: 落葉大喬木，生長迅速。

3. 木材外觀: 木材無邊心材之分，灰白色。木理通直或略斜，木肌略粗而均勻，年輪明晰，略寬，每吋約 2-5 輪，環孔材；春材管孔少，肉

眼下甚明晰。

4. 加工性質：氣乾材比重0.32。質輕軟，不翹曲乾裂，吸水性小，伸縮性微，能耐火及水濕，對音響傳導性良好。

5. 用途：木材用途甚廣，舉凡樂器、家具、木屐、衣箱等無不宜，因耐火性強，故尤適於製保險箱之襯板。

（十五）長尾尖櫧（土名：柯仔，椎木。學名：Castanopsis Carlesu, Hay, Var, Carlesu, Li.）

1. 分佈：中央山脈 400～3,250 公尺處，尤以 2,000 公尺附近生育最盛。

2. 樹木通性：常綠大喬木，幹形通直，直徑可達 80 公分，高 25 公尺。本種與單刺錐栗（Castanopsis Carlesu Hay Var, Sessilis, Nap.）性質相似，同稱為柯仔。

3. 木材外觀：邊心材之分界不明，但顏色略有分別，邊材白色，心材淡黃白色，乾燥後變白，髓線小。單刺錐栗心材略帶暗褐色，髓線較粗；年輪明顯而成波狀；輻射狀環孔材，木理通直，木肌精緻，具光澤。

4. 加工性質：氣乾材比重 0.708，生材含水量 38.1%。材質堅硬中庸，富彈性，並耐摩擦衝擊，能耐白蟻水濕，保存期長。易分割，且易施工，人工乾燥容易，乾燥後少發生翹曲及乾裂，倘乾燥激烈易發生蜂巢裂；鉋削及其他加工容易，鉋面光滑，塗裝後美觀，釘着力強。

5. 用途：建築、車輛、家具、樽桶等。

（十六）短尾葉石櫟（土名：杜仔，大葉杜仔。學名：Pasania brev-icaudata, Schot）

1. 分佈：全島海拔 500～1,500 公尺之潤葉樹林中常有之。本省殼斗科樹木蓄積，除石櫧、單刺錐栗、長尾尖錐栗外，約有 18,700,000 立方公尺，其中以本種佔較大部份。

2. 樹木通性：常綠大喬木，樹幹通直，高可達 20～30 公尺，徑可

達 100 公分。

3. 木材外觀: 邊心材分界明顯，邊材淡黃白色，心材暗褐色，年輪尙分明，常起波狀，散孔材，木理通直。

4. 加工性質: 氣乾材比重 0.62，生材含水量 55.8%。材質輕軟，富彈性。

5. 用途: 供製橋樑、農具、車輛、枕木等。

2-13　針葉樹種

（一）紅檜（土名: 松梧，薄皮。學名: Chamaecyparis formosensis, Matsun.）

1. 分佈: 分佈臺灣中央山脈，海拔 1,000 至 2,800 公尺地區，較臺灣扁柏稍低，主產於文山、挿天山、阿里山、八仙山、大雪山、林田山、太魯閣、巒大山、大元山、關山、木瓜山、楠梓仙溪等地，成純林或與臺灣扁柏，鐵杉，潤葉樹等混生。全省蓄積僅次於鐵杉居第二位。

2. 樹木通性: 常綠大喬木，爲東亞針葉樹中之最大者，其最大樹圍可達 20 公尺，高 50 至 60 公尺。惟老樹幹心部多呈空洞，或受蓮根腐菌之侵蝕而成多數圓蜂窩狀之腐朽孔，俗稱蓮根朽（或藕朽），致木材之利用價值大爲減低。

3. 木材外觀: 氣乾材比重 0.452，生材含水量 44.4%，邊心材之境界分明，色較臺灣扁柏略帶淡紅色，邊材狹小，黃灰色，心材紅黃色至帶褐色，年輪明顯，春材向秋材漸進移行而分明。木理通直，木肌細緻均勻，弦切面具美麗花紋，香氣強。

4. 加工性質: 木材加工性質大致與臺灣扁柏相似，各項強度稍弱。耐濕性耐蟻性則較臺灣扁柏爲強。

5. 用途: 本樹種在木材市場上，與臺灣扁柏，混稱爲檜木。其用途與臺灣扁柏相同。

（二）**臺灣扁柏**（土名: 松梧，厚壳檜。學名: Chamaecyparis taiwanensis, Masam. et Suzuki）

1. 分佈: 於臺灣中央山脈海拔 1,300~2,800 公尺間成極盛相之純林。海拔較低處與紅檜，鐵杉，臺灣杉，巒大杉等混生。太平山、大元山、八仙山、大雪山、木瓜山、太魯閣、林田山、阿里山等高山尚有原生林。全省蓄積僅次於鐵杉，紅檜而居第三位。

2. 樹木通性: 常綠大喬木，樹幹通直，徑可達 3 公尺，高可達 35 至 40 公尺。生長甚為緩慢。

3. 木材外觀: 邊心材顏色不同，但境界不分明，邊材淡紅黃白色，心材淡黃褐色，具芳香與光澤，春材向秋材漸進移行而不分明，木理通直均勻，木肌細緻。

4. 加工性質: 氣乾材比重 0.477，生材含水量 34.3%。木材輕軟中庸，富彈性，耐腐性及耐白蟻。乾燥容易且乾燥情形極良好,少翹曲變形，收縮極小；易割裂，鉋削加工容易，鉋面極光滑而精緻，釘著性良好；塗裝性佳，塗裝後木理更為悅目。故為臺灣產最優良之木材。

5. 用途: 主要用途為建築物之一般結構，船艦、橋樑、車輛、家具、器具、雕刻、棺木、合板，無不宜，用途之廣，省產木材無出其右者。製材廢材亦可供製鉛筆及火柴桿等。

（三）**臺灣杉**（土名: 亞杉。學名: Taiwania cryptomerioides, Hay.）

1. 分佈: 常與扁柏、紅檜或潤葉樹混生於海拔 1,100 至 2,800 公尺地區。主產於太平山、八仙山、巒大山、木瓜山、林田山、太魯閣、大雪山等處。

2. 樹木通性: 常綠大喬木，樹幹通直，徑可達 3 公尺，高可達 60 公尺，生長迅速，能成大樹。

3. 木材外觀: 邊心材之分界明顯，邊材淡紅黃色，心材帶紫褐色，倘經時日，則漸變暗黑。木理通直，木肌細緻，乏光澤。年輪狹而可判

明，春秋材之區別分明。

4. 加工性質：氣乾材比重 0.37，生材含水量 150.3%，材質輕軟，容易割裂，耐蟻性極強，不亞於紅檜，而對海蟲之抵抗力特強。

5. 用途：供建築、家具、鑄模、棺材、樽桶、船埠碼頭之防舷材，製單板，供裝飾，嵌板，合板製造等用。

（四）鐵杉（土名：油松，栂木。學名：Tsuga chinensis, Pritz.）

1. 分佈：臺灣全省 2,000～3,000 公尺海拔之高山，在較低地帶與扁柏，紅檜，松類等混生；在懸崖山脊或乾燥地，則常成純林狀態。蓄積極豐，佔本省第一位。主產於八仙山、大雪山、巒大山、木瓜山、林田山等處。

2. 樹木通性：常綠大喬木，徑可達 2 公尺，高可達 50 公尺，幹直或稍彎曲。

3. 木材外觀：無邊心材之區分，色黃白或黃灰白色，年輪狹，春秋材區別分明；木理通直均勻，木肌稍粗，密度中庸。

4. 加工性質：氣乾材比重 0.583，生材含水量 87.4%。材質略堅硬，鉋削加工稍困難。耐腐性弱，遇濕易腐，宜防腐處理後使用。乾燥情形良好，少翹曲。

5. 用途：建築（供作樑，桁結構），造紙，箱板等。

（五）肖楠（土名：黃肉樹。學名 Calocedrus formosana, Florin）

1. 分佈：分佈臺灣北部中部海拔 300 至 1,900 公尺之山地溪谷或懸崖。太平山、八仙山、大甲溪一帶有羣生或與潤葉樹混生。

2. 樹木通性：常綠大喬木，徑可達 3 公尺，高 25 公尺，樹幹通常彎曲。

3. 木材外觀：邊心材之分界不明，心材黃褐色，邊材淡黃褐色。年輪不明，假年輪多，春秋材之移行漸進而不明，木理通直均勻，木肌細緻，密度中庸，具香氣，紋理美麗，富光澤。

4. 加工性質: 氣乾材比重 0.52，生材含水量 64.7%。木材堅硬，鉋削及其他加工容易，鉋面光滑，砂磨有光澤；耐蟻性甚強，乾燥稍慢，如乾燥不充分易發生翹曲、乾裂，是其缺點，收縮稍大，塗裝性良好。

5. 用途: 主供高級家具，雕刻及裝飾材。亦作一般建築，棺木，合板等用。

(六) 巒大杉 (土名: 香杉、烏杉。學名: Cunninghamia konishii, Hay.)

1. 分佈: 分佈於臺灣中部以北 1,300 至 2,800 公尺。主產於巒大山、太平山、木瓜山等地。

2. 樹木通性: 常綠大喬木，樹幹通直，徑可達 2.5 公尺，高可達 50 公尺，常與紅檜，雲杉混生。

3. 木材外觀: 邊心材分明，心材淡黃褐色，邊材淡黃色。春材向秋材急激移行，境界明顯，木理通直均勻，木肌精密度小，橫斷面有分泌針狀結晶物，具芳香。

4. 加工性質: 氣乾材比重 0.409，生材含水量 35.6%；材質輕軟，耐蟻性強，鉋削加工容易，鉋面光滑；乾燥快，乾燥情形良好，不翹曲或開裂；收縮極少，塗裝性良好，釘着力較弱。

5. 用途: 可供建築、農具、家具、棺木、船艦等用。爲臺產針葉樹中最有用木材之一。

(七) 臺灣雲杉 (土名: 白松柏，新高唐檜，松蘿杜。學名: Picea morrisonicola. Hay)

1. 分佈: 臺灣中央山脈 2,500～3,000 公尺，丹大溪上流，楠梓仙溪，大甲溪上流等處常羣生成林。

2. 樹木通性: 常綠大喬木，樹幹通直，徑可達 1.5 公尺以上，高可達 50 公尺以上。常與紅檜、鐵杉、華山松及其他潤葉樹混生。

3. 木材外觀: 木材無邊心材之分，材黃白色或白色，經久變褐色。

木理通直，木肌緻密，結構細密，質輕而柔，年輪明晰均勻，春秋材界限明顯，髓線甚細，呈紡錘形，具樹脂管，數少而小。

4. 加工性質：氣乾材比重0.504，生材含水量118.3%。木材輕軟，耐水濕性大。易劈裂，富彈性，乾燥狀況良好，鉋削及其他加工容易，鉋面光滑，塗裝及吸着性良好。

5. 用途：建築（門窗、壁板、天花板、屋頂板）、樂器、家具、飛機、樽桶、棺木、合板、造紙等。

(八) 臺灣冷杉 (土名：白松柏。學名：Abies kawakamu.)

1. 分佈：爲臺灣中央山脈海拔最高之寒帶林最主要樹木，常在2,800公尺以上陽光強烈乾燥地帶形成純林，保持良好鬱閉，分布於北部南湖大山、南部之關山及卑南主山。

2. 樹木通性：常綠大喬木，幹通直，枝條平展而輪生，高可達 25 公尺，直徑 50 公分。

3. 木材外觀：無邊心材之分，材淡黃色，紋理直行，結構中庸，年輪明晰均勻，春秋材區別明顯，春材帶較秋材爲寬，髓線甚細，無樹脂溝及樹脂細胞。

4. 加工性質：氣乾材比重 0.465，生材含水量 88.0%；材質輕軟，易施工，但較雲杉類略脆而不耐久，乾燥情形良好，少翹曲。

5. 用途：木材可製箱板、窗板、門扉、衣箱曲物，家具襯板、造紙。

(九) 杉木 (土名：廣葉杉，福州杉。學名：Cunninghamia lanceolata, Hook)

1. 分佈：原產大陸長江以南各省，本省產由福州引進。適於 800～1,500 公尺處生育。北、中部有大面積造林地。

2. 樹木通性：常綠喬木，徑可達 50 公分以上，高 30～40 公尺。樹幹通直。

3. 木材外觀：材色黃白，邊心材不甚分明，老年時漸具心材，淡黃

褐色略帶紅色，年齡明晰均勻，寬潤，春秋材明顯。秋材帶狹，年輪間界以細線；木理通直均勻，木肌中庸；徑切面具光澤；有香氣；髓線單列，在肉眼下可察及。

4. 加工性質：氣乾材比重0.33，生材含水量161.1%。材質輕軟，保存期長，心材耐腐性強，易施工，鉋削後表面光滑，乾燥情形良好，不翹曲開裂，釘著力弱。

5. 用途：一般建築（柱、樑、桁、天花板、壁板、門窗等）、橋樑、船艦、農具、家具、棺材、樽桶、電桿、造紙等。

（十）柳杉（土名：日本杉，內地杉。學名：Cryptomeria japonica, D. Don）

1. 分佈：原產於大陸及日本，臺灣係由日本引進。現為臺灣最普遍之造林樹種，全省800～2,200公尺之地均有大面積造林地。

2. 樹木通性：常綠大喬木，直徑可達1.8公尺，高可達40公尺。樹幹通直。

3. 木材外觀：木材邊心材區別明顯，邊材黃白色，因產地氣候，土質不同，心材有淡紅，暗褐或深紅等不同色。木理通直，木肌粗糙；有香氣。

4. 加工性質：木材堅軟得宜，少翹曲開裂。易施工，耐水濕，富彈性，易乾燥，乾燥情形良好。塗裝性良好。

5. 用途：建築（柱、樑、桁、壁板、天花板）、橋樑、船艦、電桿、機械器具、造紙、火柴盒。

（十一）臺灣二葉松（土名：松柏，新高赤松，松蘿。學名：Pinus taiwanensis, Hay.）

1. 分佈：分佈於臺灣中央山脈及其支脈海拔700～3,200處，臺中大甲溪沿岸最多，形成純林。

2. 樹木通性：常綠大喬木，樹幹通直，徑在80公分以上，高在35公尺。

3. 木材外觀: 邊心材區別明顯, 邊材黃白色, 心材呈淡黃褐色; 年輪幅稍狹而整齊, 春秋材區別明顯, 秋材帶寬; 木理通直而均勻, 木肌稍細緻。

4. 加工性質: 氣乾材比重 0.548, 生材含水量 47.7%; 材質強靭, 稍堅重, 強度大, 耐水濕; 鉋削及其他加工性中庸, 乾燥容易, 乾燥後情形良好, 少翹曲, 釘着力強。

5. 用途: 主供建築 (柱、樑、桁、地板、門窗)、橋樑、造紙。

(十二) **華山松** (土名: 紅松柏, 白杉, 松柏。學名: Pinus armandi, Franch.)

1. 分佈: 分佈於大陸及臺灣中部以北海拔 2,300~2,800 公尺之高山如大雪山、小雪山、南湖大山、巒大山、林田山、木瓜山等處, 常與鐵杉、紅檜、扁柏、雲杉等共成混淆林, 或散生於草生地。

2. 樹木通性: 常綠大喬木, 徑可達 1 公尺, 高可達 20 公尺, 樹幹通直, 樹冠美觀。

3. 木材外觀: 邊心材區別明顯, 心材淡黃褐色, 邊材淡黃白色, 年輪明晰均勻, 秋材部顯著, 髓線甚細, 木理通直, 木肌中庸, 稍具光澤。

4. 加工性質: 氣乾材比重 0.530, 生材含水量 55.1%, 材質輕軟; 保存期中庸, 但邊材易腐, 乾燥容易, 乾燥情形良好, 鉋削及其他加工容易, 鉋光面良好。

5. 用途: 主供建築、家具、衣箱、水中建築材、造紙等。

第五節 木材的性質

2-14 木材的理學性質

㈠木材的重量: 木材的重量對於應用木材具有影響, 通常可有數種方

法以測量之:

1. 生材重量: 樹木砍伐之後，即時秤量之重量，其中包含多量之水分、以及樹脂、油類等未揮發之物質。

2. 氣乾材重量: 乃生材置於大氣中，水分及揮發物質逐漸揮發，至不再揮發時秤其重量，謂之氣乾材重量。亦即木材天然乾燥後的重量。

3. 全乾材重量: 全乾材或稱絕乾材，係將木材置於人工設備如烘箱等之內，以 $105°C$ 的溫度乾燥至重量不變時爲止，此時的木材重量，稱爲全乾材重量。

4. 木材的比重: 係指一定體積之木材重量，與 $4°C$ 時同體積純水重量之比。通常計算比重時，木材體積以生材爲準，木材重量以全乾材爲準。

臺灣省林業試驗所，對省產木材之比重，曾作有系統之測定並發佈之，足供用材者之參考。例如紅檜之比重爲0.333，而赤皮之比重爲0.774等。通常將比重在 0.50 以下者稱爲輕材，0.70以上者稱爲重材，介於兩者之間者爲中材。

㈡木材的含水量: 木材含水量的多寡，關係強度甚大，故欲作木材的力學方面的實驗時，必先求得其含水量。測量含水量的方法，係取試材若干塊，秤定其生材重量至小數後一位，再將該材置入 $105°C$ 烘箱中，至重量不再改變時，取出秤之，此時所失之重量，即該試材的含水量。其計算方法爲: 假定生材 (Green material) 之重量爲 W_g，烘乾後之全乾材 (Oven-dry wood) 之重量爲 W_0，則:

$$\%木材含水量 = \frac{W_g - W_0}{W_0} \times 100$$

例臺灣紅檜的生材含水率爲44.4%，氣乾材爲12%; 赤皮之含水率，生材爲44.2%，氣乾材爲12%。

㈢木材的收縮率: 木材乾燥時，其水分消失達纖維飽和點以下者，即

呈現體積的收縮現象。通常木板之縱斷面收縮甚微，徑斷面次之，以弦斷面的收縮率爲最大，可達 4%～14%。收縮率之求法，係求各木材生材時之體積與全乾時體積之比。如：

$$\%徑向收縮 = \frac{生材徑向長 - 全乾材徑向長}{生材徑向長} \times 100$$

$$\%弦向收縮 = \frac{生材弦向長 - 全乾材弦向長}{生材徑向長} \times 100$$

例如紅檜之收縮率，徑向爲 2.26%，弦向爲 3.90%，體積收縮爲 6.24%；赤皮的收縮率，徑向爲 2.97%，弦向爲 8.27%，體積收縮爲 11.14%。

2-15 木材的力學性質

木材的力學性質，卽木材的強度。木材受外力作用，其形狀發生變化。同時爲平衡其外力，內部產生抵抗力，稱爲應力 (Stress)；形狀之變化曰歪 (Deformation)；外力增加則內部應力或歪亦增加。木材之品種與受力之木理方向不同，其應力亦異。試驗木材力學性質，常用的機械爲安姆斯拉 (Amsler) 木材強度試驗機，可將試材置於其上作多種的力學試驗。茲將木材的重要力學性質分述於下：

㈠抗彎力：當木材受外力而折斷時所生的應力，謂之抗彎力。分爲靜力彎曲 (static bending) 和衝擊彎曲 (Impact bending) 兩種。

1. 靜力彎曲：通常靜曲試驗，多採中央加力法，卽取某種長度的試材，兩端置於支點之上，而於試材之中點處施加荷重，每增若干荷重，紀錄其撓度一次，繼續至破壞爲止。

2. 衝擊彎曲：衝擊彎曲的試驗，目的在求得木材在帶有速度的荷重衝撞下之靭性。木材的密度與其抗衝擊能力關係密切，其密度大者，抗力亦強。髓線大或柔細胞含量多者，其抗力較弱。

表 2-15 臺 灣 主 要

樹　　　　　種	靜　　力　　彎　　曲			
	彈性限界之纖維應力	破壞係數	彈性係數	最大縱向剪力
	kg/cm^2 ±δ	kg/cm^2 ±δ	kg/cm^2 ±δ	kg/cm^2 ±δ
紅檜（Chamaecyparis formosensis Matsum）	613±66	898±76	116200±20400	26.1±2.0
鐵杉（Tsuga chinensis pritzel）	941±106	1221±114	149300±33200	33.8±3.2
柳杉（Cryptomeria japonica D. Don）	585±94	896±83	132200±21900	22.4±2.2
臺灣肖楠（Libocedrus formosana Florin）	575±64	859±67	119700±12100	26.7±1.3
華山松（Pinus armandi Franch.）	747±76	987±85	138000±20200	31.5±2.1
臺灣冷杉〔Abies Kawakamii(Hay.) Ito〕	562±43	780±54	109800±19300	23.2±2.0
杉木（Cunninghamia lanceolata Hook.）	664±40	872±61	108300±11900	23.2±2.0
柚木（Tectona grandis Linn. f.）	842±97	1143±107	143100±10400	36.7±3.6
香楠（Machilus zuihoensis Hay.）	729±61	1032±65	147000±17200	33.6±2.0
石櫧（赤皮）（Quercus gilva Bl.）	1560±165	1954±155	186000±10400	55.1±5.0
錐果櫟（Quercus longinux Hay.）	1036±131	1299±164	152000±18000	38.8±5.0
木荷（Schima superba Gard. et. champ.）	838±159	1062±174	140200±14600	32.1±5.4
樟〔Cinnamomum campora (L.) Sieber〕	805±69	1017±86	106900±15000	26.9±3

木材之強度舉例

衝擊彎曲（韌性）	縱向壓力	橫向壓力	縱向張力	橫向張力	縱向剪力	劈裂性	硬度
吸收之能量	最大抗壓力	彈性限界之纖維應力	抗張力	抗張力	抗剪力	劈裂性	勃令式硬度
cm-kg/試樣	kg/cm² ±δ	kg/cm² ±δ	kg/cm² ±δ	kg/cm² ±δ	kg/cm² ±δ	kg/cm² ±δ	
—	365±52	54±14	—	41±4	102±19	90±9	2.39
—	511±46	63±11	—	44±8	137±21	84±10	3.05
—	218±38	58±11	—	27±4	86±8	59±5	2.01
—	551±22	121±22	—	56±8	138±17	97±8	3.28
—	376±49	56±9	—	38±4	92±19	86±10	3.25
228±6[illegible]	469±35	33±7	633±101	—	—	27±6	2.37
204±41	509±25	48±10	643±204	14±2	115±23	28±3	2.68
—	590±27	112±15	—	65±9	147±18	116±12	3.91
—	418±46	91±14	—	61±11	117±13	102±8	2.69
—	612±73	284±38	—	119±22	225±35	187±31	5.88
—	571±55	245±30	—	93±12	213±29	152±33	6.55
—	441±29	113±16	—	59±10	126±21	118±11	3.75
354±42	575±47	96±20	590±116	22±4	170±14	48±8	3.25

㈢抗壓力: 木材受外力壓縮時的應力稱爲抗壓力。壓縮力之方向不同, 強度亦異, 有與木理平行, 有與木理垂直者, 前者稱爲縱向壓力, 後者稱爲橫向壓力。

㈣抗剪力: 剪力係測定木材纖維之結着力。木材之破壞由橫面剪斷甚不可能, 故通常僅求其縱向抗剪力。縱向抗剪試驗又分剪斷面與年輪平行及垂直者兩種, 分別試驗然後取其平均值。

㈣抗張力: 抗張力亦卽木材抗拉的力量, 分縱向抗張與橫向抗張力兩種。試驗時係將試材製成適於拉開的形狀, 然後置於試驗機中用一對特殊鋼鈎上下鈎住, 兩鈎反方向用力, 至木材破壞爲止。

㈤劈裂度: 木材之纖維受楔入時所呈分裂難易之性質, 稱爲劈裂性, 其對劈裂所生的應力稱爲抗裂度或劈裂度, 通常生材較乾材易裂, 割裂之方向不同, 強度亦有顯著差異, 試驗時多取其平均值。

㈥硬度: 硬度卽木材受他物侵入時所生的抗力, 與鋸截之難易, 工作機械之應用, 施工之速度等關係密切。一般硬度試驗多採用勃令(Brinell) 式試驗機行之, 該機係利用先端之鋼球, 以重力壓入試材中, 鋼球之半徑爲 5.642mm., 將其壓入材體深達 5.642mm. 時, 所需之荷重以 kg 表之, 稱爲勃令式硬度 (Brinell hardness)。

以上所述有關木材的力學性質, 對於木材之應用產生重大影響, 故需愼重選擇。例如抗彎力大者適於作橋樑之材料; 縱向壓力大者, 適於作屋柱及支柱之材料, 橫向抗壓強者, 適於作枕木、橋樑等之用; 抗剪力大者, 適於作車軸之材料; 劈裂度強者, 適於作車輻板、衣箱等之材料; 抗張力大者, 適於作橋、樑、欄杆等材料; 硬度大者, 適於作地板、門楣等之用; 靱性強者, 適於作運動器具、工具柄、旋槳等材料。工藝上小體積的用材, 對力學性質要求雖不必十分嚴格, 但施工的難易度卻大大地影響生產成本, 故在大量生產之前, 應對木材性質多作試驗, 以求得最經濟的效果。至於傢俱等用材, 則與木材強度大有關係, 更有愼重選擇的必要。

臺灣省所產之木材，在過去若干年來經林業有關機構不斷試驗，凡重要木材之各項性質均有資料可稽，茲舉例如表 2-15。

2-16 木材的化學性質

木材係植物的細胞組織經木質化後之產物，纖維素 (Cellulose) 爲木材細胞壁的主要成分；木質素 (Lignin) 爲細胞壁與細胞壁間之中間層之主要成分，細胞壁中尙含若干高分子化合物，如複戊醣類 (Pentosans) 及複合多醣類 (Polyuronides) 等。至於細胞中之內容物，更有許多複雜物質，依樹種、樹木部位之不同，所含之物質與數量亦異，常見者有單寧 (Tannin)、澱粉(Starch)、樹脂(Resin)、油脂 (Oil)、染料物質 (Dyestuff) 等等。

木材在化工方面之用途極廣，但都須經過特殊的處理與加工，因非本書的主旨，故不贅述。

第六節　木材的採伐與割製

木材自森林中砍伐以至於傳到使用人手中，中間需經過許多程序。對於這些作業程序的了解，有助於木材的購買知識，茲擇要分述之。

2-17 伐木

一般情形，樹木直徑達 30cm 以上，方准採伐，但亦視樹種之不同而定。林木砍伐的數量應與林區中造林的數量相比較，最好遵從「伐植平衡」的原則，即砍伐面積不得超過造林面積。故在進行砍伐之先，需先調查各林區的面積、蓄積、地況，再依據森林事業案及收穫基案來確定各林區之伐採量及伐採順序。計劃定案之後，乃進行每木調查，於決定砍伐之樹木上烙印爲記，伐木工人憑記砍伐，如此方可防止濫伐，並有助於幼林的生

長。

至於伐木，也必須選擇適當的季節，視樹種、氣候、地況、作業方法而定。例如須剝皮的樹種，以在春夏之交伐採爲宜，因爲此時水份充足，易於剝落；易變色和開裂的木材，則宜於多季伐採，以防烈日曝曬；有颱風的地區，颱風季節因多豪雨，故應停伐；利用雪橇運材的地區，則以多季伐木爲宜；利用水運地區，則應與汎期相配合，方能得到水運之便。伐木的方法有：

㈠斧伐法：先在立木近地面 0.3 公尺處，用斧伐一初切口，其方向應位於倒向之一面，深達樹心；再於反向稍高之處砍一反切口，此二切口相接處伐開以後，立木卽向初切口之一方倒下（圖 2-17）。

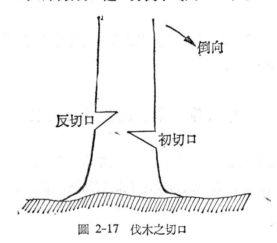

圖 2-17　伐木之切口

㈡鋸伐法：先在立木之一側鋸一初鋸口，其方向卽樹木預計之倒向，再在反側鋸一反鋸口，然後持楔插入，用鎚擊之，樹卽朝初鋸口方向倒下。

㈢斧鋸並用法：先在立木倒向之一側向樹心平鋸一鋸口，用斧在其下伐一 45° 的缺口；再在反向稍高處鋸一平鋸口，然後用楔在反鋸口打入，樹卽向初切口倒下。

㈣機械伐木法：伐木方法大致與上同，但其工具採用鏈鋸，用引擎帶動，速度快而省人力，因其伐採點可以降低，故可多得木材 3～7％，目下一般林區多採用之。

2-18　造材

樹木伐倒之後，依據用途施行打枝、去節、剝皮，並鋸切成便於搬運之長度，此種操作謂之造材。所造之材稱爲素材，也稱原木。通常原木每段的長度以 2 公尺爲起點，然後以每半公尺爲單位而鋸切，視用途及搬運之情形而定，以不損失木材價值爲原則。慣例原木的長度應有延寸，也稱賠尺，以備搬運時之撞損，延寸約爲木長的2.5～5％，例 4 公尺的原木，其實長應爲 4.1 公尺，但 4 公尺以下者，延寸一律爲 10 公分。

原木依其形狀，可分爲：

㈠圓材：樹木伐倒後僅去枝葉，並不去皮及鋸去邊材，但已分截成段，通常直徑在 90 公分以上者稱爲大圓材，在 45 公分以下者稱爲小圓材，介於兩者之間者爲中圓材。

㈡角材：指在伐木場所用人工鋸去樹幹四周而成之方材，亦稱杣角。角材可減輕體積及重量，便於搬運及節省不必要之運費。

㈢割材：由於木材直徑過大，或山區搬運受限制時，必須將原木分割成數塊，通常可自二割至六割。

2-19　集材

立木經造材後，常散置山林各區，故須轉運出林，集中於交通線附近，堆存待運，此種操作，稱爲集材，因其有清除地面的作用，亦稱爲清地。

集材的地點，應選交通便利，靠近運輸路線，且須空氣流通又無烈日照射之處。集材的方法有用畜力者，如騾、馬、象等；有用人力者，如利用滾動法、滑道法等；有用牽引機曳運者；亦有利用鋼索架設山區以滑車

集運者。大規模的林業區，多利用機械方法集材，以收省時省力的效果。

2-20 運材

運材與集材，實均為搬運木材，唯集材係指暫時而短程的集運，運材則指大規模而長距離的運輸。運材方法不外陸運、空運、水運三大類。

區域廣大的林業區，為長期運輸木材之便，多築有運輸木材的專用道路，有公路亦有鐵路，如本省阿里山小軌鐵道，原即為運材而鋪設者。凡地形坡度不適於陸上運材、或因氣候及載積量之限制而不能運出大材時，多利用空中架設索道以輸送之，空中運材可縮短運輸路線及時間，且其建設費較關鐵路為廉，故為近來林業上最重視的運輸方法，如本省太平山林場，即頗多索道運輸。至於水運木材，乃最古老的方法之一，以其經濟便利，無須大規模的運輸設備，故此法仍保留至今。歐美各國若干林場多有利用水力運材之長期計劃。水運木材，可分管流、筏運、舟運三大類，視當地之地理狀況而定，亦有以人工修築堤堰、水閘等，以調節水量，來運輸木材者，故水運的方法亦不一而足。

2-21 貯材

木材經由各種運輸路線，運抵一適當場地大量貯積在陸上或水中，以備販賣或製材，此一作業過程稱為貯材，貯材地點稱為貯材場。陸上貯材，每10立方公尺，即須有10平方公尺的場地；水上則每7立方公尺，即須佔10平方公尺之面積，通常貯木場以能貯蓄五個月的作業量為標準，且多附設有製材廠以分割木材，可知其規範須相當麗大。

貯材時最重要的工作之一，即為整理木材的種類，並按株核計其材積，稱為「檢尺」。在檢尺時並須對木材之節瘤、腐朽、彎振、蓮根、空洞等加以判斷，故多由有經驗之熟練人員為之，將計算所得逐一記錄，並將原木編號入帳，以憑販賣及製材。

本省依木材市場交易習慣，依樹種不同將原木分級如下：

㈠針葉樹

　　1. 一級木：扁柏、紅檜、肖楠、香杉、紅豆杉等。

　　2. 二級木：亞杉、冷杉、雲杉、鐵杉、松類及其他天然生針葉樹屬之。

㈡濶葉樹

　　1. 一級木：烏心石、櫸木、花紋樟、黃連木等。

　　2. 二級木：柯仔、稠仔、重陽木、泡桐、牛樟、楠類等。

　　3. 三級木：其他濶葉種皆屬之。

　　每級木材中，又依其有無破裂、節疤、彎捩等缺點再分為若干等，例如臺灣針葉樹素材之分等情形如表 2-21。

　　表 2-21 中所列木材缺點，均有確切的計算方式，茲列述如下：

　　㈠節：以其長徑與短徑之平均量計，不滿一公分者不認為缺點。圓材直徑 44 公分以下或山造角材之寬 45 公分以下之生節徑在 6 公分以內、及圓材直徑 46 公分以上或山造角材之寬 46 公分以上 89 公分以下之生節徑在 9 公分以內者，均稱為普通節，超過此限，則稱為大節。死節或腐節之徑認為生節的二倍。

　　㈡彎：以其木材不含根張之內曲面最大弦高，對其末端（山造角材對其厚之百分比而定之。彎有二處以上者以其和）。

　　㈢縱裂：以其裂痕之長度對材長之百分比定之，其在百分之五以下者不認為缺點。同一端有二處以上時，以最長者為其長，如在兩端時，以其各端之最長者之和為其長。扰破（即立木倒下時樹幹之裂痕）以縱裂論。

　　㈣環裂：以其弧長對其木材末端周圍之百分比而定之。在同一端有二處以上時，以其長之總和。環裂如在兩端依其各端弧長之和之大者而定之。

　　㈤幹空或有償藕枋：依其在鋸口之面積（一端有二處以上時計其和）

表 2-21 臺灣針葉樹樹圓材之分等

品等＼缺點	節（末端直徑44公分以下）	節（末端直徑46公分以上）	彎	鋸口縱裂	鋸口環裂	幹空	有價腐朽	其他
一等	二方無節，一方普通節（節徑在6公分以下）	三方無節，一方普通節（節徑在9公分以內）	15%以下	10%以下	5%以下	5%以下	1%以下	無
二等	二方普通節，一方大節或三方無節（節徑超過6公分）	一方無節，二方普通節或三方無節，二方大節（節徑超過9公分）	20%以下	20%以下	10%以下	10%以下	5%以下	較無妨礙
三等	一方普通節，二方大節或四方普通節	一方無節，二方大節或四方普通節	30%以下	30%以下	15%以下	15%以下	10%以下	無妨礙
四等	超過上列限度		超過上列限度	超過上列限度	超過上列限度	超過上列限度	超過上列限度	無妨礙
五等	因腐朽、幹空及其他缺點不能利用部份，佔其材積之60%以上，未滿70%者，或有價藕朽節佔其材積70%以上，未滿80%者。		超過上列限度					
廢材	超過前款限度							

附註：相當一、二、三、四等之材而其缺點在二種以上，且其程度近最大限度者，降一品等；相當一、二、三、四等之材，如無彎、腐朽、幹空之缺點，而其他缺點在二種以下，且其程度近最小限度者，另一品等。

對其末端鋸口斷面積之百分比而定其缺點。幹空或有償藕朽如僅在一端時，照其面積之25％計算爲準。

(六)其他：包括腐朽、蟲蛀、穴、材面破缺、疵等。在材面之腐朽、蟲蛀、穴，視爲其二倍長徑之節，在材面之破缺或疵，視爲其同一長徑之節，但破缺或疵於利用上無障碍時，不作缺點論。

2-22 製材

原木必須經過鋸切，始能成爲板材及柱桁等以供實用，此種改變原木之方法，稱爲製材。製材之場所稱爲製材廠，所割成之產品稱爲製品(Timber)。將原木鋸成製品，其鋸法甚多，約可分爲：

(一)徑面鋸材法：凡年輪與板之寬面成 45° 至 90° 者稱爲徑面法，其鋸割方法頗多，見圖 2-22.1。

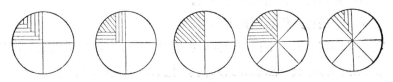

圖 2-22.1 徑面板切法

(二)弦面鋸材法：凡年輪與板之寬度成 0° 至 45° 者稱之，其鋸切方法見圖 2-22.2。

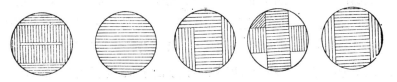

圖 2-22.2 弦面板切法

製品因其寬度與厚度的不同，分爲板、割材、角材三類，其尺寸均有規定，例臺灣針葉樹製品區分規定如下：

(一)板類: 最小橫斷面之寬為厚之三倍以上者。

　　1. 板: 厚度 0.6 公分以上, 3 公分以下者, 寬度 9 公分以上。

　　2. 小幅板: 厚度 0.6 公分以上, 3 公分以下者, 寬度不及 9 公分者。

　　3. 厚板: 厚度 3 公分以上, 6 公分以下者, 寬度 9 公分以上者。

　　4. 特厚板: 厚 6 公分以上。

(二)割材類: 最小橫斷面方形之一邊不及 6 公分, 寬度不及厚度之三倍者。

　　1. 正割材: 橫斷面正方形者。

　　2. 平割材: 橫斷面長方形者。

(三)角材類: 最小橫斷面方形之一邊長 6 公分以上, 寬度不及厚度之三倍者。

　　1. 正角材: 橫斷面正方形者。

　　2. 平角材: 橫斷面長方形者。

製品又因其品質之不同, 缺點之多寡分為若干等, 本省將針葉樹及潤葉樹製品分為特等及一至五等共六級, 兩者之規定不同, 例如板材之分類:

(一)針葉樹板材類之分等如表 2-22。

(二)潤葉樹製品之分等: 因潤葉樹木材使用時常須截為較小之尺寸, 材面之缺點, 可部分切除, 故採板材淨面分等法。淨面之區劃, 係由一塊板較劣之一面, 劃出無缺點之長方形部分。區劃面之長度須量至足10公分, 其不足 10 公分者不計; 寬度須量至足 1 公分, 其不足者亦不計。但淨面以外之部分, 仍須為健全可用者, 不得有腐朽、環裂等缺點, 容許有缺材、生節、蟲孔或類似之缺點。

淨面以 100 立方公分為一單位, 木材之分等係依淨面積佔全幅木板之百分率訂之:

表 2-22　臺灣針葉樹板材分類

材長標準 2m

品等	節	材面之腐朽、傷缺、瑕疵、蟲蛀穴		弧邊	鋸口縱裂或鋸口環裂	捲皮、捲入或脂囊		耦		朽	其他
		未貫通他材面	貫通他材面			未貫通他材面	貫通他材面	未貫通他材面	貫通他材面	貫通他材面	
特等	無	無	無	無	無	長徑3cm以下3個以內（小幅板1個以內）	無	無	無	無	無
一等	長徑1.6cm以下3個以內（小幅板一個以內）	無	無	10%以下	5%以下	長徑6cm以下4個以內（小幅板2個以內）	無	無	無	無	無
二等	長徑3cm以下6個以內（小幅板3個以內）	長徑1.5cm以下6個以內（小幅板3個以內）	無	20%以下	10%以下	長徑12cm以下4個以內（小幅板2個以內）	長徑2cm以下4個以內（小幅板2個以內）	2cm²以下4個以內（小幅板2個以內）	無	2cm²以下2個以內（小幅板1個以內）	輕微
三等	長徑6cm以下6個以內（小幅板3個以內）	長徑3cm以下6個以內（小幅板3個以內）	長徑1.5cm以下6個以內（小幅板3個以內）	30%以下	20%以下	長徑16cm以下4個以內（小幅板2個以內）	長徑4cm以下4個以內（小幅板2個以內）	4cm²以下4個以內（小幅板2個以內）	無	4cm²以下2個以內（小幅板1個以內）	較顯著
四等	長徑9cm以下6個以內（小幅板3個以內）	長徑4.5cm以下6個以內（小幅板3個以內）	長徑2.2cm以下6個以內（小幅板3個以內）	50%以下	30%以下	超過上列限度	長徑6cm以下4個以內（小幅板2個以內）	8cm²以下4個以內（小幅板2個以內）	無	8cm²以下2個以內（小幅板1個以內）	較顯著
五等	超過上列限度	超過上列限度	超過上列限度	超過上列限度	超過上列限度	超過上列限度	超過上列限度	超過上列限度	超過上列限度	超過上列限度	顯著

註 1. 表列各種缺點之數量（百分率除外）限度，長每增加2m以內者加一倍，未滿1m者，按1/2計算。
註 2. 節之長徑，在其規定限度之1/2以下者二個，1/4以下者四個，視為一個。

1. **特等材：** 淨面積佔全幅木材面積90%以上者。
2. **一等材：** 次於特等材，但其淨面積須佔全幅75%以上。
3. **二等材：** 次於一等材，其淨面積須佔全幅60%以上。
4. **三等材：** 次於二等，其淨面積應佔全幅50%以上。
5. **四等材：** 次於三等，其淨面積應佔全幅33%以上。
6. **五等材：** 次於四等，其淨面積應佔全幅20%以上。

例有一板其長爲5m.，寬爲100cm.，則該板之全幅面積應爲 500 單位（圖 2-22.3）。因其有節故當計算其淨面積以求得該板之等級。

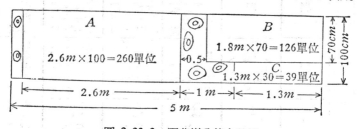

圖 2-22.3 濶葉樹分等之計算

圖 2-22.3 中木材之淨面積應爲：

A＝2.6×100＝260 單位

B＝1.8×70＝126 單位

C＝1.3×30＝39 單位

淨面積合計＝425 單位

佔全幅面積85%，故此木材應列爲一等材。

2-23 製品的檢量

木材之衡量單位，依地區而異，大約有數量單位、重量單位、材積單位等三種，其中以材積單位最爲精確實用，其計量方法如下：

㈠萬國公制：以立方公尺（Cubic meter, m^3）爲測定木材體積的單位。德、法、意、奧、葡、荷等國均用之，我國亦取用之。

㈡立方呎制：以立方英尺（Cubic foot, Cu. ft., ft^3）為木材體積之計量單位，英、美等國曾採用之。

㈢立方日尺制：日本測定木材體積，常採用立方日尺為單位，$\frac{1}{10}$立方日尺（即 100 立方日寸）或 1 日寸厚，面積 1 平方日尺的木材，稱為一「才」，「才」為木材買賣的實用單位，臺灣木材零售市場，目前仍沿用未變，有謂臺尺者，實即此尺度。

㈣板呎制：所謂板尺（Boardfoot, B. F.），即厚一吋，面積一平方呎之木材，等於 144 立方吋（1 吋×12吋×12吋）。美、加、印度、澳洲、菲律賓等國多採用之。

茲將上述四種制度互換表列如下：（表2-23）

表 2-23　木材材積計量互換表

立 方 公 尺	立 方 呎	才	板 呎
1	35.29	359.37	423.48
0.028	1	10.18	12
0.0027	0.098	1	1.178
0.0024	0.083	0.85	1

第七節　木材的乾燥

樹木砍伐之後，樹幹中含有大量的水分，於製材完畢時，其水分仍含量甚高。此種水分將在往後的時日中，逐漸向大氣中蒸發，由於水分的走失，木材的體積產生收縮，寬度和長度也因之改變，情形嚴重者，將發生乾裂、曲翹等瑕疵。是以，若應用水分未穩定的木材來製作用品或從事建築，可能導致許多不良的後果。為避免此種情形的發生，故木材在應用之

先，必須經過乾燥。欲了解木材乾燥的情形，對於水分如何留存於木材中，必須先作研討。

2-24　木材中的水分

生材含水的情形可分為兩種：

㈠自由水：亦稱遊離水，係存在木材細胞的間隙與細胞腔的原形質中，呈自由狀態，存在細胞間隙中的水分最多，約佔木材絕乾重量的60％，在細胞腔中者約佔5％。

㈡吸着水：亦稱吸濕水，係吸附於細胞壁中之水分，細胞壁由數層薄膜組成，每層薄膜由無數小纖維構成，水分卽居於小纖維之間，呈水膜狀態，其含量約佔絕乾重量 25-30％，平均為 28％。

㈢纖維飽和點：上述自由水與吸着水構成木材主要的含水量，木材乾燥時自由水先行排出，至細胞間隙及細胞腔中水分全失，而細胞壁中吸着水尚呈飽和狀態者，此時的含水量稱為纖維飽和點 (Fiber saturation point)。木料失去自由水，除重量減輕外，對其性質無甚影響，若低過纖維飽和點，細胞壁中吸着水開始逸出，纖維靠緊，乃導致木材體積的全面收縮。（圖 2-24)

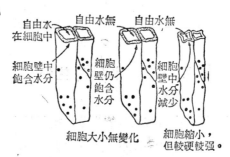

圖 2-24　木材中水分消失的情形

㈣平衡含水量：木材置於大氣中，可以乾燥至某種程度，稱為氣乾材 (Air dry wood)，但氣乾材中的水分尚未全部消失，此時若加人工處理，

如置木材於乾燥器中，以 100°—105°C 恒溫加熱，使其水分完全蒸發，則稱爲絕乾材 (Absolute dry wood)。但絕乾材脫離乾燥器後再置於大氣中，復又吸收水分，直至其含水之蒸氣壓與大氣所含者平衡爲止，此時木材中之含水量卽稱爲平衡含水量。平衡含水量視地區不同而異，通常以 12%爲標準。平衡含水量與木材的乾燥關係至爲密切，通常木材乾燥至略低於平衡含水量，其體積與形狀卽可穩定，便於應用。

2-25 木材的收縮與膨脹

㈠**伸縮性與木材比重**： 木材之細胞壁因吸水而膨脹，因失水而收縮，此種現象僅發生於細胞壁之厚度方向。故在同一含水率變化之下，細胞壁厚之細胞較壁薄之細胞之伸縮性爲大。一般木材其胞壁薄者比重亦較輕，反之則重。所以比重小之木材其伸縮率較比重大者爲低，亦卽木材之伸縮量與木材之比重成正比。

㈡**伸縮性與木材的切割面**： 木材有長、寬、厚三面，通常在長的方面，伸縮性極小，對使用的影響不大。在寬與厚方面，有弦面與徑面之分，兩面的伸縮率並不一致，其比例約爲 10:5～6:0.50，卽弦面的收縮率爲徑面的二倍以上，弦向與徑向收縮量之差，因樹種而異，差異少的樹種，乾燥時的瑕疵較少，故爲業者所樂用。

㈢**取材的部位與變形**： 木材乾燥時，因弦向與徑向收縮率之不同，使製成的木材產生種種變形的現象，其所變形的形狀，與製材在原木上所居之位置有關，如圖 2-25 中，共有四塊板材，因其位置不同，

圖 2-25 取材部位與變形

收縮後之形狀各異，又另二塊角材，居中者收縮後成長方形，居側者則成爲菱形，而圓形收縮後成爲橢圓形，此等現象，於進行製板時，必須顧及之。

2-26 木材的天然乾燥

　　將木材疊置於大氣中，藉天然之條件，如溫度、濕度、風等，使木材乾燥，謂之木材天然乾燥。以天然條件乾燥木材，其設備簡單，成本低廉，但須經歷甚長之時間，且無法達到某一定含水率之要求，一般而言，甚難使木材乾至平衡含水率以下，唯在兩種場合中，天然乾燥仍具其功能。其一，在鮮製材搬運之前，如經適度的天然乾燥，可減少搬運的重量，以節省運費。例如本省 20 立方公尺的鮮製材，重約 20 噸，如經適度乾燥之後，重量可減小 25%，亦卽減低運費 1/4，數目相當可觀，故通常所謂裝船重量，係指含水率 25～30% 之木材而言。其二，在人工乾燥之前，可以天然方法作爲預備乾燥，凡含水率高的木材，可先在大氣中擱置，令其含水率降低至若干程度之後，再行入窰乾燥，可以節省人工乾燥之費用。如圖 2-26.1 所示，可以明顯看出天然乾燥含水率減低之情形。

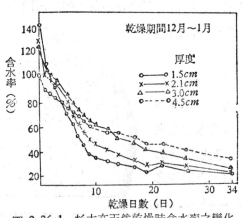

圖 2-26.1　杉木在天然乾燥時含水率之變化

天然乾燥木材，其方法大略如下：

㈠乾燥場所：應選通風良好的地點，尤以南北通風者為佳，地質宜擇沙地，地形最好略帶傾斜以便排水，四周避免有高大林木或建築物，亦不宜設於谷地之中，但若風力太強之處亦易使木材乾裂，則須裝設遮蔽物，以調節空氣的流動。

為便於木材的堆疊，場內須設若干乾燥臺，用木造或水泥建造之，基椿約高出地面 2 呎，每椿隔 4 — 6 呎，縱向之兩端應略帶斜度，約為 $\frac{1}{20}$，各乾燥臺間應有運搬路徑，必要時可設置軌道，場地周圍應經常保持整潔，或散佈石灰等（圖 2-26.2）。

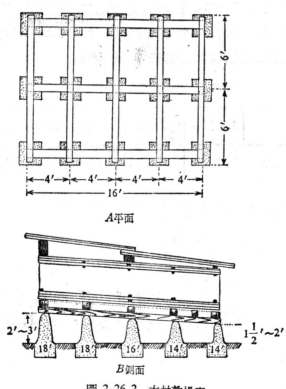

A平面

B側面

圖 2-26.2　木材乾燥臺

㈡**乾燥時間**：氣候狀態，直接影響木材之天然乾燥，雨季或多濕季節，將減低乾燥速度；多季雖較乾燥，但溫度較低，蒸發量及水份移動均較緩慢；梅雨季節溫度高而多濕，菌類容易繁殖，夏季則陽光強烈，乾燥過速，易生乾裂現象。故於木材乾燥時，須因地制宜選擇適當的時間進行之。一般天然乾燥，多選每年之二、三月施行，這一段時間溫度不高，菌類少，乾燥甚爲適宜。至於木材乾燥所需的時間，依樹種和木材的厚度而異，例如 1 吋厚之木材，針葉樹須 3—6 個月，濶葉樹須 6 個月以上方可達氣乾狀態，含脂多或比重大的木材，則需時更久，櫻木約須 9 個月，櫟類木材則須 12 個月之久。

㈢**堆叠方法**：木材運達乾燥場後，依長、寬、厚分類，然後叠成若干層，每層間以叠桿，叠桿的木材須充分乾燥，厚約 0.8—1.2 吋，桿與桿的間隔視木材的厚度而定，其標準如表 2-26 所示。

表 2-26　叠桿間隔與木板厚度

板　厚 (cm)	1.2 以下	1.2—2.4	2.4—3.6	3.6—6.0	6.0 以上
間　隔 (cm)	30	45	60	75	90

至於同一層的木板之間，亦應有適當的距離，通常以 3 公分爲宜。堆叠木材之兩端須用叠桿緊接木材，並與末端平齊，藉其壓力減少劈裂；或更於兩端塗以油漆，以防乾裂。木材經堆叠後，應在堆頂作棚蓋，以防雨淋及日曬。木材排列之方向，應以縱向順着風向，使易於通風。一般堆叠於下層之木材，較位於上層者乾燥爲慢，如情形懸殊時應採更換措施，將上層木材移叠爲下層，內部木材移列於外部，於移叠時並將木板翻面，使木材乾燥均勻，此種手續尤以須長久乾燥時間之木材爲然，通常在 3—6 個月以後行之。

2-27 木材的人工乾燥

(一)**人工乾燥之必要**：天然乾燥最大的缺點在於不能將木材乾燥至所需的含水率，例如臺北的大氣平衡含水率平均爲16%，在此氣候下氣乾的木材，其含水率終不能低16%，而臺北冬季在有暖氣設備的室內，其平衡含水率約爲9%，在此情形之下，若傢俱係採氣乾木材製成，因含水率的不平衡必然產生收縮，則變形、脫落等缺點無法避免，後果堪虞。此時的木材含水率，若能乾燥至8%，則一切弊病均可避免，如此唯有依賴人工乾燥方可達成。再者，人工乾燥由於時間可以控制，所以時間縮短，可以加速資金的運轉，有利於企業的經營。大規模的人工乾燥，尚可應大量生產的需求，不因天候的影響而致供應量無法控制。

(二)**人工乾燥之主要因素**：將木材置於特殊的設備中，控制其相對濕度、溫度、氣體流速三因素，可以達到人工乾燥的目的，茲將此三因素分述如下：

1. 相對濕度：置水於某密閉之容器中，水分逐漸蒸於該容器之空氣中，如溫度恒定，水分蒸發至不再蒸發時，則容器內之空氣所含之水蒸氣量爲飽和狀態。今若以飽和狀態下之蒸氣量爲標準，而與同溫度同體積之空氣中水蒸氣量相比，再以百分數表之，即謂之相對濕度，如某溫度空氣中之水蒸氣量爲 P，而同溫度之飽和水蒸氣量爲 P_1 時，則其相對濕度 H 爲：

$$H = \frac{P}{P_1} \times 100$$

相對濕度越高，表示空氣中之水蒸氣量越多，控制相對濕度使與木材中水分之蒸氣壓呈適當差距，使木材之水分蒸發，以達到逐步乾燥之目的。測量相對濕度可有多種方法，通常以一種儀器叫做乾濕球濕度計（Wet and dry bulb hygrometer）者來測定，甚爲方便。

2. 溫度：溫度可使氣體發生膨脹，在一定容積內之空氣，如水分蒸發量已呈飽和，若溫度再升高，可因容積變大破壞飽和而發生再蒸發，故於木材乾燥時，若相對濕度相同，而溫度愈高，則可促進乾燥之速度。如空氣中之水蒸氣量一定，而保持高溫度時，則相對濕度將逐漸降低。故溫度不但對乾燥中之木材產生影響，且對乾燥窯內之相對濕度亦有決定性的作用，為木材乾燥設備中所不可缺少的條件。

3. 空氣流速：在密閉的乾燥設備中，自木材內蒸發出來的水分，若不搬移出乾燥器之外，則乾燥無法完成，故凡乾燥設備必須具有鼓動空氣的措施，使空氣流動而帶走水分。因此空氣流動的速度，對乾燥器內木材乾燥的情況產生直接的影響。空氣流動的快慢，影響木材乾燥的急緩。如空氣流速過大，容易引起因乾燥的瑕疵；如空氣流速過小，則水分移動慢且窯內的溫度將難以均勻。

以上三種要素，乃人工乾燥不可或缺的條件，通常人工乾燥，均利用乾燥窯 (Drying kiln) 的裝置，將木材裝於窯內，適當控制此三因素使其互相配合，在不損壞材質的要求下，以最短的時間，最經濟的費用，取得合乎特定含水率的木材。

㈢乾燥窯之種類：人工乾燥木材的乾燥窯，可有很多種類，分別介紹如下：

1. 依熱源之利用方式分：

(1)直接加熱式

a. 燻煙式：燃燒木屑，以其熱氣提高窯內溫度使木材乾燥。採用此式，易將木材燻污，且有失火之虞，溫度與濕度的控制不易，故目前已少使用。

b. 燃燒瓦斯式：備有完全之燃燒爐，用木屑為燃料，以所產生的瓦斯導入窯內以乾燥木材，此式尚可附設噴水裝置，藉吸排氣孔調節其溫濕度。

(2)間接加熱式

a. 煙道式:燃燒瓦斯導入煙道以提高窨內溫度。有在窨底挖有地道,舖以鐵板以傳熱者,亦有在窨之兩側,設豎立式之火爐,利用牆壁以傳熱者,此式對溫濕度之調節亦不容易。

b. 蒸氣式:以蒸氣通過加熱管而提高窨內溫度,其濕度可由蒸氣之噴射與排氣孔調整之。此式窨內溫度、濕度可造成自動調節,爲比較理想的方法。

2. 依空氣循環方式分:

(1)自然循環式:此式係利用熱氣上升、冷氣下降的原理而生自然循環,其構造如圖2-27.1,新鮮空氣由底部吸氣道進入窨內,通過加熱管加熱而通過木材,木材因而蒸發水分,其濕度高的空氣,沿牆壁下降,一部分自排氣孔排出外方,一部分經底部之加熱管,與新鮮空氣混合而再循環。此式因依賴空氣的自然循環,故須較長的時間。

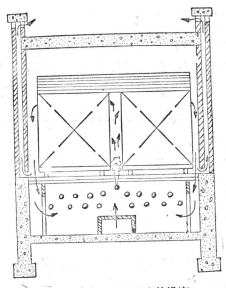

圖 2-27.1 自然循環式乾燥窨

(2)強制循環式：窰內空氣，藉扇風器的鼓動造成均勻的循環，此式因送風機置於窰內與窰外之不同，又可分為兩式，圖 2-27.2 係窰內送風裝置之一例。利用風扇鼓動空氣，使經放熱管，將熱氣帶進木堆。

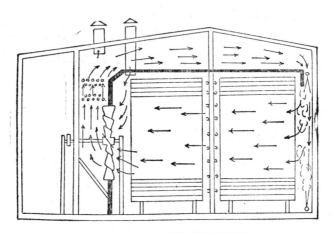

圖 2-27.2　強制循環式乾燥窰

3. 依木材的輸送方式分：

(1)分室式乾燥窰：分室乾燥亦卽定置式乾燥。係將乾燥室分為若干部分，將木材堆疊其中，然後閉上窰門進行乾燥，初以高濕低溫處理，隨後逐漸降低濕度提高溫度，使木材達到要求之含水率。木材乾燥達到標準時，卽停止作業施行冷卻，冷卻後之木材卽搬至乾材貯存所貯藏，而再裝另一批木材入窰乾燥。

(2)推進式乾燥窰：推進式的乾燥窰形式有如隧道，木材自一端推入，道之開端供應較高之濕度及較低之溫度，嗣後每日將木材向窰推進，溫濕度逐漸調整，終使木材達到所需的要求而自另一端推出。

定置式與推進式之乾燥，各有其利弊，推進式適宜於大量生產，送入木材之厚度、樹種等均須一致，否則無法作業；定置式則無此限制，木材之尺寸、形狀等可較自由，但因面積小，費用當然較為昂貴。

2-28　木材的最終含水率

　　木材依其用途或使用場所之不同，應乾燥至符合其環境之含水率。就不同的用途言，愈精密之木器，對含水率的要求愈爲嚴格，以愈低愈爲適宜，通常處理此類木材，須以高溫乾燥至較低之含水率後，再使之吸濕至所需之含水率作爲最後含水率，方可減少使用中之損害。至於一般用途或較粗糙之器具，自不必如此嚴格要求。表 2-28 列舉不同用途的木器最終含水量之標準。

表 2-28　不同用途之木材含水率

木　器　種　類	木製品 含水率%	乾燥終了時 試材含水率%	調濕處理後 之含水率%
一般家庭傢具	9 —14	8	8 —12
美國西部傢具	6 — 8	5	5 — 6
有冷暖氣設備之室內傢具	7 — 9	6	6 — 8
僅日間使用冷暖氣之室內傢具	8 —12	7	7 —10
倉庫之內牆壁板	11—15	10	8 —14
屋外材料	13—17	12	9 —17
飛機、汽車用材	9 —12	8	7 —10
船內用材	9 —13	8	8 —11
室內運動器材	9 —13	9	8 —12
室外運動器材	11—15	11	10—15

　　木材乾燥除考慮材料之不同用途外，對於不同地區的氣候狀態也應詳加考慮。例如大陸地區、沙漠地區和海島地區，其大氣中之含水率差異很大，本省爲海島地區，故木材之平均含水率偏高（圖2-28.1）約自14%至16%。日本的氣候環境大致和本省相似，但有些地區較低，約爲12%（圖2-28.2），至於美國，因幅員廣潤，有濱海地帶，亦有高原與沙漠地帶，所以含水率相差很大，濱海地帶其含水率約爲13%者，西部乾燥地帶，其含水率有低至 6 %者（圖2-28.3），故本省外銷木器，對銷往地區及使用

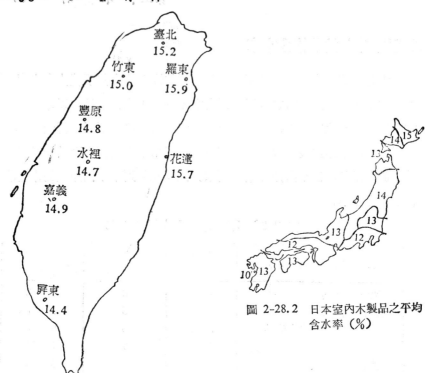

臺北
15.2

竹東
15.0

羅東
15.9

豐原
14.8

水裡
14.7

花蓮
15.7

嘉義
14.9

屏東
14.4

圖 2-28.2 日本室內木製品之平均
含水率（％）

圖 2-28.1 臺灣各地區木材之平均含水率（％）

平均含水量
6%

平均含水量
8%

平均含水量
11%

平均含水量
11%

圖 2-28.3 美國地區平均含水率

場所應詳細調查清楚，再決定其乾燥程度，以免產品運達時，發生變形，損害商業信譽。

第八節　木材之加工與處理

由於工業技術的不斷進步，以及化工原料的日新月異，研究改進木材的天然性質，以擴展木材用途的工作亦在不斷發展中。茲將較重要者略述於後。

2-29　合板

合板為改良木材之一，所消耗之原木僅及一般木板的二分之一，由於製造技術改進，品質不斷提高，目前在改良木材種類中已佔極重的地位。茲將其製造過程及其優點介紹如下：

㈠合板的製造過程：

1. 軟化原木：大部分合板均採用原木旋鉋法，將原木旋鉋成長薄片，故在原木旋鉋之前，先將木材置於蒸煮槽中，以 50°—70°C 之溫度蒸煮約 10—48 小時（視原木硬度而定），使其軟化，然後取出截成一定尺寸，剝去樹皮備用。

2. 鉋片：將原木置於強力的鉋片機中，依需要的厚度鉋成薄片，通常在 0.3—3.0 公厘之間，本省多鉋成 1.3 公厘。

3. 切片：將鉋片機鉋出之薄木片，依需要切成一定的尺寸，本省常用者如 3×6 臺尺、4×6 臺尺，3×7 臺尺等，外銷合板則以英尺或公尺為單位。

4. 乾燥：將木片送入乾燥機，使木片達到特定的含水量，通常為 5—13%，視需要而定。乾燥後之木片，剝除不良材料，並選其優良者為合板之面板。

5. 佈膠: 通常係在捲塗機上進行, 該機具有上下二滾筒, 筒之表面有溝, 可注入定量膠劑, 心板通過時, 上下兩面塗佈膠劑, 再與面板與底板會合膠成。至於所用膠劑之種類甚多, 視製品之種類及用途而定。

6. 加壓: 膠合後之薄片, 尚須施以一定時間的壓力, 使膠接牢固, 以常溫施壓者稱為冷壓, 有些膠着劑, 須以熱力加以硬化者, 則須加以熱壓。

7. 乾燥: 加壓後之木片, 倘急行乾燥, 易生反翹等毛病, 通常多送入乾燥窰, 控制適當的濕溫度使其乾燥。

8. 切邊: 以切邊機將合板之邊緣修整合格。

9. 磨光: 以打光機將合板之表面磨打平整。

(二)合板的優點:

1. 可改變木材性質: 普通木材僅能表現其獨有之性質, 但合板可將不同性質的木材併合, 使產生第三種性質, 如輕材與重材併合, 可得重量較為中庸之木材。

2. 可增強木材的力學強度: 在鉋製木片時, 凡有缺點的材料均可剔除, 又合板多由縱、橫纖維互相膠合, 故可加強木材的強度, 且可減低木材的收縮率。

3. 可增加木板的寬度: 由原木鋸製的成品, 其寬度不可能超逾原木之直徑, 但合板因係採用旋鉋法, 雖小徑之原木, 亦可製成寬幅的合板。

2-30 木心板

木心板也是合板的一種, 但其中層係由厚度與寬度不同的木條所組成, 其木條的排列可分密集和間隙者二種, 中層木條密集排列者, 稱為實心木心板; 中間木條間隙排列者, 稱為空心木心板。其製造方法除木心一層須先行併合之外, 其餘方法大致與製單板合板相同。木心板通常為五層, 即面層、中層、心板三部份 (圖 2-30)。目下木心板的用途日益推廣, 為木

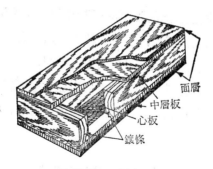

面層
中層板
心板
鑲條

圖 2-30 五層合心板

工界所樂用，舉凡建築、家具等，無不可以應用木心板來製造，一方面可節省材料，另一方面也可以節省工作時間。

2-31 纖維板與粒片板

㈠纖維板：纖維板係以精製或半精製之木纖維製成,本省因盛產甘蔗,曾大量利用蔗渣纖維為原料。其製法係先取得製板之纖維（如係木材，可將其削切成適當形狀），然後以機械方法將纖維精製，並加入少量化學物質以改良其品質，再將纖維置於抄板機中製成連續板片，經滾筒壓緊，送入熱壓機中以熱及壓力處理，成為薄硬而乾燥之板片，經潮化後切成標準尺寸卽成。

纖維板因係以木纖維加工，故其性質、硬度、重量、形狀等均可依需要而製造。同時尚可製成各種特殊用途的板類，如多孔硬質纖維板，板上有許多緊密排列的小孔，孔間可以掛放鐵鈎、支架等物，作為展覽物品之用極為適宜。再如吸音纖維板，壓有吸收音響的孔隙，極適宜用於天花板及隔音裝置。

㈡粒片板：粒片板係木材加工的另一種方式,其材料可用木材的裂片、切片、鉋片、削片、鋸屑等，過去多視為廢料，現今均可加以利用，製成密度中庸的板類。多數的粒片板均係以木料與膠合劑，以熱壓機壓製而

成。通常可以分爲兩種基本型式。第一種爲單層板，板中的粒片種類及大小完全一樣；第二類爲多層板，板中的粒片種類及大小不同，中心粒片較粗，表面則較爲細緻。粒片板亦可依用途的不同，設計多種性質各異的板類，如粒片的粗細，膠劑性能的不同，尙可在化學原料中加入防蟲、防火等藥料，製成特殊功能的板類。我國國家標準，曾對粒片板分成三種等級如表 2-31。

表 2-31　粒片板之品等

項目種類	比重(最低值)	含水量(最高值)	厚度(公厘)	抗折強度 kg/cm^2(最低值)	內聚強度 kg/cm^2(最低值)	厚度膨脹率 %(最高值)
重級	0.65	12	6.0至11.9	200	4	24
	0.65	12	12.0至19.0	200	4	20
	0.65	12	19.1至25.0	200	4	18
	0.65	12	25.1至40.0	200	4	16
	0.55	12	6.0至11.9	150	3	22
中級	0.55	12	12.0至19.0	150	3	20
	0.55	12	19.1至25.0	150	3	16
	0.55	12	25.1至40.0	150	3	14
輕級	0.35	12	6.0至11.9	60	2	20
	0.35	12	12.0至19.0	60	2	18
	0.35	12	19.1至25.0	60	2	14
	0.35	12	25.1至40.0	60	2	10

2-32　木塑材

木塑材係屬木材處理方法的一種，乃以觸媒使木材與塑膠結合，將低級木材變爲高級木材，近年歐美及日本均努力從事發展中。製作木塑材，係將乙烯系單體爲主的聚合性塑膠液，注射到木材內，然後再以觸媒加熱或放射線照射，使塑膠液與木材結合。

省產的木材如江某、朱樟、臺灣杉、巒大杉、鐵杉、雲杉、木杉、木荷、麻六甲合歡、木麻黃等，均可作為木塑材的基材，並經臺大森林系研製成功。由於一般木材，常因強度不均勻，有吸水、伸縮、腐朽及易燃等缺點，經製成木塑材後，各種性能均有改進，對於硬度、耐磨性、安定性，尤較原素材提高很多，製成的木材，用作高級家具，雕刻品、運動器材、建材等均極適宜，前途實大有可為。

2-33 防腐木材

木材利用時，受害最大而最普遍者，首推腐朽，因腐朽而使木材頹廢，腐朽與頹廢的原因，有的起於化學作用如風化解體；有的起於物理作用，如動物蝕害與機械損毀，而使木材的應用年限大為減低。通常室外用材，如枕木、電桿、橋樑等，濶葉樹材，用至 2 — 3 年，卽有腐朽現象，針葉樹亦不過 4 — 7 年，卽生腐朽，故為延長木材使用壽命，必需施以防腐處理，依據實驗結果顯示，木材經防腐處理之後，其壽命可延長五倍至十倍之巨，效果甚為良好。

至於木材防腐方法，種類甚多，方法各異，大致分為表面處理與注入處理。表面處理如塗布油漆、防腐、防水等藥劑，或將木材表面加以炭化等，但表面處理其防腐性能多為暫時性者，大規模防腐木材，多採注入法以收比較恆久的效果。有關注入防腐法，大約可有下述數種：

㈠浸漬法：係將乾燥之木材，浸漬於防腐劑之中，使木材表面吸收防腐藥劑，而產生抵抗腐蝕的效果。

防腐劑種類甚多，油質者如烟油、煤油，水質者如氯汞、氯化鋅、硫酸銅、氟化鈉等。如將木材浸於未加熱的溶劑中，稱為冷浸法，所需的時間較長，自二、三天至一、二週不等。如浸於加熱溶劑中，則稱為熱浸法，常應用烟油（Creosote）為防腐劑，將烟油熱至 $200°F$，然後將木材浸入，其所需時間約數十分鐘，卽可滲入 $\frac{1}{16}$ 吋，故工作迅速，可於短時間

內處理大量木材。另有用熱冷交替浸漬方法者，**其法係**先將木材浸入加熱藥液中，溫度至 $220°F$ 左右，使木材外層之空氣膨脹，表面水分蒸發，待全部水分脫離木材後，再置木材於冷溶液中，溫度約為$100°F$，木材未冷卻收縮前，外層所餘之空氣與水蒸氣集結，造成局部眞空，藉氣壓之作用，將木材周圍之藥液壓進木材內，其深度可達$\frac{1}{4}$～1吋，所獲效果甚佳。

㊁加壓法：加壓處理法，乃藉壓力注入防腐劑，所用藥劑與浸漬法大致相同，唯因浸漬法藥液入浸深度不够，故設法以壓力將藥液壓入材內。通常係將木材置於水平注入槽中，槽徑視規模大小而定。至於加壓方法，種類頗多，有所謂充細胞法、空細胞法、眞空蒸煮法等。充細胞法係先置氣乾材於密閉筒內，抽出筒內空氣，使其保持眞空，繼將預熱之防腐油放進筒中，再施壓力，待木材吸收定量之防腐劑後，解除壓力，放出餘劑。空細胞法與充細胞法主要區別在於後者不使筒內成為眞空，而於木材置於加壓筒後，先以空氣壓力壓入筒內，其力量約為每平方吋 30～60 磅，使一部分氣體壓縮入木材中，然後放防腐液入筒，再加壓力至每平方吋為125～200磅，至防腐劑被吸收達預定量時。解除壓力，收回剩餘藥劑，此法多採用烟油為防腐劑，其收回率可達50～70%，故耗油量至為經濟。至於眞空蒸煮法，係為處理生材的方法，因生材中含有大量水分，防腐劑不能浸入，故須將木材置於眞空筒中，引烟油入內再行加熱至 $200°F$ 左右，使木材中之水分因熱度而蒸發，蒸發之水汽經冷卻器而凝縮，木材中之水分逐漸蒸發至乾燥，則吸收烟油於材內而生防腐作用。

㊂木材之天然耐腐性：木材在未經防腐處理前，有其自然的耐腐能力，此種耐腐能力，由於樹種不同，所含之油脂及化學成分不同而生差別，茲將省產常用木材其耐腐力介紹如下：

1. 耐腐力強之木材：紅檜、臺灣扁柏、威氏帝杉、臺灣肖楠、柚木、臺灣櫸、香杉等。

2. 耐腐力中等之木材：烏來櫧、鉤栗、鐵杉、柳杉、亞杉、赤皮、

華山松、香桂、茄苳等。

3. 耐腐力差之木材：紅淡、臺灣二葉松、油葉杜、單刺櫧、大葉楠、水多瓜等。

4. 甚易腐朽之木材：江某、山黃麻、九重吹、牛樟、阿里山楠、紅皮等。

第九節 南 洋 材

2-34 南洋材的重要

南洋通常指中南半島與南洋羣島，爲世界重要潤葉樹原木主要產地之一，包括越南、高棉、寮國、泰國、緬甸、馬來西亞、印度、巴基斯坦、錫蘭、印尼及菲律賓等國。

本省合板工廠的原木幾乎全由南洋進口，家具工業用材亦逐漸由省產木材轉向南洋木材。市售木材及木材製品，南洋材約佔全年總需要量三分之二。目前已進口及將來有希望被利用者，共約一百種左右，南洋材的樹幹通直，性質優良，產量多，利用率高且價格較廉，而省產木材產量一時無法提高，將來很可能被南洋材取代其主要地位。

2-35 南洋材的種類和性質

南洋材中產量最多，最具代表者爲龍腦香科之木材，有十餘屬五百種左右，其中最重要者爲柳安屬(Shorea)，有一百餘種之多，所產之木材，自軟材至硬材，自輕木至重木，顏色有白、紅、黃三類，唯同一木材因產地不同變差頗大，在菲律賓所稱之柳桉 (Lauau)，馬來西亞、沙撈越、婆羅洲等地所稱的美蘭第 (Meranti) 及北婆羅洲所稱之雪瑞亞 (Seraya)均多指以柳桉屬爲主的木材。本省已進口之柳桉屬木材主要者有二十二種，

其名稱及產地可參考表 2-35.1。

　　至於南洋產重要的柳桉屬木材，其物理性能可參考表 2-35.2。

表 2-35.1　本省已進口之主要柳桉屬木材

編號 No.	中名（簡譯） Chinese name	學名 Scientific name	俗名 Common name	產地 Distribution
1.	阿蘭柳桉	*Shorea albida* Sym.	Alan	沙勝越
2.	阿蒙柳桉	*Shorea almon* Foxw.	Almon Lauan	菲律賓
3.	印尼輕紅柳桉	*Shorea arge tifolia* Sym.	Meranti Merah	印尼
4.	馬來西亞白柳桉	*Shorea bracteolata* Dyer	White Meranti	馬來西亞
5.	西蘭干巴他柳桉	*Shorea ciliata* King	Selangan Batu	沙勝越
6.	萬克來柳桉	*Shorea gisok* Foxw.	Bungkirai	婆羅洲
7.	巴努柳桉	*Shorea glauca* King	Balau	馬來西亞
8.	吉梳柳桉	*Shorea guiso* (Blco.) Bl.	Red Balau	馬來西亞
9.	沙勝越白柳桉	*Shorea hypochra* Hance	White Meranti	沙勝越
10.	西馬亞柳桉	*Shorea inaequilateralis* Sym.	Semayor	沙勝越
11.	馬來西亞藍紅柳桉	*Shorea leprosula* Miq.	Light Red Meranti	馬來西亞
12.	沙勝越輕紅柳桉	*Shorea macroptera* Dyer	Light Red Meranti	沙勝越
13.	紅柳桉	*Shorea negrosensis* Foxw.	Red Lauan	菲律賓
14.	沙勝越深紅柳桉	*Shorea pachyphylla* Ridl. ex Sym.	Dark Red Meranti	沙勝越
15.	馬來西亞深紅柳桉	*Shorea pauciflora* King	Dark Red Meranti	馬來西亞
16.	菲律吉柳桉	*Shorea philippinensis* Brandis	Maggasinoro	菲律賓
17.	登克賓柳桉	*Shorea polysperma*(Bl.)Merr.	Tangile	菲律賓
18.	黃柳桉	*Shorea resinigra* Foxw. *Shorea r. gosa* Heim var. *uligiosa* (F.) Sym.	Yellow Meranti	馬來西亞·沙勝越
19.	巴克柳桉	*Shorea smithiana* Sym.	Bakau Meranti	馬來西亞
20.	沙勝越紅柳桉	*Shorea squamata* Dyer	Red Meranti	沙勝越
21.	馬耶畢斯紅柳桉	*Shorea virescens* Par.	Mayapis	菲律賓
22.	沙巴白柳桉		Melapi	沙巴

表 2-35.2　重要柳按屬

樹　　　　　　　　　種		產　　地	比　　重		靜力
學　　　　名	一　般　普　通　名 (市場名、普通名)		生材比重 (Wo/Vg)	氣乾比重 (Wo/Va)	破壞係數 (kg/cm²) Ra
Shorea almon	乳白柳按, 阿蒙柳按; Almon; Light Red Philippine Mahogany; Philippire Lauan; White Lauan	菲律賓除岷答 納, 巴拉望島 外均產之	0.44	0.47～ 0.55	796
Shorea balangeran	Balangeran; Belangeran	印尼	—	(0.89)	961
Shorea ciliata	Balau（馬來西亞, 印尼） Benuas, Bang Kirai（婆 羅州） Selangan Batu; （沙巴）; Damartout（印 尼）; Balau Gunong（馬 來亞）; Chan（泰國）; Selangan Batu（北婆羅 州）; Yakal, Yakal- mabolo（菲律賓）	菲律賓, 婆羅 州, 馬來亞, 印尼, 泰國	—	0.8～1.0	886
Shorea dasyphylla	Meranti Bumbong, White Meranti, Red Meranti（馬來西亞）	馬來西亞	0.43	—	845
Shorea elliptica	Balau; Balau Tembaga	馬來西亞, 印 尼		1.00	1545
Shorea falcifera	Balau	馬來西亞, 印 尼	—	1.04	1298
Shorea guiso	Red Balau（馬來西亞） Balau Merah, Giso（印 尼）; Red Selangan Batu（北婆羅州）; Guijo, Giho（菲）; Red Selangan, Selangan Batu Merah（沙勞越）	菲律賓, 沙勞 越, 印尼, 北 婆羅州, 馬來 西亞	—	0.75～ 0.88	1301
Shorea hypochra	Bo-bo（越南）; Lumbor Komnhan（柬埔寨）; Melapi（北婆羅州）; Pa-nong（泰國）; Meranti Putih（印尼）	越南, 柬埔寨, 印尼, 北婆羅 州, 泰國, 沙 勞越, 馬來西 亞	0.74	—	1206

木 材 種 類 及 性 能

彎曲 彈性係數 (kg/cm²) Ea	衝擊係數（韌性） 吸收之能量 (kg-cm/cm²) Ia	縱向抗壓強 (kg/cm²) Ca	縱向抗張強 (kg/cm²) Ta	縱向剪力強 (kg/cm²) Sa	劈裂強 (kg/cm²) cla	硬度 Ha 橫切面 (kg/cm²)	硬度 Ha 縱切面 (kg/cm²)	備 註
117000	—	403	—	76	—	259	225	Ea, Ra, Ca. Sa, Ha, a=12%含水量
163000	50~57	537	—	58~62	53~58	569	531	Ea, Ra, Ca, Sa, Ia, Cla, Ha, a=15.2%含水量
159000	—	469	—	90	—	495	609	
114000	—	488	—	—	—	—	286	Ea, Ra, Ca, Ha, a=12%含水量
—	105~114	730	—	90~97	76~84	848	713	Va, a=12%含水量Ra Ca, Sa, Ia Ha, Cla, a=14.4%含水量
—	124~155	742	—	115~128	44~62	943	—	Ra, Ca, Sa, Ha, a=16%含水量
180000	134	696	—	150	—	700	791	Ea, Ca, Ra, Sa, Ha, a=12%含水量
145000	108	654	1448	117~135	—	720	260	Sha, a=15%含水量 Ea, Ra, Ca, Ta, Sa, Ha, Ia, a=14.5

表 2-35.2 重要柳桉屬

樹　　　　種		產　　地	比　　　　重		靜　力
學　　　名	一　般　名（市場名、普通名）		生材比重(Wo/Vg)	氣乾比重(Wo/Va)	破壞係數(kg/cm^2) Ra
（續上格）	White Meranti, Meranti, Temak（馬來西亞, 沙勞越）				
Shorea leptocladus	Light Red Meranti（馬，沙勞越）；Light Red Seraya（婆羅州）Meranti Merah（印尼）Majau（沙勞越，文萊）Red Seraya, Borneo Cedar, Meranti, Red Meranti, Seray（北婆羅州）	馬來西亞, 婆羅州，印尼，沙勞越，文萊，北婆羅州。	0.39	——	652
Shorea multiflora	Selangan Kacha; Lun Damar Hitam; Damar（泰）；Meranti Putih（印尼）；Yellow Meranti（婆羅州, 馬來西亞）；Yellow Seraya（婆羅州, 沙勞越）：Damar Hitam（馬來西亞）	印尼，馬來西亞，婆羅州，沙勞越，泰國	——	0.68	1037
Shorea negrosensis	Red Lauan,（非）Nemesu（馬來西亞）；Berneo Cedar（北婆羅州）；Dark Red Seraya（婆羅州）	菲律賓之雷伊泰,北岷答納；馬來西亞, 婆羅州	0.44	0.54~0.80	791
Shorea obtusa	Chan, Teng-rang（泰）Thitya, Teng（泰，緬）；Pal（泰）：Ca-chac（越）；Sal（緬）；Phchek（柬埔寨）	泰國，緬甸，越南，柬埔寨	——	0.96~1.07	1565
Shorea ovalis	Light Red Meranti（馬來西亞, 沙勞越）；Light Red Seraya（北婆羅州）；Meranti Merah（印尼）；Meranti Kepong（馬來西亞）	馬來西亞, 沙勞越，印尼，北婆羅州	——	0.49	618
Shorea parvifolia	Light Red Meranti（馬，沙勞越）；Light Red Seraya（婆羅州）Meranti Merah（印尼）Saya（泰國）；Meranti	馬來西亞, 沙勞越，婆羅州，印尼，泰國，菲律賓	0·39	——	665

木　材　種　類　及　性　能（續）

彎曲 彈性係數 (kg/cm^2) Ea	衝擊係數 （靭性） 吸收之能量 $(kg\text{-}cm/cm^2)$ Ia	縱向抗壓強 (kg/cm^2) Ca	縱向抗張強 (kg/cm^2) Ta	縱向剪力強 (kg/cm^2) Sa	劈裂強 (kg/cm^2) cla	硬　度 Ha 橫切面 (kg/cm^2)	縱切面 (kg/cm^2)	備　註
								含水量
91000	——	361	——	81	——	——	232	Ea, Ra, Ca, Sa, Ha, a=12%含水量 Ia, a=14.7%含水量
129000	73～80	502	——	76～83	——	440	——	Ea, Ra, Ca, Ha, a=13.2%含水量
114000	——	412	——	85	——	359	336	Ea, Ra, Ca, Sa, Ha, a=12%含水量
——	81	680	——	——	15	——	——	Ra, Ca, Ia, Cla, a=12%含水量
114000	35～40	374	——	44—50	——	288	180	Ea, Ra, Ca, Sa, Ia, Ha, a=13.8%含水量
85000	53～58	415	——	68	——	——	209	Ea, Ra, Ca, Sa, Ha, a=12%含水量

表 2-35.2 重 要 柳 桉 屬

樹 種		產 地	比 重		靜 力
學 名	一 般 名 (市場名、普通名)		生材比重 (Wc/Vg)	氣乾比重 (Wo/Va)	破壞係數 (kg/cm² Ra)
	Sarang Punai （馬來西亞）；Almon （沙巴，菲律賓）				
Shorea pauciflora	Dark Red Seraya （婆羅州）；Meranti Merah （印尼）；Meranti Merah Tua （印尼）；Nemesu(馬)；Saya （泰）Red Lauan (菲)；Meranti Cheriak （北婆羅州）；Borneo Mahogany,Oba Suluk （北婆羅州): Dark Red Meranti （馬，沙勞越，北婆羅州）；Meraka （沙勞越，文萊）	婆羅州,印尼,泰國，馬來西亞，菲律賓	0.50	——	884
Shorea philippinen -sis	Manggasinoror; Sinora; Yellow Lauan	菲律賓諸羣島	0.41	0.40~0.54	1083
Shorea polita	Malaanonang; Sinora Yellow Lauan; Manggasinor	菲律賓	0.47	0.60~0.77	*635
Shorea polysperma	紅柳侒; Tangile, Targuile; Philippine Red Lauan; Red Lauan; Dark Red Lauan; Philippine Mahogany	菲律賓之岷答納，雷依泰，巴拉望，陡耳	0.46	0.54~0.58	903
Shorea seminis	Balau （印尼,馬來西亞）Malayakal (菲)；Selangan Batu, Selargan Batu No.2 （北婆羅州，沙勞越）	馬來西亞，沙勞越，菲律賓，印尼，北婆羅州	——	0.85~0.93	10_0
Shorea smithiana	——	——	0.40	——	718
Shorea squamata	Mayapis; Light Red Philippine Mahogany; Philippine Lauan	菲律賓	0.41	0.44	777
Shorea waltonii	——	——	0.36	——	685

木 材 種 類 及 性 能 （續）

彎曲 彈性係數 (kg/cm^2) Ea	衝擊係數（韌性） 吸收之能量 $(kg\text{-}cm/cm^2)$ Ia	縱向抗壓強 (kg/cm^2) Ca	縱向抗張強 (kg/cm^2) Ta	縱向剪力強 (kg/cm^2) Sa	劈裂強 (kg/cm^2) cla	硬　度 Ha 橫切面 (kg/cm^2)	縱切面 (kg/cm^2)	備　註
124000	—	515	—	102	—	—	355	Ea, Ra, Ca, Sa, Ha, a = 12%含水量
162000	—	594	—	108	—	591	577	Ea, Ra, Ca, Sa, Ha, a = 12%含水量
104000	—	305	—	76	—	368	359	—
127000	—	461	—	90	—	341	318	Ea, Ra, Ca, Sa, Ha, a = 12%含水量
130000	84~92	560	—	92~101	—	552	561	Ea, Ra, Ca, Sa, Ha, a = 15.4%含水量
99000	—	441	—	—	—	—	245	Ea, Ra, Ca, Sa, Ha, a = 12%含水量
116000	—	393	—	76	—	—	268	Ea, Ca, Ha, Ra. Sa, a = 12%含水量
95000	—	385	—	72	—	—	223	Ea, Ra, Ca, Sa, Ha, a = 12%含水量

第三章 竹 材

第一節 概 述

3-1 竹材與工藝

竹也是重要的工藝材料之一，中空而輕，耐壓不屈。竹的種類繁多，口徑各異，可以加工成為竹條、竹塊、竹片、竹籤、竹篾等，用以製造籃、盤、簾、蓆、樂器、傢俱以及新型的燈罩、提包、座墊、合板等。竹類在我國分佈甚廣，舊日農家每於農閒之時，取竹為材，製成各種工藝品，極富民俗的獨特風格。竹材如能配合現代設計的觀念應用科學生產方法，其前途未可限量。

若論竹的種類，全世界約有五十餘屬。分佈於亞洲者約三十七屬，非洲約七屬，大洋洲約六屬，歐美所生竹類，係栽培種，迄今少有野生者。我國所有竹類約二十五屬，一百七十餘種。臺灣在光復初期之統計，約為五屬二十二種，歷年來由於陸續發現並引進新種，目前計約有竹類十一屬五十六種左右，其品種尚可繼續增加。由此可見亞洲乃竹材王國，本省的竹材種類亦相當豐富，如善為經營，可以發展出極具地方風味的特產品，本書所介紹之竹，以省產者為主，對其中產量多而用途廣者，作較詳盡之說明。

在亞洲，竹類之分佈地區，多屬季候風帶，尤推中國和日本為著。我國熱暖及溫帶地區，南起臺瓊，北迄黃河流域，均有竹類之分佈。臺灣自基隆以迄恒春，幾無地無之，中南部一帶，是主要產地，而中央山脈之高地，亦能生長，故垂直分佈的高度，達一千六百公尺。其種屬如下：

莿竹屬：莿竹。

麻竹屬：印度實竹。

蓬萊竹屬：長枝竹、火管竹、烏脚綠竹、鳳凰竹、蓬萊竹、蘇枋竹、內門竹、綠竹、八芝蘭竹、長毛八芝蘭竹、石角竹、泰山竹、金絲竹。

孟宗竹屬：孟宗竹、臺灣人面竹、石竹、桂竹、烏竹仔。

苦竹屬：荊氏苦竹、玉山矢竹。

矢竹屬：包籜矢竹。

莎簕竹屬：莎簕竹。

崗姬竹屬：崗姬竹。

慈竹屬：蓁竹。

唐竹屬：臺灣矢竹。

四方竹屬：四方竹。

依據調查，本省主要而用途廣的竹類為桂竹、莿竹、麻竹、長枝竹、孟宗竹、綠竹等六類，分佈總面積約為 75,275 公頃，據推算竹材之全乾積累量達1,203,177 公噸，近年由於推廣關係，其數字諒尚有增加，可見竹材積蓄之豐富，其應用問題更值得重視了。

第二節　省產主要竹材

本省所產主要竹材如表 3-1 所列，其中綠竹以採筍為主，箭竹多作釣竿，不贅述，其餘桂竹、莿竹、麻竹、長枝竹、孟宗竹等，將分別詳述之。

表 3-1 本省主要的竹材類別

名　　稱	直徑(公分)	節長(公分)	幹長(公尺)	特　　　　徵	用　　　　途
桂　竹	6	25	5	材理細膩，靱性適中。	手工藝品，建築材料。
長 枝 竹	7-8	40-60	6-10	材理粗糙，柔軟，收縮性大。	家具、農具。
蔴　竹	10-15	30-40	8-15	材質堅靱，稈直而大	手工藝品，建築材料。
莿　竹	8-12	25-30	12-15	靱度大，厚肉。	手工藝品、家具、農具。
孟 宗 竹	15	25	8-9	質理細膩，靱性適宜，肉厚。	手工藝品，建築材料。
綠　竹	3-12		5-12	靱性大。	家具材料、採筍。
箭(矢)竹	1	30-60	2	材質脆硬，肉薄。	筆桿、釣竿材料。

3-2 桂　竹

桂竹爲本省固有種，以中及北部較多，近年東部亦廣爲栽培，南部則較少，垂直分佈自海拔 10—1,500 公尺之間。其植物學形態如下：

㈠地下莖：地下莖橫走地表，莖面呈橙黃色，節隆起顯著。橫斷面略似心臟形，徑 1.5—2.5cm，通常實心。節間長 2.0—5.0cm，側芽卵形。

㈡筍及籜：單稈散生。出筍期 3—5 月，此後並不定期生小筍。籜表呈淺棕色，密佈塊狀之褐暗色斑痕，並生有短柔毛，一年生幼稈基部之籜當年宿存。

㈢稈：稈高 6—16m，徑 2—10cm，幼稈粉綠色，後變深綠，老則變爲棕綠色。節略隆起，節間長 12—40cm，表面堅硬,稈肉厚 0.4—1.0cm。橫隔壁略向上，凸出，厚約 0.2cm。通常每節有枝二，大小各一，稈之下部有單一者，枝節上稈面一邊呈扁平或呈縱溝。

㈣葉：葉一簇 2—3 枚，亦有 4—5 枚者，幼時有多達 8 枚者。長 6—15cm，幅 1—2 cm，表面暗綠，脈呈方格狀,柄扁平,鞘長 3—6 cm。

㈤桂竹形態詳見圖 3-2。

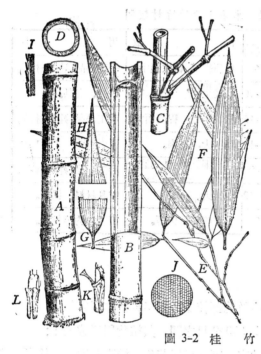

A稈之下部
B稈中部之縱切面
C稈上部之枝節
D稈之橫切面
E小枝及葉簇
F葉片
G葉之基部（擴大）
H葉之頂部（擴大）
I葉緣之刺狀毛（擴大）
J葉脈（擴大）
K葉柄及葉鞘上部（擴大）
L葉舌（擴大）

圖 3-2 桂 竹

3-3 莿 竹

　　莿竹亦稱鬱竹，爲固有種，分佈我國福建、廣東及本省，臺省低海拔各地栽培頗盛，以田間及農家附近種植作防風林爲多，中南部亦有大面積造林，垂直分佈通常在 300 公尺以下，最高有達海拔 1,000 公尺者。其植物學形態如下：

　　㈠地下莖：稈柄合軸叢生，由稈柄部份連續發筍，稈柄肥厚，具有多數緊密細節，節間密生不定根，根徑 0.2—0.5cm，芽球狀，表面密佈淡黃金色之軟柔毛。

　　㈡筍及籜：發筍期 5—9 月，以 6—8 月最盛，筍爲橙黃色帶有綠色。籜脫落，厚革質，籜耳潤大。

㈢稈： 稈高 5 —24m， 徑 5 —14cm, 幼稈粉綠色,其後轉變深綠， 老則
呈橙綠色或棕黃色。稈面光滑無毛，稈之基部，環生氣根。節隆起， 節間
長 13—35cm， 稈肉厚 0.8—3.0cm。橫隔壁向上凸出,厚約0.4—1.0cm。
每節有三枝，但稈下則每節一枝。主枝顯著，枝之基部隆起， 呈卵球形，
每枝節上生有彎曲短刺三枚。

㈣葉： 落葉性，每臨冬季葉轉呈黃綠色或淺棕色， 旋即落葉。每 5 —
9 葉為一簇， 狹披針形， 先端尖銳， 長 10—20cm， 幅寬0.8—2.0cm， 表
面綠色， 無毛， 背面較淡。主脈顯著表面凹入,背面凸出， 葉柄扁平而短，
鞘長 3.5—6.0cm

㈤莿竹形態詳見圖 3-3。

A 稈柄

B 稈中部之縱切面

C 稈上部之枝節

D 稈之橫切面

E 葉簇

F 葉脈（擴大）

G 葉耳、葉舌及鬚毛（擴大）

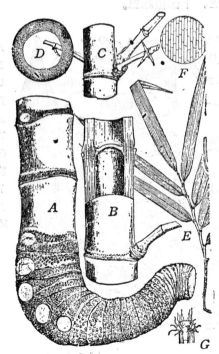

圖 3-3 莿　竹

3-4 蔴 竹

蔴竹亦有稱坭竹者，爲我國最大竹類，原產於福建及廣東一帶，而緬甸北部亦有分佈，何時引進本省無法稽考。本省各地均有栽培，尤以中部特多，通常栽培於低及中海拔地帶，最高地點達 1,600 公里。其植物學形態如下：

㈠地下莖：稈柄合軸叢生。由母株稈柄部發筍，稈柄部份具有多數緊密細節，節間密生不定根，根徑 0.2—0.5cm。芽卵圓狀，表面密佈淺黃金色之軟絨毛。

㈡筍及籜：發筍期 7—10月，以 8—9月最盛。籜堅硬，質脆，上部呈橙黃色，下部橙綠色。

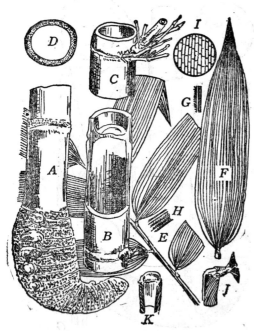

A稈柄部分
B稈中部之縱切面
C稈上部之枝節
D稈之橫切面
E葉簇
F葉片
G葉緣之刺狀毛（擴大）
H近邊緣葉表面之刺狀毛（擴大）
I葉脈（擴大）
J葉柄及葉鞘上部（擴大）
K葉舌（擴大）

圖 3-4 蔴 竹

㈢稈：稈正直，高達 25m，徑可達 20cm，表面光滑，幼稈粉綠色，老則轉變濃綠色而至橙黃綠色。稈肉以基部較厚，中部次之，梢部則薄，厚約 0.5—3.5cm 之間。橫隔壁向上凸出。節顯著，略隆起。幼稈節上環生棕色絨毛。節間長 20-70cm，基部一二節生有短氣根，基部之籜初年宿存。每節有主枝一及小枝若干，但稈之下部無主枝，而有若干小枝簇生稈節。梢部下垂，頗為美觀。

㈣葉：葉一簇有 5—12 枚，橢圓狀披針形，先端尖銳，長 20—40cm，幅 2.5—7.5cm，表面暗綠色，背面粉綠，主脈在表面凹入，背面凸出。葉柄扁平，鞘長 10—22cm。

㈤蔴竹之形態詳見圖 3-4。

3-5 長枝竹

長枝竹亦有稱為長枝仔竹或桶仔竹。為本省固有種，北部如臺北、桃園、新竹、苗栗各縣有分佈，尤多種植於平地及山麓，以分佈在 300 公尺海拔以下者最多，但亦有達 700 公尺者。其植物學形態如下：

㈠地下莖：稈柄合軸叢生，由稈柄部份不定芽連續發筍成稈，稈柄肥大，具有多數緊密細節，節間密生不定根，根莖 0.2—0.6cm，不定芽呈球狀。

㈡筍及籜：發筍期為 6—9 月。籜脫落，厚革質，濶大，幼時表面淡綠黃色被有白色粉末。

㈢稈：稈高 6—20m，徑 4—10cm，幼稈綠色，被有白色粉末，老則變成深綠而至棕綠色，稈面平滑。節隆起，節間 20—60cm，稈肉厚 0.5—1.2cm，橫隔壁水平狀或略向上凸起。小枝叢生稈節，通常稈下部節上生一長枝，枝之基部略呈球卵形。稈芽元寶狀，先端尖。

㈣葉：葉一簇 5—13 枚。披針形，長 10—23cm，幅 1.2—3.0cm，表面深綠無毛，背面粉綠密佈細柔毛，主脈顯著，呈平行。葉柄扁平而短，

鞘長 4.0—6.0cm，表面疏生軟柔毛。

(五)長枝竹之形態詳見圖 3-5。

A稈下部及稈柄
B稈中部之縱切面
C稈上部之枝節
D稈之橫切面
E葉簇
F葉脈（擴大）
G葉柄及葉鞘上部（擴大）

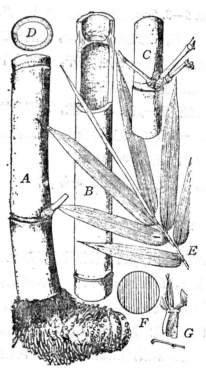

圖 3-5 長 枝 竹

3-6 孟宗竹

　　孟宗竹又稱貓兒竹、茅茹竹、江南竹或毛竹。原產於我國長江以南諸省，尤以浙江、江蘇、江西及安徽諸省。本省產者係引進種，以中部為最多，南部較少，垂直分佈自海拔 150—1,600 公尺之間。其植物學形態如下：

　　(一)地下莖: 地下莖橫走地表，形成波浪狀，表面呈淺棕色，徑之粗細

係依種植土質肥瘠而定，通常約 1.5—8.0cm。莖節長 2.0—6.0cm，橫斷面堅硬，肉厚 0.5—0.8cm。

㈡筍及籜：單稈散生。多筍由於芽子顯著，膨大形成幼筍，故名多筍，其味甚美。春筍期 3 — 5 月。籜薄，革質狀，表面紫褐色，有暗色斑塊。

㈢稈：稈高 4 —20m，徑 5 —18cm，幼稈表面粉綠色，密生銀色軟柔毛，老則脫落，稈面轉變爲灰綠色或淡灰黃色，表皮堅硬，肉厚 0.5—1.5cm。節顯著，節下被有臘狀白色粉末。橫隔壁極薄。節間距離，稈之下部極短，向上距離逐漸增長，約 5 —40cm。每節上有大小枝各一，由節上斜生，每枝再分歧數次，生枝之稈面，具有極明顯二條淺縱溝。

㈣葉：葉一簇 2 — 4 枚，通常以 2 — 3 枚爲多，但幼時有多至 10 枚者。葉片披針形乃至狹披針形，長 4 —12cm，幅0.5—1.5cm，葉面綠色，

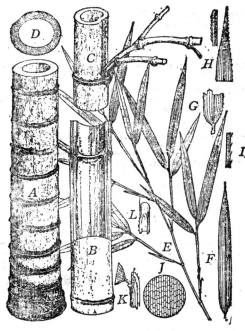

A稈之下部

B稈中部之縱切面

C稈上部之枝節

D稈之橫切面

E小枝及葉簇

F葉片

G葉之基部（擴大）

H葉之頂部（擴大）

I葉緣之刺狀毛（擴大）

J葉脈（擴大）

K葉柄及葉鞘上部（擴大）

L葉舌（擴大）

圖 3-6 孟宗竹

背面粉白色，主脈顯著呈長方格子狀，柄扁平而短，鞘長 2.5—4.0cm。

㈤孟宗竹之形態詳見 3-6 圖。

3-7　本省主要竹材產量及產地

至於上述竹材之產量及產地，依據本省林業試驗所過去調查估計所得，按照栽植面積計，其數字如表 3-7·1 所示。

竹林之蓄積量，如以全乾材之重量計，其數字如表 3-7·2 所示。

由於上述資料，顯示本省主要竹材蓄積量，以桂竹為最多，莿竹及蔴竹次之，長枝竹、孟宗竹及綠竹依次最少。產地依縣別言，南投蓄積量最多，嘉義次之，再次為高雄、新竹、臺北、苗栗、臺南、雲林等地。又依據調查所得，各主要竹林分佈詳情如下：

桂竹散生於北部地區者，單位面積蓄積量極低，竹株小而密生，大部呈荒蕪狀態，尤以沿海一帶為甚，深山地帶較淺山為優。南投縣境內以竹山及鹿谷二鄉蓄積量最高。

孟宗竹分佈較高地帶，林相整齊，生長亦良，單位面積蓄積量甚高。

蔴竹在本省北、中及東部一帶，均散植於農家附近，少有大面積竹林，而在南投及雲林二縣，多呈大面積狀態。

莿竹除臺南及高雄有純林外，其他各縣多散植農家附近及田畔。

長枝竹以臺南產量最多，高雄次之，有大片純林。

綠竹大部份散植，單位面積蓄積量不高，竹材大部作燃料。

此外，本省次要竹類之產地分佈如次：

莎簕竹：恆春與台東海拔較低原森林中。

蓬萊竹：全省各地均產。

石角竹：竹東與桃園等地。

青籬竹：中央山脈及屏東恆春一帶。

箭竹：北部與中部山地，以大屯山、竹山最多。

表 3-7.1　本省主要竹林面積之估計

縣別	栽培戶數**	栽培面積（公頃）						合計
		桂竹	孟宗竹	麻竹	刺竹	長枝竹	綠竹	
臺北	1,771	9,824	6	194	67	142	914	11,147
桃園	1,558	1,934		56	32	189	171	2,382
新竹	6,801	6,640	49	148	30	178	351	7,396
苗栗	3,631	5,604	88	169	148	240	534	6,783
臺中	3,423	694	62	293	296	222	119	1,766
彰化	8,438	81		225	700	181	102	1,289
南投	7,974	6,960	1,405	8,120	568	47	195	17,295
雲林	2,432	1,320	50	3,559	283	51	82	5,345
嘉義	4,660	3,918	622	3,886	485	220	105	9,236
臺南	6,301	340		404	1,249	1,163	408	3,564
高雄	7,012	59	2	656	3,528	441	229	4,915
屏東	3,491	41	5	28	400	204	170	848
宜蘭	2,500	946		242		121	25	1,334
花蓮	2,464	705	8	72	72	55	37	949
臺東	3,898	476		94	153	252	51	1,026
合計	66,354	39,542	2,297	18,146	8,011	3,706	3,573	75,275

** 資料來源：林維治——臺灣主要竹林資源之調查。

表 3-7.2 本省主要竹林蓄積量之計算*

竹種及蓄積量（公頓） 縣別	桂竹	孟宗竹	麻竹	莿竹	長枝竹	綠竹	竹材全乾重總計（公頓）	各縣所佔百分率之%
臺北	94,773	48	1,656	1,876	3,558	7,099	109,112	9.07
桃園	24,812		917	896	4,594	2,176	33,395	2.78
新竹	107,129	1,080	2,423	840	4,252	3,439	119,163	9.90
苗栗	74,160	1,820	4,304	4,144	6,160	9,362	99,950	8.31
臺中	12,988	1,069	4,816	7,865	5,673	2,441	34,850	2.90
彰化	1,355		4,130	19,596	4,802	1,265	31,148	2.59
南投	113,630	37,028	81,290	15,898	1,205	2,632	251,683	20.92
雲林	18,193	1,012	42,787	5,666	810	1,059	69,527	5.78
嘉義	71,615	18,890	49,985	14,138	5,643	1,416	161,687	13.44
臺南	6,280		6,482	38,104	28,950	3,255	83,071	6.90
高雄	451	44	12,102	94,466	11,351	2,802	121,216	10.07
屏東	467	111	501	10,611	5,230	3,595	20,515	1.71
宜蘭	19,315		3,960		3,103	177	26,555	2.21
花蓮	15,400	176	1,129	2,016	1,408	265	20,394	1.70
臺東	9,030		1,479	4,942	5,092	366	20,909	1.72
總計（公頓）	569,598	61,378	217,963	221,058	91,831	41,349	1,203,177	
各種竹所佔之百分率%	47.34	5.10	18.12	18.37	7.63	3.44		100%

*：(1) 上項蓄積量之重量係以全乾竹材（Oven dry）計算之。
(2) 根據全省1575個樣品竹材乾燥結果，得知竹材總平均含水分%：桂竹為46.43%，孟宗竹47.84%，麻竹56.47%，莿竹53.17%，長枝竹50.90%，綠竹51.81%，如求算竹材鮮重量可按上述百分率乘換算之。

資料來源：林維治——臺灣主要竹林資源之調查

烏竹: 羅東與竹山等地。

石竹: 台北、台中、鯉魚頭等地。

第三節 竹材的栽培、採伐及貯藏

3-8 竹材的栽培

竹類每因氣候、土壤、位置及交通狀況等因素，影響其生育及經營。如擇地不良，則竹稈色澤、稈節長短、稈肉厚薄均會失其常態，以致減低經濟的收益，通常栽植竹材應注意下列因素:

㈠氣候: 竹類性喜溫暖，臺灣海拔較低之處，均可生長，但北部如超逾 1,160 公尺，中部超逾 1,600 公尺之高地，氣候寒冷，則生育不良。

竹類對土壤乾濕度的適應，以中庸者最佳。孟宗竹、桂竹及蔴竹均以山麓、谿谷及河岸等為理想造林地。如種植於過濕或積水區，因排水不良，阻滯地下莖伸展，若浸水歷一兩晝夜，輒多枯死，故應注意排水設施。但若地勢過於高燥，亦不易生育。

植竹如以採稈為目的者，應擇略有庇陰地段，因衝風地帶，竹稈搖動甚烈，生筍稀少，稈節凸出，材質變劣。又竹筍於生長期，如遇強風，先端受損，難以長成完整之竹稈。所以應選少風之山谷、山麓或平地為宜，如種在林木環繞的丘陵地中，其生育情況亦佳。在各種主要竹類中，孟宗竹、桂竹、莉竹及蔴竹都容易遭強風折斷，所以選擇種植地點很重要; 綠竹的抗風能力較強，可以種在海岸地帶，作為防風及扞止土砂之用。

㈡土壤: 膨軟及肥沃的砂質壤土，最適合竹類的發育。至於重粘土、石礫土或岩石暴露之地，則不宜種植。孟宗竹適合種於富有腐植質及兼有細碎石礫的黑肥土，次為赤土。桂竹、蔴竹、莉竹及綠竹均喜生育於河川及溪流沿岸之肥沃地帶。凡土壤含 60% 之砂土，40% 之壤土者，可產味

美之筍。土層深厚地帶，讓地下莖有擴展蔓延餘地，所以若土層太薄，需先施行覆土，然後才可以造林。

㈡位置：竹林建造於排水良好的傾斜地帶，較之平地有利於雨水的宣洩，所以丘陵地或山麓地，爲理想的地區。但傾斜度也不能太急，以 7-8 度爲佳，超過 25 度者，經營困難。至於林地方向，以南或東南向爲佳，西及西南向，陽光過強，易趨荒廢，但稈色常呈惡變。

3-9 竹材的採伐

竹林經過適當培育，約歷 3—6 年左右，即可以砍伐。如果砍伐適度，則新竹湧起，林相修茂。如砍伐過度，減殺出筍能力，無以爲繼；但若舊竹過多，地下莖擁擠，生筍困難，亦非所宜，故砍伐應注意下列數點：

㈠採伐的年齡：關於採伐竹林，有一句諺言：「存三去四莫留七」，按竹的年齡，每一年爲一代，普通竹鞭（地下莖）第三年發育最旺，其後逐年減弱，終至腐朽，所以俟第三年生筍後，母竹達成任務，即可採伐利用。有經驗的伐竹者，均留足三代，有四代者伐除一代，但若至第七代，雖存無益。

以上係自竹的生態而論，但若自竹材的工藝價值而言，則又有差別。根據研究，以耐久性言，以 5—6 年生者最強；以抗張強度言，以 3—8 年生者爲佳；以抗壓及抗縮強度言，以 4—6 年生者爲佳；以抗彎強度言，以 4—5 年生者爲佳。所以應視用途之不同，而有所講究，一般而言，竹材之比重，依年齡而增加，當其比重到達 0.8—0.9 時，材質已臻成熟，其時竹齡約爲 3—4 年生，伐之最爲適宜，但若注意及利用價值，可自 4—6 年生之範圍內選擇之。

㈡採伐的季節：竹材的採伐季節，以選擇適當時期爲佳，對於保存的關係尤鉅。一般宜選擇 8—10 月爲最好，因爲該時吸水較少。春季 3—4 月間施行採伐者，其含水量多，易生蟲害。但如自持續的觀點來看，則以

大年之夏至起至翌歲之立春均可，因爲夏至以後，新筍成竹，已可脫離母竹，且母竹生筍以後，稈中養液枯竭，自應施行採伐。由上所述，可知竹株的採伐，當視需要而定，通常認爲秋季遠勝於冬季，而夏季採伐者，最易腐蝕。據稱適期採伐之竹材，可歷 10—20 年而不朽，若採伐不當，1—2 年，卽告龜裂腐蝕，故不可不愼重選擇。

㈡採伐的方法：竹材因逐年發筍生稈，故竹稈有新舊之分，因而採伐方式也有多種。計有皆伐法，卽不問新舊竹，於同一時期內全部伐盡；帶伐法，卽將林區分爲數帶，輪流採伐；留置幼竹伐法，卽幼竹不伐，其他竹材全伐；選伐法，卽選擇已屆伐齡的竹材予以砍伐，未屆伐齡者留置培育。上述諸種方式中，以選伐法效果最佳，旣可取材，又可以繼續培育竹林。至於砍伐的工具，多視竹株的大小而異，大者使用鋸及鉈，小者則用斧及刀。不論使用何種工具，以不損及竹材及地下莖能獲早日腐朽者爲妥。通常稈圍在 25 公分左右者，多用鋸截；20 公分左右者用鉈，10 公分以下者，一刀卽可伐下。砍伐時，如係在急斜地，應顧及稈口平整，不可發生龜裂。爲使遺留部份早日腐朽，最好與地面齊平，並以斧、鉈等擊碎之，至於伐倒的方向，於採伐時亦應顧及，應使倒伏於損害較少的方向。

3-10 竹材的貯藏

竹材採伐以後，如貯放不當，受日雨的侵襲，不僅減損其工藝價值，且易朽壞。故竹材如在短期內未能出售或應用者，需予適當貯藏，其方法如下：

㈠室外堆積法：在室外擇一庇陰通風之所，在地面縱舖木段，然後將竹材整齊積置其上，兩側豎立木樁，上方覆以藁草及草蓆等物，避免雨水浸入，兩端應塗瀝青或其他防黴塗劑。室外堆積之竹材，以短期內卽將應用者爲宜，如堆放時間過久，難免受大氣及溫度變化之影響，使其強度未能保持均衡。

㈡室內貯藏法: 室內貯藏法, 係比照上述方法將竹材藏置室內, 但每週須加翻轉, 使獲得平均乾燥之機會, 一般可貯藏 12—26 週, 本法之缺點, 在於佔用室內空間太多, 不甚經濟。

㈢水中貯藏法: 係將砍伐後之竹材, 先綑成把, 再將多把竹材連成竹筏, 浮置水面, 於使用時取之。此法適於近水之鄉, 較節省藏放空間。一般以貯存 13-26 週為宜。唯據實驗, 竹材浸漬水中過久, 其強度略遜。

㈣土中埋藏法: 此法係將竹材埋藏於泥土中, 貯藏地帶之土質, 以含 70% 粘土及 30% 砂土者為佳。據稱埋藏於土中的竹管, 可延長其壽命達 10—15 年者。

<h2 style="text-align:center">第四節　竹材之物理及化學性質</h2>

3-11　竹材的物理性質

對竹材物理性質的了解, 有助於竹材的應用和選擇。茲將竹材物理性的試驗方法以及本省主要竹材之各項物理性質介紹如下:

㈠試驗方法

1.含水量之測定: 含水量分生材及氣乾材兩部份。生材含水量之測定係將採回的竹材在每段中切取試驗片, 秤定重量, 置於 $105°C$ 的電烘箱中乾燥, 待重量不變時為止, 此時所失的重量, 即竹材生材含水量。關於竹材氣乾含水量之測定, 係將竹材在大氣中進行乾燥, 待其達到平衡含水量, 即氣乾試材之重量不再繼續降低時, 進行測定, 其法與生材相同。含水量的評定, 以試驗片的平均數為代表。

2.比重之測定: 竹材比重之測定, 係取各種供試竹材之上、中、下各部試片一片, 測定後求其平均比重, 測定時係依據生材重量、絕乾重量並以生材容積為基礎算出。

3.收縮率之測定: 竹材之收縮率，先測生材試片的長度、寬度及厚度，再將其置於烘箱中乾燥，待重量穩定不變，再以測微計精確測定長、寬、厚，供試竹材亦應取自上、中、下三部，平均其值，其計算公式如下:

$$\%收縮 = \frac{L_g - L_o}{L_g} \times 100$$

L_g……試驗片之原長、寬、厚度（cm）

L_o……試驗片全乾後之長、寬、厚度（cm.）

4.抗彎試驗: 抗彎試驗可用萬能材料試驗機行之。其法取含竹節二個以上的竹筒，量其長度、外徑及內徑，均以公分爲單位。試驗時採中央加力法，荷重方向與纖維方向垂直，支點間之距離在試驗時實際量出，在計算時可將最大荷重之磅數換算爲公斤。

5.縱壓試驗: 縱壓試驗可以在萬能材料試驗機上進行，試材取外徑平均值高之竹筒，其軸與纖維方向平行，兩端面與材軸垂直且須平滑。試驗時將試材夾於鋼製平版之間，然後加荷量至破壞爲止。抗壓強度以竹筒之實際斷面積計算之（除去中空部份之斷面積）。

6.橫壓試驗: 橫壓試驗亦在萬能材料試驗機上進行。竹材係取外徑平均值二倍長之無節竹筒，量其長度、外徑、內徑及厚度，取與纖維垂直方向荷重，將試材夾於二鋼製平版之間，加荷重至破壞爲止。

7.抗強試驗: 本試驗亦在材料試驗機上行之。荷重方向與纖維方向平行，試片係製成原來厚度的竹條，將其放入張力試驗器中，至拉斷爲止。

8.抗剪試驗: 本試驗在材料試驗機上行之。荷重方向與纖維方向平行，試材係用無節之竹筒，並切去竹筒半邊之四分之一，試驗時由切去之半邊承受壓力，至剪斷爲止。

㈡本省主要竹材之物理性質詳見表 3-11。

表 3-11 臺灣產桂竹、蓁竹、莿竹、長枝竹、孟宗竹之理學性質

竹種	試驗總株數	含水量 %	比重 生材	比重 全乾材	收縮率 長 %	寬 %	厚 %	靜力彎曲 抗彎強度 kg/cm² (lb/in²) ±δ	縱向壓力 縱壓強度 kg/cm² (lb/in²) ±δ	橫向壓力 橫壓強度 kg/cm² (lb/in²) ±δ	縱向張力 抗張強度 kg/cm² (lb/in²) ±δ	縱向剪力 抗剪強度 kg/cm² (lb/in²) ±δ
	2	3・4	5	6	7	8	9	10	11	12	13	14
桂竹	10	165 16.6	0.963	0.709	0.0534	2.806	2.094	311.4±102 / 4,428±1,450	638.7±104 / 9,082±1,478	216.9±60 / 3,084±853	1,283±839 / 18,244±4,820	77.6±31 / 1,103±440
蓁竹	10	165 15.9	0.748	0.459	0.1162	2.672	1.640	66.1±19 / 940±270	390.2±94 / 5,548±1,336	51.8±17 / 737±241	1,096.6±306 / 15,585±4,351	64.7±28 / 920±398
莿竹	10	165 16.9	0.873	0.601	0.0886	2.999	1.602	132.9±34 / 1,889±483	502.6±100 / 7,147±1,422	66.4±23 / 944±327	1,671±488 / 23,761±6,939	83.7±27 / 1,190±384
長枝竹	10	165 17.5	1.021	0.729	0.0860	1.998	1.482	296.2±85 / 4,212±1,208	506.2±87 / 3,620±1,23	100.5±5 / 1,429±44	2,228±476 / 31,682±6,683	91.4±17 / 1,299±242
孟宗竹	10	165 16.1	0.998	0.721	0.0397	1.837		120.7±5 / 1,716±78	548.2±159 / 3,217±2,260	167.1±50 / 2,384±71	1,647±23 / 23,420±3,398	125.1±1 / 1,779±256

註：1. δ係標準差 (Standard Deviation) 2. 收縮率係從生材至全乾

自表 3-11 中，可以比較出本省主要竹材的物理特性如下：

1. 就比重言，以長枝竹為最大，孟宗竹及桂竹次之，莿竹又次之，而以蘗竹為最小。

2. 就收縮率言，長度收縮以蘗竹為最多，依次為莿竹、長枝竹、桂竹，以孟宗竹最少；寬度收縮以莿竹、桂竹較烈；厚度收縮以桂竹較多，孟宗竹無厚度收縮。

3. 氣乾材含水量以長枝竹最高，蘗竹最低。

4. 抗彎強度以桂竹、長枝竹為佳，蘗竹最弱。

5. 抗壓強度以桂竹、孟宗竹為強，蘗竹最弱。

6. 縱向抗張強度以長枝竹最大，蘗竹最弱。

7. 縱向抗剪強度以孟宗竹最大，依次為長枝竹、莿竹、桂竹，而以蘗竹最小。

3-12　竹材的化學性質

竹材之化學成份頗為複雜，其中含量較多者為複戊糖 (Pentosan)、木質素及纖維素，後二者之含量對竹材的應用有所影響，茲將此三者含量詳列如表 3-12。

表 3-12　臺灣產竹材主要化學物質含量表

竹　類	複戊糖 %	木　質　素　%		全　纖　維　素　%	
		氣　　乾	全　　乾	氣　　乾	全　　乾
孟宗竹	21.92	22.18	25.22	41.15	46.72
桂　竹	24.04	19.23	22.07	50.02	57.43
莿　竹	19.61	18.89	21.53	49.99	57.01
長枝竹		15.07	18.04	53.05	61.15
蘗　竹	19.74	14.19	16.17	49.93	56.62

第五節　竹材的處理

3-13　竹材處理的重要性

　　竹材是一種良好的工藝材料，但若未經處理，難免尚有缺點。例如水份的含量問題，凡未經乾燥的竹材，由於含水量高，置於陰暗處，不久卽生菌害，變質變色，極不美觀。再如蟲蛀問題，因竹材在貯藏過程中，常易招致蛀蟲停留，或產卵其中，繁殖不息，使成品朽腐，尤其外銷產品，更應留意。本省因海島氣候，空氣中含水量高，竹蔑製品，如盤、籃之類，於裝箱海運時，悶於暗箱之內，及至運達，常有發黴現象，致於進口檢疫時，全遭燬棄。再如竹稈製品如家具之類，如殺蟲處理不當，運達時已蛀孔斑斑；如乾燥處理不當，由於兩地溫度差別，運抵乾燥地區，一夜之間，爆竹連聲，產品損壞，極易引起買賣雙方之糾紛。故竹材處理問題，實不可等閒視之。

　　竹材的一般處理方法俗稱除脂法，我國民間多沿用之，唯其防黴防蟲效果並不理想，其法可分：

　　㈠煮沸法：係以長筒將材稈揷置其中，筒內加水，水中配合某些藥劑，如 1 ％的氫氧化鈉等，升火煮沸，通常沸後達十餘分鐘，卽可取出，將液汁洗淨，再依乾燥方法乾燥之卽可應用，此法處理後之竹青呈牙黃色，頗為美觀。

　　㈡烘烤法：係將竹稈置於炭火、煤火或電熱之上烘烤，火溫約須控制在 $120°\sim130°C$ 左右，溫度過高將導致竹管的破裂或竹青焦黑，烘烤時間約在五分鐘左右，見液汁冒出，竹色起變化將液汁擦乾卽可。

　　至於防蟲防黴處理，現已有專門試驗的結果，將另行介紹之。

3-14　竹材的防蟲防黴處理

關於竹材之防蟲防黴方法，本省林業研究機構，曾有深入之試驗，茲將有關知識，擇要介紹如後：

㈠處理所用之藥物

1.硼酸 (Boric acid)：係白色結晶或粉末，比重1、434，熔點184°C，能溶於水及酒精。有抗拒小蠧蟲之能力，防腐效果優良，並有防火作用。但對鋼鐵稍具腐蝕性，易為雨水流失。用於竹材處理之藥液濃度，一般為2%，如處理生材時，濃度要略為提高。室外應用之竹材，經硼酸液處理之後，如再加油漆，避免其流失，則效果更佳。硼酸可由硼砂加鹽酸、硫酸製成，故硼砂本身亦有防蛀防腐功效，單獨使用之亦可。

2.斯歷久（Celcure)：係硫酸銅及鉻酸化合物所組成，簡稱 Acc.，其成分如下：

$$硫酸銅 (CuSO_4-5H_2O)\cdots\cdots\cdots\cdots 50\%$$
$$重鉻酸鈉(Na_2Cr_2O_7-2H_2O)\cdots\cdots 48.3\%$$
$$鉻酸 (CrO_3)\cdots\cdots\cdots\cdots\cdots 1.7\%$$

本劑為標準水溶性防腐劑之一，通常使用濃度為5%。係棕黃色之粉末，易溶於水，對金屬類無腐蝕性，對人畜及植物無傷害，處理後之材料可以油漆。對於防黴及海水中防止海蟲，亦有相當效果，用於與地面接觸的防腐，其用量要適度增加。

3.五氯酚鈉鹽 (Sodium Pentachlorophenate)：簡種 PCP-Na 為白色鱗片狀或粉狀物，比重 2.0，易溶於水、酒精及丙酮等物，對於鋼、鐵、銅等金屬無腐蝕作用。本劑為優良防黴藥劑,對於防止腐朽菌亦甚具功效，唯具有刺激性易為雨水所流失，應用本劑時，宜用手套、眼鏡及口罩保護工作者，因若長時間接觸，能使皮膚痛疼發紅，眼睛流淚，故工作後應即用肥皂或稀鹼冲洗。

4.硫黃 (Sulphur)：係天然元素，呈黃色或黃綠色，熔點 120°C，不溶於水，可溶於二硫化碳及氫化硫，為漂白劑、殺菌劑及除蟲劑。

5.溴甲烷 (Methyl bromide)：化學式為 CH_3Br 為無色透明之揮發性液體，有灼味，有劇毒，比重 1.732，熔點 84°C，能溶於醇及醚。可供燻蒸殺菌除蟲之用。

（二）處理的方法

1.管材的處理

(1)加壓注入法：又稱滿細胞法，係將竹材放入處理裝置中，密閉開口之後排氣，使達眞空狀態，次導入所需藥劑，實施壓力，至某一強度後，維持一段時間，放出藥劑，排氣使再達眞空，隨卽恢復正常氣壓。

(2)浸漬法：將竹材浸於常溫藥液中，其時間視材料多寡及品質要求而定，通常可自一週至五週。

2.劈裂材的處理：劈裂材可用管材的同樣方法處理，但在加壓時，壓力可以提高，加壓時間可以縮短，雖壓力增加至 10 kg/cm^2，亦無破損之虞，其時間約爲一小時，卽可達到目的。

3.竹籤及竹肉之處理：竹籤及竹肉除可用上述加壓及浸漬法外，尚可用噴霧及燻蒸法處理。噴霧法可用 2％硼酸液、5％斯歷久液或 4％的五氯酚鈉鹽爲噴劑，噴洒於竹材之上；燻蒸法係以硫黃及溴甲烷在密閉之箱或室內行之。

（三）處理後效果的比較

1.就藥物言，以上所舉藥材中，斯歷久及五氯酚鈉對防蟲防黴均有效，尤以後者爲佳；硼酸對防蛀有效，防黴效果甚少。硫黃及溴甲烷在燻蒸處理中，對防蟲效果不高，對防黴或有暫時效果。

2.就處理方法言，以上所舉方法中，竹材均有吸收藥物現象，但噴霧所吸收之量最少；加壓法與浸漬法吸收最多；浸漬法又視時間之長短而與吸收量呈正比，浸漬一週者，與加壓注入法一至二小時所吸收之量大致相同。

3.就竹材的材質言：因為竹材的材質有疏密之分，其吸收藥劑的數量
也有差別，以桂竹、蔴竹、長枝竹為例，桂竹的組織緻密，導管孔小，故
較蔴竹及長枝竹滲入的藥量為少，此點在處理竹材時，宜列為考慮的因素。
又竹青部分較竹肉的吸收量差，竹肉吸收藥量約倍於竹青。

4.就竹材的狀態言：竹籤所能吸收的藥量最多，劈裂材次之，圓竹材
能吸收的藥量最少。

第六節　竹材的售賣與應用

3-15　竹材的售賣

竹材為我國南方常見的產物,所以各地均易購得。本省產竹甚為豐富,
中南部一帶購買竹材至為方便。其售賣方式,不外批售與零售。大批需用
者，可至產地直接批購，如使用數量不多，則可就地零購，買賣的單位，
有株、束、斤、擔、把等，茲分述如下：

㈠株：以株為單位者，當計量株稈的大小，測定的位置，有定在全稈
最粗處，有定在距地 3 尺或 4 尺處，或定在地面的第三節，亦有計量切口
者，視雙方商議為準。

㈡束：以束為單位者，每束中竹材的數量，多依人力所能負荷搬動者
為準，竹細者稈數多，粗者稈數則少，也有以細繩的長度為準，長度所能
及者為一束。通常每束竹材多在十餘枝左右。

㈢斤：以斤為單位，即將竹材計重出售。大量買賣，有以車作為計重
的單位，其重量常以噸計。

此外，亦有用把、擔作為銷售單位者，不過上述諸法，均不易正確計
算出竹材的材積,實有改進的必要。本省林業機構,過去曾依竹材的稈徑、
稈長，和竹種的不同，研究出其與材積的關係，茲舉桂竹為例，其生材材
積數字如表 3-15。

表 3-15　竹 稈 實 材 積 表

直徑單位：(cm³)

稈長 (m) ＼ 直徑 (cm)	4.0	4.5	5.0	5.6	6.0	6.5	7.0	7.5	8.0	8.5	9.0
2.0	369	421	474	528	532	637	692	748	804		
2.5		599	674	742	828	905	984	1,063	1,143	1,224	1,305
3.0			899	1,001	1,103	1,207	1,312	1,417	1,528	1,632	1,739
3.5					1,407	1,539	1,673	1,808	1,944	2,081	2,219
4.0							2,065	2,232	2,399	2,569	2,739
4.5							2,487	2,668	2,890	3,094	3,298
5.0									3,416	3,663	3,898
5.5									3,966	4,246	4,526
6.0											5,194
6.5											5,891
7.0											
7.5											
8.0											

表 3-15（續）

桿長(m) 直徑(cm)	9.5	10.0	10.5	11.0	11.5	12.0	12.5	13.0	13.5	14.0
2.0										
2.5										
3.0	1,848	1,958								
3.5	2,357	2,498	2,639	2,780						
4.0	2,911	3,084	3,258	3,432	3,608	3,785				
4.5	3,505	3,714	3,923	4,133	4,345	4,588	4,772			
5.0	4,139	4,385	4,632	4,880	5,131	5,383	5,635	5,888		
5.5	4,811	5,097	5,384	5,678	5,964	6,189	6,549	6,844		
6.0	5,520	5,848	6,177	6,509	6,842	7,178	7,515	7,852	8,192	
6.5	6,250	6,638	7,007	7,382	7,761	8,141	8,523	8,896	9,292	
7.0		7,456	7,876	8,299	8,724	9,152	9,581	10,012	10,445	10,882
7.5		8,314	8,782	9,253	9,728	10,205	10,683	11,164	11,647	12,134
8.0				10,245	10,770	11,298	11,828	12,360	12,894	13,434

註 1. 直徑：以距地面 1.3 公尺處為準。
2. 桿長：距地面 10 公分至梢端。

3-16 竹材的應用

竹材與人類生活關係密切，民諺曾有稱讚竹類之詞謂：「食者竹筍，庇者竹屋，戴者竹笠，炊者竹薪，履者竹鞋，臥者竹榻，書者竹紙」。可見其用途的廣泛。茲分類列舉如下：

㈠竹材的工藝用途：

1. 竹盤類：可用竹篾編成，竹條組成，竹籜捻繩繞成，竹片編成，竹片合板壓製而成等等。

2. 提包類：可用竹篾編成，竹條、竹塊綴成。

3. 蓆子類：以竹青劈篾編織而成。

4. 籃子類：各種竹材均可用以製籃。

5. 竹簾類：可用細竹枝綴成，或用竹篾機編織成簾。

6. 燈具類：竹篾或竹條、竹片均可製成美觀的燈罩，竹篾也是編製燈籠骨架的主要材料。

7. 花瓶、枱燈類：利用寬細不同的竹篾，可以編成各種不同形態的瓶類，用以插花或作枱燈，均極美觀。

8. 帽笠類：竹篾、竹葉、竹籜可以製作成各種帽笠。

9. 裝飾類：如胸花、項圈、髮夾、鳥籠等。

10. 玩具類：如風箏、竹蛇、竹炮、竹弓、竹槍等。

11. 彫刻類：如對聯、筆筒、裝飾品等。

12. 樂器類：如笛子、簫、風鈴等。

㈡竹材的其他用途：

1. 建築：竹材可以作樑、簷桁、屋頂、壁、柱、籬、棚等。

2. 家具：如椅、桌、榻、屏風、櫃、箱、架、墊等。

3. 食具：如筷、叉、杓、蒸籠、食物罩、吹火筒等。

4. 農具：如耙、扁擔、水管、穀礱、篩、禽獸籠、畚箕、魚籠等。

5.裝載用具：如竹筐、炭籠、竹籪等。

6.交通用具：如轎、筏、船蓬、撐篙、帆柱、車蓬等。

7.日用品：如雨傘、煙具、手杖、扇骨、量尺、釣竿、晒衣竿、梯子、竹釘、不求人，以及香線軸、卜占用具等。

8.竹合板：由於工業技術的進步，可利用機械將竹材鉋削成薄片，製成合板，或利用高壓將竹片、竹塊等配合樹脂原料，製成厚薄不一的板材，以供家具及建築之用。

第一節　概　述

4-1　岩石的構成元素

歷史上有所謂「石器時代」，據估計舊石器時代距現在約有五十萬年之久；而新石器時代距離現在也約有一萬年左右，由此可見石材與人類文化關係的密切了。

岩石（Rocks）乃構成地殼的主要物質，廣義來說，整個地殼，無非岩石，所以它是一種俯拾即得的天然材料，由於岩石具有耐久、耐壓、不易燃燒的特性，加上本身的質感和豐富的色澤，所以自古以來岩石即爲表現藝術的重要材料之一。

如仔細分析岩石構成的成份，可知所有岩石均由所謂造岩礦物所構成，而造岩礦物又由許多基本的化學元素所組成，依據 F. W. Clarke 和 H. S. Washington 的分析，造岩礦物所含有的主要元素，約如表 4-1 所示。

表 4-1 所列的造岩元素中，按不同的組成法則可以結合成種種造岩礦物，如石英、長石、雲母等；再由造岩礦物構成種種成份不同的岩石，如花崗岩、安山岩、玄武岩等。但也有一些岩石，可以由一種單純的元素所構成，如金剛石（Diamond）係由純粹的碳元素而構成；另有一些岩石，可由單獨一種造岩礦物所構成，如水晶（Rock crystal）係由礦物氧化矽（SiO_2）而構成，此類岩石常被稱爲單成岩（Simple rocks）；至於由多種礦

表 4-1　造岩礦物中所含之主要元素

元　　　　素	佔有比例 %	元　　　　素	佔有比例 %
氧　O	49.52	氯　Cl	0.19
矽　Si	25.75	磷　P	0.12
鋁　Al	7.51	碳　C	0.09
鐵　Fe	4.70	錳　Mn	0.08
鈣　Ca	3.39	硫　S	0.05
鈉　Na	2.64	鋇　Ba	0.05
鉀　K	2.40	氟　F	0.03
鎂　Mg	1.94	氮　N	0.03
氫　H	0.88	鉻　Cr	0.03
鈦　Ti	0.58	鋯　Zr	0.02
		合　　計	100

物構成的岩石，則被稱爲複成岩 (Composite rocks)，如花崗岩 (Granite)係由石英、長石、雲母等數種礦物所構成的。其中長石一項，其成份即頗爲複雜，可由 CaO, Na$_2$O, K$_2$O, Al$_2$O$_3$, SiO$_2$ 等按不同的比例組合而成。爲使對岩石的本質有較清晰的了解，對於各類造岩礦物作初步的研究是必要的，茲將各種重要造岩礦物簡介如下述各節。

4-2　矽酸鹽類造岩礦物

岩石中大多數的礦物是由矽酸鹽組成的，故矽酸鹽在造岩礦物中佔極重要的地位，由於矽酸鹽礦物的種類繁多，可分爲下列數項：

㈠基本矽酸鹽礦物

1.長石類 (Feldspars)：長石類爲含鋁及鹼金屬或鹼土金屬或二者同

時含有之矽酸鹽，各種長石之物理性質皆極相似，最具代表性者爲：

(1)正長石 (Orthoclase)：主要化學成份爲 $KAlSi_3O_8$，屬單斜晶系，呈白色或肉紅色，具玻璃光澤，硬度 6 （摩氏硬度，本章各節均同），比重2.56，其中無色透明者，稱玻璃長石，常見於火山岩中。

(2)斜長石 (Plagioclase)：係由鈉長石 ($NaAlSi_3O_8$) 及鈣長石（$CaAl_2SiO_8$）以任意之比例所混合而成，晶體由柱面、坡面及卓面等組成。呈白色或灰色，亦有無色者，硬度 $6—6\frac{1}{2}$，比重 2.6—2.76。

2.擬長石類 (Feldspathoid Group)

(1)霞石 (Nepheline)：主要化學成份爲 $Na(AlSi)O_4$，屬六方晶系，有顯明之脂肪光澤，硬度 $5\frac{1}{2}$，比重 2.6。

(2)白榴子石 (Leucite)：成份爲 $K(AlSi_2)O_6$，屬等軸晶系，常成四角三八面體，色白，硬度 5—6，比重 2.5。

3.雲母類 (Micas)：

(1)白雲母 (Muscovite)：成份爲 $KAl_2(Si_3Al)O_{10}(OH)_2$，具有完整之解理，可劈成極薄之片狀，質佳者呈白色，薄片者透明，具珍珠光澤，硬度 2—3，比重 2.8—3.1。

(2)黑雲母 (Riotite)：成份爲 $K(MgFe)_3(Si_3Al)O_{10}(OH)_2$，褐色或黑色，薄片多爲淡褐色，具完全之解理，呈次金屬狀或珍珠光澤，硬度 2.8—3.2，比重 2.5—3。

4.角閃石類 (Amphibole Group)

(1)普通角閃石 (Hornblende)：成份可以分子式 $(CaMgFeNaAl)_{3-4}(AlSi)_4O_{11}(OH)$ 代表之，(OH) 係代表結晶水，在所有角閃石中均含有，屬單斜晶系，呈黑色，具玻璃光澤，硬度 5—6，比重 3—3.4。

(2)透閃石 (Tremolite)：成份爲 $Ca_2Mg_5(Si_4O_{11})_2(OH)_2$，呈白及灰色，具玻璃或絹絲之光澤，屬單斜晶系，硬度 6，比重 3.2。

5.輝石類 (Pyroxene Group)

(1)斜方輝石： 包括頑火輝石 ($MgSiO_3$) 和紫蘇輝石 $(MgFe)SiO_3$ 等，此類輝石之結晶常成八面柱狀，呈深褐或深綠色，具金屬狀或玻璃狀光澤，硬度 5—6，比重 3.2—3.5。

(2)單斜輝石：包括普通輝石等多種輝石，普通輝石之成份爲$(CaMg FeAl)_2(SiAl)_2O_6$，屬單斜晶系，呈褐色或黑色，有玻璃狀或樹脂狀光澤，硬度 5—6，比重 3.3—3.5。

6.橄欖石 (Olivine)

一般橄欖石之成份爲 $(MgFe)_2 SiO_4$，屬斜方晶系，呈橄欖綠色或黃色，具玻璃光澤，介殼狀斷口，硬度 6.5—7，比重3.3—3.5，多呈粒狀或板狀產出，經風化後，卽變爲褐色或帶紅色之鐵氧化物及蛇紋石。

㈡次生矽酸鹽礦物

本類礦物均由已有之矽酸鹽經過變化而成者，故名次生。

1.綠泥石 (Chlorite)：係由黑雲母或普通角閃石經變化而成者。其成份爲 $(MgFe)_5Al(Si_3Al)O_{10}(OH)_8$，屬單斜晶系，具珍珠光澤，呈深綠色，種類頗多，硬度 $2—2\frac{1}{2}$，比重 2.65—3。

2.蛇紋石 (Serpentine)：係由橄欖石、斜方輝石及普通角閃石等變化而來，其成份爲 $Mg_6Si_4O_{10}(OH)$，非晶質，通常呈綠色，如含有氧化鐵者，可能爲紅、褐或黑色，具脂肪光澤，有滑感，硬度 2—3，比重 2.5—2.6。

3.滑石 (Talc)：係鎂礦之一種變質，成份爲 $Mg_3(Si_4O_{10})(OH)_2$，屬單斜晶系，柔軟呈片狀，白色或淡綠色，具珍珠光澤，有滑感。硬度 1—1.5，比重 2.7—2.8。

4.高嶺土岩 (Kaolinite)：係長石之一種變質產品，成份爲 $Al_4Si_4O_{10}(OH)_8$，屬單斜或三斜晶系，結晶極細，白或灰白色，潮濕時有粘土味，硬度2，比重 2.6。

5.綠簾石 (Epidote)： 成份爲 $Ca_2(AlFe)_3(SiO_4)_3(OH)$，屬單斜晶

系，呈放射晶簇。顏色黃綠，具玻璃光澤，硬度 6—7，比重 3.4、

6.沸石類 (Analcite)：因受熱時易有水分子逸出而得名，由若干水化鋁矽酸鈣、鈉或鉀而合成，此類礦物常呈輻射狀之晶體，種類頗多，如鈉沸石 ($Na_2Al_2Si_3O_{10}\cdot 2H_2O$) 等，通常多產於熔岩之氣孔內。

4-3 氧化物類造岩礦物

㈠石英 (Quartz)：乃最重要的氧化物礦物之一，在岩石中分佈極廣，成分為 SiO_2，屬六方晶系，無色、白色、烟灰或紫色等，具玻璃光澤，斷口貝狀，硬度 7，比重 2.66。尚有一種鱗石英，乃氧化矽在 850°C 以上結晶而成者。此外石英尚有數種不定形之變種，如：

玉髓 (Chalcedony)，或稱石髓，為一種晶質及非晶質之混合物，無色或白色，微透明至不透明，硬度略遜於石英。

蛋白石 (Opal)，為含水之石英 ($SiO_2\cdot nH_2O$)，顏色不一，普通呈白色或褐色，具珍珠光澤，其色彩美麗者，稱為貴蛋白石，乃為半寶石。

瑪瑙 (Agate)，係結晶石英、玉髓及蛋白石之混合物，為一種呈色帶狀之礦物，顏色豐富，具玻璃光澤，可為半寶石。

㈡錫石 (Cassiterite)：成份為 SnO_2，屬正方晶系，深褐至黑色，不透明，硬度 6—7，比重 6.8。

此外，氧化物的造岩礦物中，尚有磁鐵礦 (Fe_3O_4)，赤鐵礦(Fe_2O_3)，褐鐵礦 ($2Fe_2O_3\cdot 3H_2O$)，鈦鐵礦 ($FeTiO_3$) 等，但少量含於岩石中，如大量集中時，則成經濟礦床。

4-4 碳酸鹽類造岩礦物

㈠方解石 (Calcite)：成分為 $CaCO_3$，屬六方晶系，具有完整之菱面體式解理，普通為白色或無色，可因含鐵而呈黃至紅色，遇稀酸起泡沸，硬度 3，比重2.72。為石灰岩及大理岩之主要成份。

㈡白雲石 (Dolomite): 成份爲 $CaCO_3 \cdot MgCO_3$，結晶與方解石相似，解理完整。白色或黃色，具玻璃狀或珍珠光澤，硬度 3.5—4，比重 2.8—2.9。

㈢菱鐵礦 (Siderite) 成份爲 $FeCO_3$，常產於石灰岩中，褐色具珍珠或玻璃狀光澤，硬度 3.5—4，比重 3.9。

4-5 其他造岩礦物

㈠硫化礦物: 較重要者有黃鐵礦 (FeS_2)，硫黃 (S)，方鉛礦 (PbS)，閃鋅礦 (ZnS) 等。

㈡氟化礦物: 如螢石 (CaF_2) 等。

㈢硫酸鹽類礦物: 如石膏 ($CaSO_4 \cdot 2H_2O$)，重晶石等 ($BaSO_4$)等。

㈣磷酸鹽類礦物: 如磷灰石 $3(Ca_3P_2O_8)CaF_2$ 等。

第二節　岩石的分類

4-6 岩石的三大類

依據岩石的起源，岩石可分爲三大類，卽火成岩、沈積岩和變質岩。火成岩是由熔融的岩漿經凝固而成的岩石，岩漿中含有多種矽酸鹽溶液、氧化物、硫化物以及高壓下溶解的水和氣體。沈積岩是已有的岩石經風化作用破壞之後，被水、風及冰川等搬運、沈積，最後岩化固結而成。變質岩是由原有的岩石，因物理或化學的環境變化，使石中的礦物或石理單獨或同時的產生變化而成的岩石。三類岩石中，以火成岩佔地殼的大部分。依據估計，在地表最外層的十六公里厚度中，火成岩及變質火成岩約佔95%，沈積岩及變質沈積岩則僅佔 5 %。但就臺灣本省而言，其岩石的分佈比例，則以變質岩與沈積岩佔多數，單純的火成岩所佔比例極微。依據地質

調查，本省火成岩及變質岩之分佈如圖 4-6.1 及 4-6.2 所示，餘則為沈積岩，分佈最廣，其面積約佔全島三分之二。

圖 4-6.1　臺灣省火成岩分佈圖

4-7　火成岩 (Igneous rocks)

火成岩所含的礦物成分相當複雜，卽同一種火成岩，其成份亦有相當大的差異。據分析火成岩的主要礦物之百分比約為長石類 59%，石英 12%，角閃石及輝石 17%，雲母 4%，其他礦物成分共為 8%。由於長石

圖 4-6.2　臺灣省變質岩分佈圖

類與石英中，其化學成分以 SiO_2 及 Al_2O_3 爲主, 通常將其合稱矽鋁質礦物，其餘各礦物其化學成分以鐵、鎂氧化物爲主，故合稱鐵鎂質礦物，**火成岩卽由此二類礦物互相消長而生成多種不同的岩石。**

火成岩中的礦物顆粒，多由結晶作用而成，故呈緊密組織，少有間隙。如更仔細觀察，可知火成岩中各類礦物顆粒，係按一定順序先後形成

者，後成者顯然充填於先成礦物周圍，此爲火成岩組織的一大特色。再者火成岩形成之後，因溫度下降，岩體收縮，所以多形成特別的節理，此點於野外觀察特別明顯，如塊狀節理、柱狀節理等。又因岩漿之流動，有時可以發現流動構造及板狀節理，此與沈積岩之多層狀結構及變質岩之多片狀結構者不同。茲將主要之火成岩分述於下：

㈠花崗岩——流紋岩類 (Granite-Rhyolite Clan)

1. 花崗岩 (Granite)：花崗岩爲均粒狀顯晶岩，主要成分爲長石及石英，兩者含量合佔90%，此外尚有黑雲母、白雲母或角閃石及鐵鎂礦物。顏色有灰、淡紅、微綠等，視長石之顏色而定。比重 2.61—2.75，孔度極小，吸水率 0.15%，抗壓強度爲 1,200-2,500kg/cm^2，節理有三組互相垂直，故常可分爲立方塊。花崗岩以其色澤美觀、強度大、可耐用 80-200 年，故爲最佳的建築材料。

2. 流紋岩 (Rhyolite)：流紋岩爲成分與花崗岩相當的潛晶狀岩石，以其含氧化矽的分量多，粘性甚大，於凝固後常能保存其流動的帶狀，故名流紋岩。其石理變化甚大，可能爲全部結晶態、部份結晶態、或全部玻璃狀，其中常含有少許斑晶。

3. 偉晶岩 (Pegmatite)：偉晶岩爲極粗粒的岩石，其結晶之個體可自一寸至一尺或數尺。多數偉晶岩是以塊狀的石英及塊狀或次晶形的鉀長石爲主要成分，不少罕見和不尋常的礦物常存在於偉晶岩中，故有人稱該岩爲寶石與礦物收藏家的樂園。

㈡正長岩——粗面岩類 (Syenite-Trachyte Clan)

1. 正長岩 (Syenite)：正長岩爲較爲稀有之岩石，不若花崗石之普遍。主要礦物成分爲鹼質長石，標準之正長岩含多量之正長石及少量之普通角閃石，石英含量甚少或全缺。組織呈顯晶狀，顏色有灰、肉紅、藍灰等，屬於淺色岩石。正長岩中斜長石之量增加，而與正長石相當時，則稱二長岩 (Monzonite)。

2.粗面岩 (Trachyte)： 粗面岩爲淺色、潛晶狀，以正長石爲主要成分，此外亦含深色之鐵鎂礦物，如黑雲母、角閃石等，其份量在 20% 以下。粗面岩顏色以淺灰、淺黃、淺紅等色爲常見，略有深色斑點。

㈢霞石正長岩——嚮岩類 (Nepheline-Syenite-phonolite Clan)

1.霞石正長岩 (Nepheline-Syenite)： 本類岩石平均含有 60% 之鹼質長石，25% 之霞石，以及 10% 之鐵鎂礦物，其顏色普通爲白、淺灰、紫紅等色，常具有脂肪光澤，磨光時非常美觀，爲裝飾建築物及雕琢紀念碑常用之材料。

2.嚮岩 (Phonolite)： 其成色以透長石及霞石爲主，或雜有方鈉石及白榴子石。顏色呈淺灰、奶油、或粉紅等。嚮岩中所含之霞石極易風化成沸石及長石。

㈣石英閃長岩——石英安山岩類 (Quartz-Diorite-Dacite Clan)

1.石英閃長岩 (Quartz-Diorite)： 本類岩石中，平均含石英 20%，長石 60%，深色鐵鎂礦物 20%。石理多爲中粒花崗岩狀，色澤由淺灰至深灰色，白色者極少。閃長岩爲一種強韌耐久的岩石，大半可採爲築路石材。

2.石英安山岩 (Dacite)： 爲一種成分與石英閃長岩相當的潛晶狀火成岩，斑狀長石多雜在深色的玻璃狀石質中，常呈細胞狀及間呈杏仁狀。顏色多呈淺灰、淺綠、淺黃、淺紅等色，其產狀常與流紋岩相混，不易辨別。

㈤閃長岩——安山岩類 (Dierite-Andesite Clan)

1.閃長岩 (Diorite)： 閃長岩爲顯晶狀火成岩，中性長石之含量約在 50%，深色之鐵鎂質礦物約佔35—45%，餘爲其他礦物。深色之礦物多爲黑雲母及角閃石，因其所含深色礦物較多，故顏色爲深灰色、綠灰或褐灰色。

2.安山岩 (Andesite)： 安山岩之成分與閃長岩相當，但爲潛晶狀，各種深色礦物，如角閃石、黑雲母、輝石等在岩中呈斑晶。安山岩爲極常見

之火成岩，種類繁多，顏色多為灰色或綠色。

㈥輝長岩——玄武岩類 (Gabbro-Basalt Clan)

1. 輝長岩 (Gabbro)：為深色顯晶狀岩石，主要成分為鈣鈉長石約佔 50%，深色礦物亦佔 50%，深色礦物包含輝石及橄欖石，故岩石顏色頗深，以綠灰或褐灰為最普通，其構造多呈塊狀。

2. 玄武岩 (Basalt)：玄武岩成分與輝長岩相當，但為潛晶狀，其所含長石之顏色亦較深，輝石與橄欖石含量甚多，漸取代角閃石與黑雲母，故深色為玄武岩的特徵，通常為深灰至黑色，風蝕後則為淡紅色或綠色，其比重為 3.0，較一般花崗岩為重。未風化之玄武岩，可為優良築路石料。

㈦超基性火成岩類 (Ultrabasic Rocks)

1. 輝石岩 (Pyroxenite)：所謂超基性乃岩石中鐵鎂礦物含量超過長英質礦物，如純粹之輝石岩，其所含鐵鎂礦物高達 95% 以上，故其中常含有經濟礦物，如移化為磁鐵礦，則稱磁鐵岩。輝石岩之種類亦多，如頑火輝石、古銅輝石、紫蘇輝石、易剝石等。

2. 橄欖岩 (Dunite)：純粹之橄欖岩，其顏色為淡綠或深綠褐色，岩石中可能含極多之磁鐵礦、鉻鐵礦。南非著名金剛石礦床之母岩金貝勒岩，即為一種雲母橄欖岩。橄欖岩極易起變化，變化後常成蛇紋岩。

㈧玻璃岩類 (Glassy Rocks)

(1)黑曜岩 (Obsidian)：自然玻璃而不含結晶或僅含極少細粒結晶者，稱為黑曜岩。黑色、具明亮之光澤，少數呈灰色、暗紅色或深褐色，標準之黑曜岩中含 SiO_2 在 76%，Al_2O_3 約 12%，餘為其他礦物。黑曜岩甚堅硬，可磨成堅硬之器物，先民常用作武器之材料。

(2)浮岩 (Pumice)：浮岩為極其多孔之玻璃岩。乃岩漿噴出地表後其中所含之過熱蒸氣在高溫低壓下急速膨脹所致。顏色為白、灰、或略帶黃、褐色。部份具有絲絹光澤。

4-8 沈積岩 (Sedimentary Rocks)

沈積岩是由沈積物聚積而成的岩石。所謂積物包括火山噴出物、受機械力破壞的石屑、分解的岩石、水中之溶解物、以及由有機物衍生而成的物質。此等物質在低溫、低壓之下積於岩石圈之表面，經石化作用而成岩石。

沈積岩的石理，大別可分為碎屑狀與非碎屑狀兩類。碎屑狀的沈積岩係由礦物及岩石之碎屑累積而成，其大小不一，形態與成分各異，而以不同的方式包聚在一起，其組織或緊或鬆，鬆者多有若干孔隙，緊者多因受重壓而發生部分溶解而類似結晶狀。非碎屑狀沈積岩其組織是由密接的晶體拼湊而成的，故無顯著的粒間孔隙，部分沈積物發生再結晶作用，而成極堅密之岩石。至於沈積之顏色，種類繁多，可以說任何顏色均有，白色至淺灰色者多為蒸發岩；深灰至黑色者多因岩石中含有有機物、硫化物、氧化錳等礦物之故；黃色至紅色為沈積岩相當普遍之顏色，乃因岩石中含有二價鐵之化合物；至於綠色之沈積岩則較不常見，綠色之由來多為海綠石或蛇紋石類之沈澱。沈積岩的成分較火成岩為簡單，通常可分為四類，即：砂質岩、泥質岩、鈣質岩及其他岩種，砂質岩的主要成分為砂土，泥質岩主要成分為粘土，鈣質岩的主要成分為碳酸鈣。如將沈積岩依其物理及化學性質之不同，可分類如下：

(一)碎屑岩類

1.粗屑岩：沈積岩中之碎屑直徑超過 $2mm$ 者。

(1)礫岩 (Conglomerate)：礫岩為圓形之岩石或礦物之碎塊，由較細緻之物質膠結而成之岩石，其成分可能為各種不同之岩石及礦物，如由單一礦物構成時，則多為石英及長石。

(2)角礫岩 (Breccia)：礫岩中之礫石，如為多角形而非圓形時，則稱為角礫岩，其一般性質與礫岩相同，惟其中之礫石受搬運之時間較短而

已。

2.中屑岩: 沈積岩中之碎屑直徑在 $2-\frac{1}{10}mm$ 者。

(1)砂岩 (Sandstone): 砂岩爲石英砂被膠結而成之岩石，膠結物之成分則較多，可能爲石英、玉髓、白雲石、粘土、氧化鐵等。岩石之顏色亦隨膠結物而異，黃、紅及褐色之砂岩，其膠結物多爲氧化鐵類，淺色者多爲鈣質及泥質，綠色者多含有綠泥石及海綠石之類。砂岩若破裂，其砂粒並不破裂，僅爲膠結物破裂，故其斷面恒有起伏之砂粒。砂岩之強度，與膠結物有關，砂質者強度及硬度均較高，鐵質者耐久性略低，粘土質者受潮時易鬆軟。砂岩之構造與一般層狀岩相似，多有薄層及厚層狀。

(2)長石砂岩 (Arkose): 長石砂岩內所含長石約在25% 以上，外形顏似花崗石，如含有雲母者則更難分辨。石內之顆粒多呈尖銳之多角狀。長石砂岩之前身卽爲花崗岩。

3.細屑岩: 沈積碎屑直徑在$\frac{1}{10}mm$. 以下者。

(1)頁岩 (Shale): 頁岩亦稱粘板石，爲沈積岩中最多的一種，未變質的沈積岩區多有之。頁岩爲極細粒極柔軟之泥質所沈積而成者，其中有良好之裂縫構造，故岩石易於破裂成與層理平行之殼狀薄片，此乃由於其中片形礦物在沈積時自然成水平排列之故。頁岩質地柔軟，可被切割，性脆易破，顏色多爲灰紫、灰或黑色，其含炭素多者，呈黑色，稱煤頁岩。

(2)泥岩 (Mudstone): 極細之沈積物固化成岩石後，而無節縫產生者，稱爲泥岩。

㈡非碎屑岩類

1.石灰岩 (Limestone): 石灰岩爲以碳酸鈣爲主或含少許白雲石之沈積岩。鈣類來源多爲動植物之殘骸，故其顏色多爲白色及灰色，少數有紅、綠、黃等色，乃由不同的混合物所生成。石灰岩中常有與層理成平行之奇形曲線，稱爲縫線 (Stylolite)，此乃因鈣質於再造期中，發生結晶作

用時，粘土及氧化鐵等不溶解物質集中於溶觧之鈣質物表面所致。石灰岩之比重爲 1.8—2.6，抗壓強度 $1,500kg/cm^2$，加工性良好，但耐久性及抗酸性弱，開採及加工容易，在建築上使用頗廣。

2.白雲岩 (Dolomite)：白雲岩之一般性質與石灰岩相似，外觀上頗不易區別，係由鈣與鎂之碳化物所組成，帶有泥質、鐵質、矽質、及其他雜質。結構呈粒狀及結晶狀，硬度尚佳，比重 2.87，用途與石灰岩相同。

4-9 變質岩 (Metamorphic Rocks)

沈積岩或火成岩經改變之後，其中之礦物成分或石理發生變化，或兩者均生變化，使其原來性質一部或全部改變，此種過程稱爲變質作用。其變質之程度亦有深淺不同，有稍改變者，有改變甚多者，有完全改變者。促使變質作用的因素，主要者爲熱力、壓力、化合力與水分，這些因素能使岩石產生固流、再結晶、粒化等作用。所謂固流 (Flowage) 乃岩石在封閉壓力下產生流動，流動時仍保持固態，岩石本身不生破裂而改變其外形，一般岩石欲生固流，據估計須歷百萬年以上，所生成的岩石爲片岩及片麻岩等。再結晶作用乃石理或礦物的再結晶變形，經改變後產生的新礦物，其成分可能與原來者相同，也可能與原來者不同。通常晶粒多變成更大，密度亦增加。粒化係指岩石受高壓後碎成細粒，但因在封閉力之下，並未失去固結性，仍能堅密緊合，強度不減，甚至增加，其性質則完全未變，與再結晶之情況有別。至於變質岩之石理，大部分呈片狀與塊狀，若干熱變質岩多具均勻粒狀，若干則以含粗大結晶爲其特點。變質岩如按石理及成分可分爲有片理與無片理者兩大類，茲分述如下：

㈠有片理變質岩類

1.片麻岩類 (Gneisses)：片麻岩係指粗糙、不完整的片理爲其特點的岩石，包括種別繁多。如由花崗石變質而來者稱花崗片麻岩。同理，有長石片麻岩、閃長片麻岩等等。在多數片麻岩中，長石爲其主要成分，其片

麻狀石理，則多由片麻狀或條狀之礦物而起，主要爲雲母與閃石。其由火成岩變質而來者稱正片麻岩，由沈積岩變質而來者稱爲副片麻岩。片麻岩之顏色與成分，因其來自多種岩石，故難盡述。

2.片岩類 (Schists)：片岩爲結晶狀岩石，具有次生片理，較片麻岩爲細。其顯明之片理乃由片狀礦物，如雲母、滑石、綠泥石；或由針狀礦物如角閃石等平行排列而成，含長石之片岩極少，此點可作爲與片麻岩之主要區別。重要之片岩，亦係按其所含之鐵鎂礦物而得名，如黑雲母片岩、白雲母片岩等。

3.千枚岩類 (Phyllites)：千枚岩是細粒的片狀岩石，其粒度又較片岩類爲細，片理面上因有雲母及綠泥石等而具光澤，顏色多爲白色或淺色略帶紅、黃、綠等色調。

4.板岩類 (Slates)：板岩是具有良好的平面片理的細粒變質岩，其粒度極細，係由粘土及頁岩在深處起變形而成，具板狀解理，顏色以淡褐色至黑色者較多，紅、綠、紫色者亦有之。板岩乃在中和環境中低度變質而成的岩石，若其變質作用加強，則將成爲千枚岩或片岩。

㈡無片理變質岩類

1.角頁岩類 (Hornfelses)：角頁岩係指因接觸變質而起再結晶作用，所形成的緻密、糖粒狀的岩石。粒形再結晶與斑狀再結晶是本類岩石的特徵，多數石理均呈均勻粒狀。角頁岩可起源於各種岩石，所含之成分不一致，按其母岩之性質可分爲泥質、長英質、鈣質、鎂質等數種。

2.石英岩類 (Quartzite)：石英岩是以石英顆粒組成的堅硬、結實的岩石，也是沙岩的變質岩。其膠結物常與沙粒之強度相當，故其密度、強度、硬度均大，但脆性亦大，斷口有切割成尖銳稜角之光滑面。石英岩是一種常見的岩類，唯加工較難，可碎成塊狀用於建築，其色澤美麗者，可爲裝飾材料。此種岩石亦爲矽質耐火磚的原料。

3.大理岩類 (Marbles)：大理岩是石灰岩和白雲岩的變質岩。因變質

的再結晶作用使其晶體普遍增大，故其光澤較強而色亦較純。質純之大理石，其成分與方解石相同，即爲碳酸鈣，呈純白色，但含有雜質者，則有雜色，如灰、褐、黃、紅等。雜色者多呈斑駁狀、潑墨狀、雲霧狀、脈紋狀等，謂之大理石紋。大理石之石理多呈塊狀，比重 2.7，硬度 3，抗壓強度爲 1,000—3,000kg/cm^2，吸水率小，但耐火性差及易於風化，耐用年約 40-100 年，由於硬度適中，故在雕刻、建築及裝飾方面用途均廣，本省之產量極豐。

4.蛇紋岩 (Serpentinite)：蛇紋岩爲一種次生礦物，多係原生鐵鎂矽酸鹽類礦物如橄欖石、輝石、角閃石等風化分解而成。標準的蛇紋岩顏色爲黃綠色，此外亦有黃、黃褐、紅褐、暗綠、黑色等。其石理多呈塊狀，用途與大理岩相同，本省東部產量亦豐。

<h3>第三節 工藝石材的重要產地</h3>

4-10 花崗岩產地

花崗岩是彫刻石材之一，屬火成岩，其質地強靱，較石灰岩難刻約十倍。此等岩石之優點爲強度高、耐久、可打磨至極其光滑，其缺點爲施工困難，黑白相間，或帶別種淡色斑點，不甚雅觀，惟深色及全黑者，則能引人入勝。

各種花崗岩，在世界多數地區均有出產。歐洲地區之英國、挪威、瑞典及芬蘭等國產石量最豐富，瑞典及芬蘭出產最優異之花崗岩，法國花崗岩則多帶斑點。

美國花崗岩之供應，來自兩大地區。其一爲東部各州的阿帕那成(Appalachian) 山脈地帶，其二爲洛磯山區礦脈，一直延伸至加州。又威斯康辛州亦出產頗多。

　　澳州各地，花崗岩儲量最豐富。在新南威爾斯的克布好 (Cap How)
和巴冷傑 (Barren Jack) 兩地，有舉世聞名的紅花崗岩採石場。此外尙有
當皮爾 (Dampier) 黑白相間的花崗岩、包那爾 (Bowral) 的綠色花崗岩。
維多利亞之花崗岩產量亦極豐。

　　紐西蘭亦盛產花崗岩，有一種優美之黑玄武岩，非常悅目，但質極
硬。

　　南非洲各主要城市亦有豐富的花崗岩儲量，惟開採者不多。

　　埃及古代曾作若干花崗岩彫像，在六千年前，他們已彫刻花崗岩及玄
武岩，其應用花崗岩的歷史甚早。

4-11　砂岩產地

　　砂岩是沈積岩的一種，砂乃矽土之顆粒，矽土係世界上最耐久及不易
毀壞的物質，含矽土高的粒砂岩，爲世界上最耐久的岩石，甚至較花崗岩
更硬，故施工頗爲費時，且其表面不易打磨光滑。在施工時應注意岩灰的
飛揚，避免吸入肺部，引發肺病。

　　砂岩產地，世界各國均有，以美國而言，其高級砂岩產地在中西部平
原區，尤以大湖附近爲著，明尼蘇達州的拉多克佛 (Rettle Kiver) 及旦郡
(Dunn) 的柯發施 (Cofax) 均以出產彫像用砂岩聞名。俄亥俄州亦有採
石場。加州太平洋邊的柯樂沙 (Colusa) 產有綠灰色細質砂岩。

　　澳洲亦產有多種砂岩，維多利亞省出產適於彫像的優良軟質鴿灰色砂
岩。

　　南非之桌山，係一砂岩產地，惟質地過硬，不合初學及多數彫像家之
需要。其中羅西塔 (Rosetta) 及艾卡 (Ecca) 兩地所產者，較爲合用。

　　英國的砂岩，以產在愛丁堡帶狀地區的北端者，最爲高級。

4-12　石灰岩產地

石灰岩是另一類的沈積岩，世界上之彫像用石灰岩刻成者，較任何其他岩石為多，按施工之觀點及對鋼質工具的反應，石灰岩均較他種岩石為佳，密緻堅硬的石灰岩，可打磨至相當光滑的程度，但在耐久性方面則遜於花崗岩及砂岩。

歐洲石灰岩產地以英國、法國、比利時、義大利、希臘等國為著。英國以波特南島、英格蘭一帶為著。法國主要產石灰岩地帶，大致由北至南穿過國境中部，沿該地帶，有多數的採石場。比利時產的所謂小花崗岩 (Petit Granite)，實際是一種密緻堅硬的石灰岩。義大利的阿卑利(Appennies) 山脈西麓，有甚多的石灰岩採石場。羅馬近郊著名的普利瓦泰 (Pravertine) 石灰岩，已開採使用二千年以上，初出土時，質甚軟，易於施工，但曝露後大為硬化,且極耐久。另一舉世聞名的伊斯楚蘭石 (Istrian) 質地密緻，可高度打磨，具有溫暖感的灰色，使用亦達千百年。

美國石灰岩積層甚寬，主要在印第安納、衣阿華、肯他基等州內。印州的比佛 (Bedford)，產有彫像用優秀石灰岩。其他各州，亦多產有石灰岩，在中央平原之東部地區，到處可見採石場。

澳州之石灰岩，出產於昆士蘭山區之東側。在維多利亞的溫邦(Waurn Ponds) 採石場，所產的帶黃色中級紋理的石灰岩，為多數彫像家所喜愛。

紐西蘭南部所產的奧馬魯 (Oamaru) 石灰岩，質軟頗適於彫像之用。

4-13 大理石產地

大理石是變質岩的一種，施工較易，打磨良好，色澤廣泛，乃數千年來廣受歡迎的石材，古典派及復興派大多彫像，均係採用大理石刻成者。

世界上出產大理石最多之地區，為地中海北岸、美國，我國雲南省亦以產大理石聞名，臺灣省經近年勘察結果，蘊藏量極豐，將於另節詳加介紹之。

在歐洲產地中，義大利為聞名產區,著名採石場位於卡拉拉(Carara)，

該國各處亦產多種普通色澤及帶斑紋之大理石。

希臘的希臘羣島爲白色及彩色大理石最古最著名的發祥地。來自賓特萊根 (Pentelikon) 的大理石，已被使用數千年，其所含氧化鐵之量甚微，故帶純白至奶油色調。又如泰倫島 (Tinos) 所產花綠色瑰麗大理石，歐保雅 (Euboea) 島之綠紋大理石，均爲名產。

比利時出產一種世界最精美的黑色大理石，採石場在瑪芝 (Mazy) 附近，開採已有一千年之久。

美國大理石礦源，多集中於弗蒙特州至紐約州一帶，弗蒙特州出產白色、綠色及各種綠紋大理石。紐約州所產亦多白色。黑色大理石則以普拉茲堡 (Plattsburgh) 所產者爲著，其他如田納西、加利福里亞等州亦產大理石。

澳洲之大理石儲藏量甚大，但多未開發，其中新南威爾斯、昆士蘭、維多利亞、南澳等地均有採石場。

中非洲一帶，產有質地較軟的石鹼岩或皂石，帶灰色，外觀甚爲悅目。

第四節 臺灣省特產的工藝石材

4-14 臺灣大理石

大理石，是臺灣本島最豐富的地下資源，主要礦脈在本島東部之宜蘭、花蓮、臺東三縣境內。據估計儲藏量約有三千億公噸，爲目下世界三大大理石礦藏之一。自民國五十年以後，利用機械開採，加工製造工藝品和建築材料，十餘年間，發展迅速，已成爲本省一項新興的產業。

㈠礦藏：大理石乃一種結晶石灰岩 (Crystalline limstone)，屬變質岩類。分佈於本島中央山脈東斜面，夾於黑色片岩中，或夾有綠色片岩、石

英岩等。北由大濁溪下游，南至知本溪中游，綿延二百餘公里，出沒隨地形而不定，在大濁水地區露出者寬度約為十公里，自銅門地區分岐為3—4層至臺東縣西部尚斷續存在，岩層厚者達一千公尺以上。礦脈以北北東向南南西，南行斜向中央山脈，逐漸呈尖減之勢。在大濁水以南地區之礦石多採供大理石材，而在以北地區多採供化學原料及建築碎石之用。大理石中呈灰色至黑色之條紋者最為普遍，純白者價格較高，係因片麻岩入侵石灰岩發生接觸變質，形成白色結晶化的純白大理石，故在片麻岩附近多有純白石材出現，本島常產於大濁水、南澳、東澳、和仁上游、武荖坑上游等地。

本省大理石礦區多在民國五十一年以後開始開採，初期僅十餘處，至六十三年開採處增至五十二處，而設權礦區已達二七四處。

㈡種類：大理石依用途為準，約可分為下列數種：

1.白色塊狀：以白色為主，滲入發育不規則之淡黑色花紋，製成板時能顯出適當之明亮度與安定感，結晶之大小以中粒 (0.1-0.5mm) 為主，局部呈砂糖狀結晶。

2.灰黑色條紋狀：結晶在 0.5 cm 以下，其灰色與黑色條紋依岩樣之大小，呈現各種不同的外觀，又依灰黑部份之對照是否明顯而模樣互異。

3.白色條紋狀：係白灰質地中有寬1—2公分之淡黑色，條紋整齊的成層排列，結晶較白色塊狀者小，白色度較低。

4.黑色塊狀：係屬微晶質，以能認出結晶粒者居多，以其結晶緻密，製成工藝品極為美觀，為難得品種之一，本省現僅發現於和仁、立霧區、木瓜區等處。

5.純白塊狀：係屬粗粒方解石所成，粒粗 0.5—3mm，製成石板全無黑條，至為美觀，本省僅分佈於大濁水保留區一帶。

除純白、純黑與灰色之外，大理石多帶有條紋，省產者以直條紋、摺曲紋、網花紋和雲霓者居多。據喬治博士 (Dr. George W. Bain) 的建

議，省產大理石在使用上，可視磨光後的線紋爲直線或曲線，卽脉狀或雲狀，分別以 V 與 C 表之，再分別自 V_0—V_{11}，C_0—C_{11} 分爲二類各 12 級，號數愈多線紋愈雜，例如以 V_{11} 表灰黑色之大理石，V_3 表蛛網紋線；C_3 表蛛網浮雲，C_5 表雲絮狀大理石等，此法不失爲一種可行的產品分類法。

此外，本省業者亦有將貝殼、珊瑚化石石灰石，歸入大理石類，其色澤有棕黃、紅色、乳白和黑白相間者，多佈在花蓮的玉里、富里、豐濱、大港口、及臺東的樟原、重安、成功、東河等地。

㈢化學性質: 大理石的主要成份爲 CaO, MgO 等，省產大理石，因產地不同， 其化學成份互有消長， 尤以氧化鈣和氧化鎂的含量， 相差有達 20％以上者，茲舉數個產地採樣分析結果如表 4-14.1。

表 4-14.1　省產大理石化學成份分析表

產　　地	顏色	成					份		備　　註
		Ig. Loss	SiO_2	Fe_2O_3	Al_2O_3	CaO	MgO	共計	
大 濁 水	白 色	41.52	1.92	0.14	0.08	54.44	1.16	99.26	礦石樣品
大 濁 水	白 色	42.24	0.46	0.14	0.10	55.22	1.12	99.28	係送請金
卡 那 岸	白 色	42.02	0.24	0.14	0.04	54.96	1.32	98.72	屬礦業公
卡 那 岸	黑 色	41.82	0.38	0.14	0.06	55.26	1.00	98.66	司代爲分
清 水	灰黑色	42.48	0.14	0.10	0.02	54.14	1.30	98.18	析。
清 水	灰黑色	42.56	0.74	0.14	0.08	54.86	1.00	99.38	
崇 德	灰 色	42.40	0.10	0.06	Tr	55.50	1.04	99.10	
崇 德	灰 色	41.82	0.16	0.14	0.04	55.18	1.18	98.52	
橫貫公路	白 色	41.56	0.44	0.14	0.02	55.22	1.18	98.20	
橫貫公路	灰 色	41.92	0.70	0.10	Tr	55.74	1.14	99.60	
三 棱	灰黑色	41.70	0.08	0.16	0.04	54.92	1.02	97.92	
三 棱	灰黑色		0.06	0.14	0.12	55.50	1.36	98.82	

但本省大南澳統所產結晶石灰石，其化學成份則如下:

Ig loss	SiO_2	Al_2O_3	Fe_3O_2	CaO	MgO
46.80	0.25	0.07	0.05	33.92	18.65

㈣物理性質：由於化學成份不同，大理石的物理性質差異亦大，省產者硬度約為3度，其強度在 11,000—20,000lb/in^2 之間，晶粒大小與其顏色深淺互成反比，即淺色者呈粗粒，深色者呈細粒，介於中間的灰色呈中粒。粗粒者其強度較遜，約為 11,000—15,000lb/in^2；細粒者強度較佳，約在 15,000—20,000lb/in^2 之間。大理石之色澤，除前述者外，尚有少數含錳者呈粉紅色或紅褐色，含有其他鐵類礦物者亦呈紅褐色，此類岩石色澤雖美，但大部不堪應用。

茲將本省大濁水區與花蓮區所產大理石的物理性質比較如表 4-14.2。

表 4-14.2 省產大理石物理性質比較表

產地	大	濁	水				花					蓮
試料顏色	白		色	黑		色	白		色	黑		色
數值	最大	最小	平均	最大	最小	平均	最大	最小	平均	最大	最小	平均
比重 漲比重 石塊	2.75	2.74	2.75	2.77	2.75	2.76	2.66	2.64	2.65	2.77	2.74	2.76
石板	2.76	2.73	2.75	2.80	2.74	2.77	2.78	2.71	2.74	2.80	2.71	2.77
石塊眞比重	2.64	2.63	2.64	2.67	2.59	2.62	2.62	2.57	2.59	2.62	2.46	2.55
吸水率(%) 石塊	3.59	2.74	3.16	2.74	0.71	1.66	4.10	2.04	2.79	0.85	0.83	0.84
石板	1.80	0.90	1.40	3.70	1.40	2.10	2.70	1.40	1.80	2.70	0.30	1.90
乾密度 (lb/ft^3)	171.0	169.2	170.2	175.6	170.6	172.9	166.5	166.0	166.3	172.8	170.9	171.9
空隙率 (%)	0.04	0.04	0.04	0.08	0.03	0.06	0.03	0.01	0.023	0.11	0.05	0.08
壓縮試驗 強度 (lb/in^2)	13450	2,600	13147	15,450	12,700	13,860	12450	10,800	11,460	25,800	13,250	20,110
彈性系數 ($lb/in^2 \times 10^0$)	1.31	1.26	1.26	2.12	1.47	1.75	1.52	0.91	1.18	1.66	1.02	1.42

㈤開採：本省大理石之開採，各礦區初期均係搬採現有的轉石，待搬

運淨盡之後，　方開始鑿取露頭之石材，　一般步驟先經剝土，　確定礦物之後，　搬運道路的開闢亦極要。　至於採石的方法，　多取爆破法，　可分陷落法、殘柱法及階梯法等，陷落法和殘柱法係在岩石的底部鑿孔爆破，利用原石本身重量使石材滑落,比較危險；階梯法係依梯形次序由上而下採石，比較安全。採得之原石多搬運至工廠中以機械方法切割成所需的尺寸，稱爲毛板，再經加工研磨製成建材或雕琢、車削成工藝品。

　　㈥評估：　評定大理石的品質，可有兩大條件，一爲美觀，二爲耐久。依據喬治博士的意見，據稱世界上大理石的顏色，約可分爲三十七種，本省所產除紅黃色者外，其餘各色均有，自白色、淺白、淺灰、深灰以及黑色等，其中以白色發奶油光者最佳；蛇紋石自淺綠至深綠，可分八種，其中以深綠、深斑及石豹皮者最好，且可用之於室外。

　　至於耐久性方面，和下列因素有關：

　　1.吸水率：大理石結晶之間有空隙，其大小影響風化作用的快慢，所以吸水率低者爲佳，如用在室外，吸水率以在 0.33％ 以內者最好，0.5％者合格，超過者則不合格。至於室內用材，則不在此限。

　　2.結晶排列：結晶排列規則與否，影響石材堅固度，不規則系數在 2以上者最好，1.8 者合格，1.6 以下者不好，卽愈不規則其堅固度愈強，省產石材三分之二爲不規則，系數低的石材，用在彫刻方面仍然可以。

　　3.磨擦硬度：所謂磨擦硬度，指在一定時間與狀態下，被磨損份量與遺留份量之比。可自 3 至 45 度，美國大理石協會認爲 10 者卽可使用，但政府規定須在 15 以上。本省所產，除一種以外，餘均合格。唯在同一區域所使用之石板，其磨擦硬度不可相差三度以上，否則易顯高低不平。

　　4.雜質：　含有不穩定物質如硫化物、　化石、　石棉、　氫氧化鎂等的石材，其強度較差。

　　據稱省產的蛇紋石其品質爲世界之冠，如能在色澤方面再與菲律賓（產棕色者）、伊朗（產大紅色者）配合，則色澤齊全，可執世界市場的牛

耳。

4-15 臺灣蛇紋石

臺灣之蛇紋石，均係基性或超基性之火成岩如煌斑岩、橄欖岩、輝長岩等受風化而成。其產狀多為岩脈、岩株、岩盤或其他規模之侵入體，以花蓮及臺東兩縣蘊藏為富，中央山脈亦有之，主要產區計有臺北縣蘇澳區烏石鼻、花蓮縣壽豐鄉豐田村及玉里區瑞穗、臺東縣關山區日出及鹿野、上原、岩灣、加路蘭等地。省產蛇紋石多呈暗綠色、黃綠色及暗綠青色，質堅硬而緻密，可供工藝品及建材之用，其中尤以豐田所產者最負盛名，該區所產蛇紋石，經分析其化學成分為:

成　　　分	SiO_2	Al_2O_3	Cr_2O_3	Fe_2O_3	FeO	MnO	NiO
%	37.15	1.79	0.25	6.24	1.72	0.09	0.16

成　　　分	MgO	CaO	Na_2O	$H_2O(+)$	$H_2O(-)$	合　　計
%	36.17	1.60	2.12	11.68	1.21	100.18

4-16 藍玉髓 (臺灣藍寶)

藍玉髓，俗稱臺灣藍寶石，亦有稱為水晶翠，英文名字為 Chrysocolla Quartz, 是一種銅礦石變化而成的矽酸銅，經過變化之後，再有水晶侵入，因而硬高提高，加以色澤美麗，而具有寶石的條件，品質純者用以製成首飾，可以售得高價，品質優良的原石，一公斤亦可售至數萬元新臺幣。

藍玉髓主要產地為臺東縣泰源村的都巒山，在該山層的安山岩質集塊

岩裂罅中，呈不規則脈狀，膨縮不常。礦脈中局部有呈白、暗綠及黑色部分。藍玉髓呈鮮藍、淡綠藍色，不透明至半透明，緻密堅硬。往往順小裂縫爲褐鐵礦所污染。介殼狀斷口頗顯著。硬度爲 7 ，比重爲 2.581。以浸液法所測定的屈折率爲 1.539。其分子式爲 $CuSiO_3 \cdot 2H_2O$。

鮮藍色不透明的藍玉髓與土耳其玉相仿；而以半透明、無裂紋且無污點者最爲珍貴。本省首飾店多用以製戒指、耳環、胸針、項鍊、手鐲等女用裝飾品。由於原石產量不多，而開採者絡繹不絕，現幾將採用殆盡。

4-17 臺灣玉

玉在礦物學上可分爲兩種，一種是硬玉 (Jadeite)，主要成分是鈉鋁矽酸鹽，屬於輝石類；另一種是軟玉 (Nephrite)，主要成分是鎂鈣矽酸鹽，屬於角閃石類。臺灣玉是軟玉的一種。

臺灣軟玉的主要產地，爲花蓮縣壽豐鄉的豐田 (圖 4-17)，臺東鄰近的山區中亦有之。豐田附近的礦床，其地質主要由中生代乃至古生代的石墨片岩、綠色片岩及成岩床，侵入於此等岩層中之蛇紋岩所成。軟玉係產於接觸部附近的蛇紋岩中，常與石棉、滑石等伴生。過去在開採石棉礦時，因不知其價值，常將原石遺棄於河谷中。

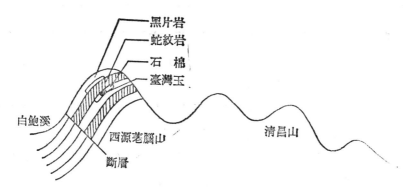

圖 4-17 豐田玉礦簡圖

臺灣軟玉的顏色，有草綠、黃綠、或淡黃灰色，半透明至不透明，玉中常雜有成束的纖維，同時含有鉻鐵礦、鉻尖晶石、磁鐵礦、柘榴石與綠泥石，因而常見黑點或黑條。玉石中如纖維過多，而且成片層狀時，往往容易分裂，不能雕成大件的作品，而且色澤也受影響。可供作寶石的軟玉多屬草綠、暗綠色而半透明者，礦場多未將原石加以區分卽行出售，故品質參差不齊，能否購到可用的原石，全憑買主的運氣。

軟玉的成因，似由蛇紋岩之原超基性火成岩，卽橄欖岩或輝岩，經低度變質作用而成者。其分子式爲，$Ca_2(Mg, Fe)_5Si_8O_{22}(OH)_2$，經分析其化學成分爲：

成　　分	SiO_2	MgO	CaO	FeO	Al_2O_3	Fe_2O_3	Na_2O
%	55.28	21.99	12.91	3.53	1.43	0.67	0.34

成　　分	TiO_2	MnO	K_2O	H_2O^+	H_2O^-	合　計
%	0.17	0.11	0.02	2.95	0.51	99.91

軟玉的硬度約爲 6.5，比重爲 3.007，主要屈折率爲 α: 1.609, β: 1.602, r: 1.631，經 X 光及赤外線的研究所化學分析的結果，顯示爲含鐵透角石分子百分之十的透角閃石。

選供作寶石的軟玉，除顏色鮮明之外，無裂紋（卽無片理）且無黑條者爲佳。一公噸原礦中可供作寶石者，僅爲三分之一以下。色澤與質地均佳者可作首飾之材料，色質差者，則可供作雕刻人像、動物、屏風、印章等工藝品。唯省產的軟玉，因多少帶有片理，故易生裂紋，琢磨與雕刻時均需要熟練的技巧。由於軟玉的產量較豐，實爲本省很有前途的工藝材料

之一。

4-18　澎湖文石

　　澎湖羣島所產的文石，實係一種以霰石（Aragonite）為主，雜以蛋白石、石英、鐘乳石、方解石、氧化鐵等物充填於玄武岩孔隙中的礦物總稱。世界各地，除意大利亦產此石外，其他地區甚為罕見，故為本省特產的資源之一。

　　澎湖羣島的地質為玄武岩臺地被解析所形成之島嶼，火山活動有數次，且在淺海中形成，故多孔質玄武岩，普遍分佈本區域，文石卽生成於此岩層中，凡有多孔質玄武岩的地區，卽可能產有文石，其主要分佈地區為漁翁島的大池角、小池角、內按、外按等海岸附近，以及吉貝嶼、望安島、將軍澳嶼、東吉嶼、西坪嶼、七美島等地，其中尤以漁翁島及望安島所產之文石品質為佳。（圖 4-18.1）

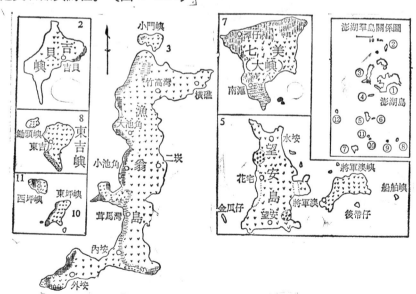

圖 4-18.1　本省文石分佈概略圖

文石的主要成分已如上述，其中霰石($CaCO_3$)多呈灰白色或鉛白色，具玻璃光澤或受污染成爲鈍色光澤，多成塊狀塡充於孔隙中，少數亦有六方柱狀結晶者，文石中霰石之量約佔 70%。蛋白石之顏色有白色、乳白色、綠色、黃褐色、淡藍色等，成黃豆大小塡於氣孔中，具玻璃光澤、硬度大。文石中之石英，爲白色或乳白色，成脈狀侵入於霰石與氧化鐵之境界或與方解石霰石等成爲帶狀，其爲氧化鐵污染部份，則成黃褐色或黃色。鐘乳石與方解石多呈白色。氧化鐵則呈褐色、黑褐色、黃褐色等，多呈眼球狀或帶狀充塡於氣孔中或其他各礦物的空隙處，由於氧化程度之不同，形成縞狀的漂亮花樣，所以氧化鐵的色澤和形狀對文石的價值有決定

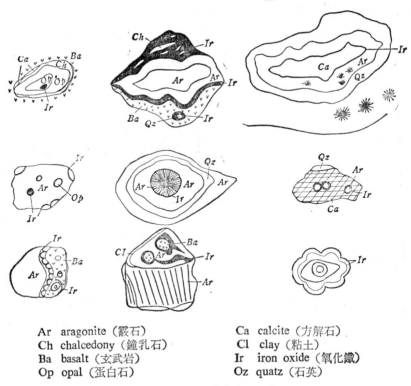

Ar aragonite（霰石）　　　　Ca calcite（方解石）
Ch chalcedony（鐘乳石）　　　Cl clay（粘土）
Ba basalt（玄武岩）　　　　　Ir iron oxide（氧化鐵）
Op opal（蛋白石）　　　　　　Oz quatz（石英）

圖 4-18.2 文石中所含礦物組成

性的影響。文石中各礦物組成概略，可參閱圖 4-18.2。

文石中之礦物，因呈不規則的混合，其混合得宜者，花紋美觀，製成飾品價值較高，通常以黃色有眼者爲貴。所謂有眼，卽指由氧化鐵形成的同心縞狀搆造，經磨礪之後呈多層次的花紋，色澤繽紛，甚爲美觀，文石之名，由此而來。惜此類文石均爲小塊，僅有 2～4 公分，只能製成小型裝飾品。至於文石的質地，以蛋白質、鐘乳石及菱鐵礦組成者較爲堅硬，霰石佔多數者，則多脆弱易碎。

澎湖文石開採供爲裝飾品之歷史已相當悠久，主要製品有鷄心、指環、袖扣、領帶扣、念珠、印材、朝珠等，以其爲世界稀有之礦石，故頗爲一般人士所喜愛，如加以進一步的研究和開發，對於國計民生均有裨益。

第五節　寶　　石

寶石，可算是重要的工藝石材之一。在眾多種類的天然礦石中，可供作寶石材料者約有二百種，其中較常用者不過九十餘種，而在首飾店中常見者則僅約二十種左右。至於那些礦石有資格被選爲寶石，恐難定下絕對的標準。一般說來，被目爲寶石的礦石，多爲色澤艶麗、硬度高、折光率好、抗化學侵蝕性強、而且產量尙不能太豐，產量太多，也就不算稀罕而難登寶石之榜。茲將主要的寶石條述於後：

4-19　金剛鑽石 (Diamond)

鑽石是爲多數人所熟悉的一種寶石，它的成分是碳(Carbon)，碳在高熱高壓下結成純度極高的立方晶體，卽成爲鑽石。鑽石的摩氏硬度爲10，是礦石中硬度最高的，比重爲 3.52，屬立方晶系，爲單折光寶石，折光率2.417，是白色天然寶石中折光度最高的；其散光率也相當高，爲0.044，

故富有光芒。鑽石的顏色，除了純白之外，尚有紅、粉紅、黃、藍、綠、紫、棕、黑等色，以純白者爲上品，據說在白色之中尚可分爲九級，可見人們對鑽石精究的程度。

　　鑽石的產地，分佈得相當廣，最大的產區是非洲，目前約佔世界總產量 80%，其中尤以剛果、南非聯邦、獅子山等國產量爲多，其他如西南非、安哥拉、賴比利亞、坦桑尼亞、幾內亞、象牙海岸、中非共和國等均產之，非洲以外的地區，目前以巴西產量較富，委內瑞拉和英屬幾內亞亦產之。唯各地所產的鑽石，其中僅約有四分之一可供作寶石，其餘多爲工業方面之用。

4-20　紅寶石（Ruby）

　　寶石中帶有紅色者不勝枚舉，但以 Ruby 爲最名貴，曾被尊稱爲寶石之王，以其顏色艷麗有如不熄之火。紅寶石是一種剛玉（Corundum），其分子式爲 Al_2O_3，硬度爲 9，僅次於鑽石，此所以被冠以「剛」的緣由。比重爲 4，折光率 1.762—1.770。同是紅寶，色澤和品質尚有很大的差別，色澤好而克拉大者，價值很高，如十克拉大小的上好紅寶，其價格要超過鑽石一倍以上，但品質差者只能作切磨粉用，俗稱金剛砂。紅寶的紅色，是因結晶時滲入鉻和鐵。含鉻者，顏色鮮艷，以鴿血紅最爲上品，牛血色，櫻桃色者次之；含鐵者，多帶紫紅或棕紅，就嫌不夠生動，價格就要差了。紅寶石的產地不多，產量亦少，目前僅有緬甸、泰國和錫蘭三地，以緬甸所產者品質最佳，次爲泰國，錫蘭產者紅度不夠，多爲淺紅色，故有時不能歸入紅寶石一類。

4-21　藍寶石（Sapphire）

　　藍寶石，亦爲前述剛玉的一種。事實上，最純的剛玉應該是白色或無色的，但因結晶時滲入了雜質，而生不同的色澤，紅寶石是滲入鉻或鐵，

藍寶則由於滲入鈦而生成，此外尚有橙色、紫色、綠色、棕色以及近乎黑色的剛玉，其中橙色、綠色、紫色者俗稱爲東方玉，分別稱爲 Oriental topaz, Oriental emerald, Oriental emethyst。藍寶因係剛玉的一種，所以其硬度亦爲9，性質與前述紅寶類同，至於色澤亦爲多數人所喜愛，藍寶除了藍得可愛之外，尚有一種絲絨般的高貴感，故向被視爲高貴寶石，售價也很高。

藍寶的產地較多，亦有較大塊的產品，紅寶超過十克拉的已極難得，藍寶大者可超過三百克拉，較著名的產地有喀什米爾、緬甸、泰國、錫蘭、澳洲及美國的蒙太拿州等地。

4-22 金綠玉 (Chrysoberyl)

就硬度而言，金綠玉僅次於剛玉，它的硬度爲 8.5，其化學分子式爲 $BeO \cdot Al_2O_3$，乃鈹鋁氧化物，屬斜方晶系，比重 3.72，是一種雙折光寶石，折光率在 1.76—1.76 間，雙折光的差距在 0.008—0.018 間。

金綠玉多爲透明的黃綠色，它本身並不著名，但它的變石——亞力山大石 (Alexandrite) 和有線的貓眼石 (Cat's Eye) 倒爲大眾所熟悉。所謂亞力山大石，其實是一種會變色的寶石，在日光之下是綠色的，在普通燈光之下則呈紅色，爲當年俄帝亞力山大所獨鍾而得名。變石之所以變色，是由於寶石對日光和燈光中所含光波吸收率不同所致。變石的產量目前已不多，以烏拉山所產者最出名，錫蘭和緬甸亦產之。貓眼石的種類很多，水晶也有眼石，尚有碧璽眼石、月光眼石、柱石眼石等等，但金綠玉眼石 (Chrysoberyl Cat's Eye) 算是正宗貓兒眼，因爲它的硬度高，可以磨得很光滑，眼線很細，而且富有變化，所以價格在眼石中可以賣得高。眼石之所謂「眼」，實是寶石中含有平行的纖維或細孔，切磨後呈現出一條線，形狀有如貓眼而得名。

4-23 黃玉 (Topaz)

黃玉亦有稱爲黃石英者，與黃水晶極易混淆，許多首飾店幾乎把和黃玉類似的寶石，都冠以 Topaz 的名字，更使人不易辨認。事實上，黃玉的分子式應該是 $(AlF)_2SiO_4$，與黃水晶 (Citrine) 的分子式 SiO_2 是有區別的，黃玉的值價比黃水晶高，因此有人將眞的黃玉稱爲 Imperial Topaz，

黃玉的硬度爲8，屬斜方晶系，比重 3.53，爲雙折光寶石，折光率 1.619—1.627，折光差距 0.008，多色性甚強，呈棕黃、橙黃及黃色。Topoz 除了黃色之外，尙有粉紅、桔紅、大紅、藍色與白色等。赭黃色的黃石英，加熱處理後會成爲粉紅等色。黃玉有一極易分裂的方向，容易碎裂，是其缺點。黃玉產地頗多，以巴西最著，此外錫蘭、緬甸、美國、澳洲、西南非、馬來加西、日本、墨西哥、英國等地均產之。

4-24 尖晶石 (Spinel)

尖晶石也是列入硬度8的寶石，其分子式爲 $MgO \cdot Al_2O_3$，屬等軸晶系，結晶良好的原石，常是八面體狀。比重3.60，折光率1.718，係單折光寶石。尖晶石的顏色不少，有紅色、粉紅、桔紅、藍色、綠色、紫色、棕色和白色的。其中以大紅色的色澤最佳，可以比美紅寶石。古時和紅寶石不易分辨，曾與紅寶同價，現今雖身價低落，但尙有人稱之爲 Balas Ruby者，可爲紅寶的代用品。尖晶石產地以緬甸、錫蘭、阿富汗、高棉、泰國等地爲多，澳洲、馬拉加西、瑞典、巴西、美國亦有少量生產。尖晶石現有人造代用品，其產量爲人造寶石中最多者，且色澤較天然者更勝一籌，硬度亦可達到8，比重 3.63，折光率 1.730。

4-25 綠柱石 (Beryl)

綠柱石亦常被稱爲綠寶石，其分子式爲 $3BeO \cdot Al_2O_3 6SiO_2$，是一種鈹

矽酸鹽結晶，屬六方晶系，硬度 7.5—7.8，比重 2.70，折光率 1.577 —1.583，雙折光距離爲0.006。產地以巴西、美國、馬拉加西、西南非洲四地最多，其他各地亦有產者。綠柱石的顏色不以綠色爲限，計有綠色、金黃色、紅色、粉紅色、藍色、深棕色、無色或純白色等多種，其中結晶最純者呈透明無色，他種顏色多因含有不同雜質所致。綠柱石中最著名而價值高者首推祖母綠 (Emerald)，品質佳者比翡翠還要鮮艷，因其中含有鉻與釩的緣故，也含鐵者則色澤較遜，目前以哥倫比亞所產者，質冠羣倫。綠柱石之藍色者，亦深爲大眾所愛好，此種藍色綠柱石稱爲 Aquamarine，原意爲海水，可見其色澤之美，故屬重要寶石之一，首飾店中多有售。據稱此種藍色除天然產者外，尚可用綠色或綠黃色的 Beryl 加熱至 400°—450°C 時亦可得之。綠柱石中尚有一種粉紅色的亦爲大眾所稱道，名爲 Pink Beryl 或 Morganite，此石因著名的寶石收藏家美國摩根(J. P. Morgan) 所發現而得名，身價亦頗高。

4-26　風信子石 (Zircon)

風信子石也有翻成風信子玉，是鋯石的一種，其分子式爲$ZrSiO_4$，乃含鋯的矽酸鹽，尚雜有鐵和鈾，是寶石中唯一含有鈾者，但含量極微，對人體無害。Zircon 屬長方晶系，硬度 7.5，比重 4.1—4.8。折光率視比重不同而異，可自 1.810—1.984，雙折光差距自 0.002—0.59，顏色種類亦多，有黃色、金黃、黃紅、橙紅、紅色、棕色、黃綠、藍色及無色者。其中以無色、藍色、金黃色者常用作首飾，光澤極佳，無色者可冒充鑽石，被稱爲 Bangkok Diamond，蓋因其盛產於泰國、越南、高棉一帶。其他如錫蘭、緬甸、法國、澳洲及挪威等地亦產之。

4-27　柘榴石 (Garnet)

柘榴石屬於硬度 7.5 至 6.5 的寶石，它的種類和顏色相當多，產地

也很廣，它們共同點是同屬立方晶系，而且都是單折光寶石，茲將各類柘榴石表列如下：

中文名稱	英　　文	分　子　式	硬度	比重	折光率	顏　　　　色
紅 榴 石	Pyrope	$Mg_3Al_2(Sio_4)_3$	7.25	3.65	1.746	血紅色
貴柘榴石	Almandite	$Fe_3Al_2(SiO_4)_3$	7.50	3.95	1.780	紅色，紫紅色
錳鋁柘榴石	Spessarite	$Mn_3Al_2(SiO_4)_3$	7.25	4.20	1.800	桔黃，棕紅色
鈣鋁柘榴石	Grossular	$Ca_3Al_2(SiO)_3$	7.25	3.64	1.735	棕黃，棕橙，棕紅
鈣鐵柘榴石	Andradite	$Ca_3Fe_2(SiO_4)_3$	6.50	3.84	1.875	鮮綠色

柘榴石中以紅色者為多數人所喜愛，以鮮綠色最為稀貴，至於產地，紅榴石以捷克和南非最著名；貴柘榴石以印度最有名；錳鋁柘榴石初見於德國，後緬甸、錫蘭、巴西亦產之；鈣鋁柘榴石以錫蘭產者最有名；鈣鐵柘榴石以烏拉山與非洲為主要產地。

4-28　電石 (Tourmaline)

電石，我國早年稱為碧璽，前清朝服的帽頂，有用紅色碧璽製者，但限於有特殊功勳的人始可佩戴，故國人對之並不陌生。

電石的分子式為 $H_2Al_3(B, OH)_2Si_4O_{19}$ 並含微量之鉀、鈉、鐵、錳等，屬六方晶系，硬度 7—7.5 比重 3.1 折光率 1.624—1.644，雙折光差距自 0.018—0.020，加熱至 100°C 時，其中一端生陽極電，另一端生陰極電，此為電石名稱所由自。

電石的顏色極多，計有紫紅、大紅、粉紅、綠色、藍色、棕色、黃色、白色、黑色等，且同一原石中，常含多種顏色，有表裏顏色不同者，如外表為綠色，裏層為紅色，切開之後有如西瓜；亦有上下兩截色澤不同

者，饒富趣味。電石的多色性也很重，同一塊石，自不同的方向看，顏色也會不同。電石除可供工業上用途外，其用於首飾方面以綠色者最多，事實上，Tourmaline一字如不冠以顏色，一般即指綠色電石而言。此外紅色者色澤相當鮮艷，亦爲大眾所喜愛。電石產於西伯利亞、錫蘭、緬甸、美國、巴西、非洲等地。

4-29 水晶 (Quartz)

水晶是石英的一種，它的分子式是 SiO_2，屬於石英類的礦物種別極多，例如沙粒，它的成分亦爲 SiO_2，瑪瑙、玉髓亦同屬於石英類的礦石，通常應視結晶時的溫度，而決定其所形成的產物，水晶係在 $573°C$ 以下形成的。

水晶屬六方晶系，硬度7，比重 2.65，折光率 1.544—1.553，雙折光差距 0.009，水晶的色澤應有盡有，自透明、半透明至不透明，產地遍佈各洲，可算是比較廉價的寶石。在諸多色澤的水晶中，用作首飾的以紫水晶 (Amethyst) 爲最著名，其紫色之美在寶石中無出其右者，故有時亦能售得高價，現以烏拉圭與巴西產者品質最佳。黃水晶 (Citrine) 之品質佳者，可與黃玉 (Topaz) 相媲美，兩者常不易分別，亦爲一種常見的首飾石。至於白水晶 (Rock Crystal) 也透明得可愛，但用作首飾者不多，我國舊日多用以雕刻藝品。除此之外，尚有茶晶、綠晶、玫瑰水晶、乳白水晶、帶髮水晶、彩虹水晶、閃光水晶以及水晶眼石、水晶星石等等、不勝枚舉。

4-30 瑪瑙 (Chalcedony Quartz)

瑪瑙屬於微粒結晶水晶類，此類水晶係半透明或不透明的潛晶質，總稱爲 Chalcedony，中文翻作玉髓，有時此字亦專指白色或灰色的白瑪瑙而言。瑪瑙的成分與水晶同爲二氧化矽，但硬度稍差，在 6.5 至 7 之間，

比重約爲 2.60, 折光率 1.535—1.539, 雙折光差距 0.004。瑪瑙的色澤和種類也很多, 較有名的如花紋瑪瑙（Agate）、雜色瑪瑙（Jasper）、紅玉髓（Carnelian）、血石（Bloodstone）、澳洲玉（Chrysoprase）以及前述臺灣藍玉髓等均屬之。

4-31 橄欖石（Olivine）

橄欖石也有稱爲 Peridot, 是一種鎂鐵矽酸鹽, 分子式爲 $2(Mg \cdot Fe)O \cdot SiO_2$, 屬斜方晶系, 比重 3.34, 硬度 6.5—7, 折光率 1.654—1.690, 雙折光差距 0.038, 顧名思義, 橄欖石的顏色是透明的橄欖綠, 也就是綠中帶一點黃, 光澤相當不錯, 價格也公道, 是八月份的誕生石, 所以佩戴的人不少。橄欖石的產地以緬甸和錫蘭爲最重要, 美國、巴西、澳洲等地也都產此石。

4-32 硬玉（Jadeite）與軟玉（Nephrite）

玉是中國人偏愛的一種寶石, 如依硬度爲標準, 可分爲硬玉和軟玉, 它們不但硬度有別, 而且成分也不相同。硬玉的硬度是 6.5—7, 成分爲鈉鋁矽酸鹽, 分子式爲 $Na_2O \cdot Al_2O_3 \cdot 4SiO_2$, 屬單斜方晶系, 比重 3.34, 折光率爲 1.654—1.667, 雙折光差距 0.013, 硬玉的顏色也很多, 純質者是沒有顏色的, 因含各種雜質才顯出不同的色澤, 其中以含鉻所生成的綠色, 最爲超拔, 國人稱爲翡翠的, 就是這種綠色的硬玉, 西方人管它叫 China Jade。其實翡翠並不產在中國, 上好的翡翠多爲緬甸的產品, 此外如美國、日本、瓜地拉馬等地亦產有硬玉。

至於軟玉, 其硬度稍遜, 約爲 6—6.5, 其成分爲鎂鈣矽酸鹽, 常含有鐵質, 分子式已於紹介臺灣玉時述之, 屬單斜晶系, 比重 3.00, 折光率 1.606—1.632, 能有各種顏色. 以綠、棕黃、白、灰、黑者較多。軟玉

常帶有纖維，因有雜質散佈其中，故顯黑點。我國新疆，古以產玉聞名，臺灣的產量也相當豐富，此外如紐西蘭、美國、加拿大、格林蘭、西伯利亞、非洲、中南美等地均產軟玉。

4-33　土耳其石 (Turquoise)

所謂土耳其石，事實上並不產在土耳其，只是因為古時這種礦石是從東方經由土耳其流傳入歐洲而得名。

土耳其石的分子式為 $AlPO_4 \cdot Al(OH)_3 + H_2O$，有時也稱為綠松石，屬於不透明的潛晶質，硬度只有 6，比重 2.60—2.90，折光率 1.610—1.650，石中含有微細小孔，對液體有較強的吸收力。顏色有藍色、藍綠、黃綠色等，其中以藍色最為鮮艷，是不透明寶石中最美的藍色，故深為佩戴者所喜愛。按理硬度在 7 以下的礦石，很難列入寶石之林，除非以顏色取勝，土耳其石便屬以色取勝的寶石，由於硬度低且有孔質，用這種石來作戒指或手鐲時，應考慮到磨損及失色的可能，如製成耳環、別針、項鍊等則甚適宜。土其耳石以伊朗產者品質最佳，其他如印度、埃及、美國及我國均產量頗豐。

4-34　蛋白石 (Opal)

蛋白石的成分和水晶相同，都是二氧化矽，不過蛋白石中含有 6％—10％的水分，所以它的分子式為 $SiO_2 nH_2O$，蛋白石的硬度也較水晶低，在 5.5—6 之間，比重 2.10，單折光率 1.45，蛋白石的特殊，也在它的顏色，由於含水的關係，所以會有閃爍的光，轉動時閃光亦隨之變化，且有許多不定的花紋，每一塊蛋白石的花紋和閃光的顏色都不相同，因此獲得人們的喜愛。蛋白石的種類和顏色非常多，其中以黑色閃紅光者身價最高，此石產於澳洲。此外如貴蛋白石 (Precious Opal)、火蛋白石 (Fire Opal) 等也頗出名，貴蛋白石是黃色的，火蛋白是紅色透明的，火蛋白石

以墨西哥產者最佳。蛋白石的其他產地尚有宏都拉斯及美國等。

4-35 孔雀石 (Malachite)

孔雀石是一種銅碳化合物，分子式為 $CuCo_2 \cdot Cu(OH)_2$，屬單斜晶系，比重 3.80，硬度只有 4，折光率 1.660—1.910，雙折光差距 0.250，是一種不透明的礦石，有許多層次，顏色以綠色和淺綠、淺藍相間而生，磨成球面之後呈現許多大小不同的同心圓，狀如孔雀翎毛中的花紋，艷麗奪目，因而得名。產地以非洲為盛，澳洲、美國等地亦有。惜以硬度不高，用作胸針、項鍊或陳設品較為適宜。

第五章 金屬材料

第一節 概 述

　　金屬材料是工藝材料的一大主脈。由於金屬的耐久性，可經歷千百年而不朽壞，對於人類文化的貢獻和傳遞扮演了極其重要的角色。金屬質料的堅實使它發揮了實用的功能，它的自然色澤和經過拋光後的光輝更是美不勝收。凡金屬均可被熔解爲液態，而當溫度復原後又成了固態，這種性質使金屬可以提鍊、鑄造、焊接、以及製成種類更多的合金。由於金屬的延展性，使它可以滾軋成板，抽拉成線，甚至製成箔狀或絲狀，可供精巧工藝之用。更由於金屬是熱和電的良導體，使在表面處理和加工方面如電鍍等施工容易，益增它的價值。

　　世界現有的金屬元素計有六十餘種，常用者僅約十餘種。通常將金屬分爲貴金屬和卑金屬，卑金屬又分爲鐵與非鐵金屬，此外尚可將金屬合成種種合金。貴金屬 (Precious Metals) 指金、銀、鉑等；鐵金屬 (Ferrous Metals) 則以鐵爲主體；非鐵金屬 (Nonferrous Metals) 指銅、鋁、錫、鋅、鎳、鎂等；合金 (Alloy) 則泛指各類純金屬以不同份量和方法滲合而成的金屬，如銅合金、鎳合金、輕合金、白合金以及鋼等等。事實上，合金常賦予純金屬所無的優良性質，故其用途常超過單一的純金屬。在工業上，鐵和它的合金，佔極其重要的地位。但在工藝的應用上，貴金屬和部份的非鐵金屬，尤其是銅及其合金，則用途較廣。

5-1 金屬材料的構成

所有固體的金屬，皆屬於自然結晶體。金屬材料的各種性質，固因其所含化學成份不同而生差別，但結晶粒的成份、粗細、形狀、方向等，對於金屬材料的性能，影響也很大。金屬當其為液體時，為非結晶組織，其原子係以不規則之配列而運動。但當溫度冷卻至凝固點時，少數金屬原子，偶然呈現有規則之配列，成為極細微的晶核，更以此核為起點，由許多原子積成有規則的配列，並旁伸枝枒，稱為晶軸，此枝體伸展至與其他枝體相接觸時即停止生長，最後凝固發生於枝枒之間，而成晶粒 (Crystal grains)。再由這種晶粒，集結而成金屬材料。晶粒的大小、形狀等和凝固時冷卻的速度、熱運走的方向有關，冷卻速度快，所生的晶核多、所得晶粒較細，反之所得晶粒較大。同一金屬，其晶粒細者，機械性質及強度較粗者為佳。此外，在熔融

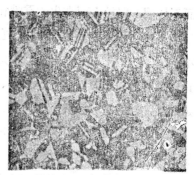

A. 黃銅板結晶放大 75 倍

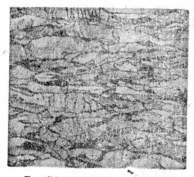

B. 常溫加工後結晶的變化

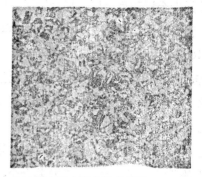

C. 退火後晶粒的復原

圖 5-1.1　黃銅板經加工和退火後結晶的改變

金屬時加以適當之加添劑，亦可控制晶粒的粗細。又金屬材料經過機械處理如滾軋、煆造、拉引，以及熱處理如退火、回火等，也會改變它的結晶結構。圖 5-1.1，示黃銅經冷作和退火後，結晶構成的改變。

　金屬的結晶粒，大小約自 0.01～0.1*mm*，其形狀都爲不規則的多角形，圖 5-1.1 的A圖，即爲黃銅放大75倍時的晶粒狀態。自從 x 光繞射法發明以後，利用 x 光線之廻析現象，獲悉固態金屬結晶粒內的原子，是依照一定的規則排列，這種原子排列的模型，又稱爲空間格子 (Space lattice)，格子的種類可有十四種，已如第一章所述，而重要的金屬的格子型，分屬以下三種 (圖 5-2)：

　㈠體心立方格子 (Body centered cubic lattice) 簡稱 B.C.C.格子，即立方格之各角皆有一原子，中心另有一原子，屬於此類的重要金屬有室溫之α鐵、鉻、鉬、釩及鎢等。

　㈡面心立方格子 (Face centered cubic lattice) 簡稱 F.C.C.格子，即立方格之各角皆有一原子，各面之中心亦有一原子。高溫之γ鐵、鋁、銀、銅、金、鎳、鉛、鉑等皆屬之。

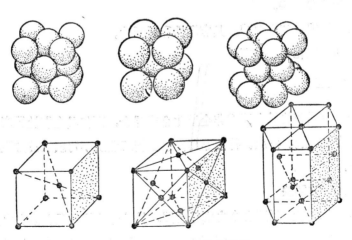

圖 5-1.2　金屬晶格的型態

㈢六角密集格子 (Hexagonal close packed lattice) 簡稱 H.C.P. 格子，爲空間配列嚴密的格子，鋇、鎘、鈦等屬於此類。

金屬的性質，與上述格子的型態有關，面心立方格型之金屬，結晶內部易滑動，延展性大，爲熱及電的良導體；體心立方格型者延展性較差，但強度較大；而六角密集型者延展性最差，亦較脆弱。

5-2 金屬材料的通性

金屬的種類繁多，性質各有差別，但在差異之中，仍不乏共通的特性，應用金屬材料時，可先對之有所認識，茲分述如下：

㈠常溫時皆爲固體，且爲結晶體。（汞爲例外）

㈡固態金屬於高溫時均能熔化爲液態，純金屬的熔點恒爲一定。鎢的熔點高達 $3410°C$，而錫的熔點爲 $233°C$，是金屬中熔點最低的。

㈢不透明，且有特殊光澤。新磨光面常具反射耀目之光輝。除銅外，多呈灰色、銀灰色或接近白色。

㈣比重恒大於 1 。其比重值在 1 — 4 之間者，通常稱爲輕金屬；超過 4 者，稱爲重金屬。

㈤爲電與熱的良導體。具有塑性和展延性。

㈥易與氧化合成鹽類。

5-3 合金

一種金屬和他種金屬或非金屬化合或混合，而仍具金屬性質者稱爲合金。合金之製造、構成、特性等爲從事金屬工藝所不可或缺的知識，茲分述如下：

㈠合金的製法

1. 熔融法：係將合金之成份金屬，於熔融狀態時配合製成之。成份金屬的配合，可分別熔解後配合之；或先熔解,熔點高者而後滲入低熔點之

固態金屬；或先將高熔點者與低熔點者配製成熔點較低的中間合金，再大量熔解低熔點金屬而後滲入固態之中間金屬。熔融法乃合金的主要製法。

2. 金屬蒸汽凝結法：將一種金屬加熱使其汽化，凝結在他種金屬的表面上，例如將鋅的蒸汽凝結在銅的表面而成的鋅銅合金。

3. 加壓熔結法：係將成份金屬的粉末混合，壓成所需之形態，然後加熱鍛燒之，其溫度約低於主成份金屬之熔點，使得到較爲密緻的合金。

4. 滲入法：二種金屬密接加溫，而使其中一種滲入另一種金屬中，例如鐵與碳熱至高溫，使碳滲入鐵內成硬鋼。

5. 電解法：將二種不同的金屬鹽液體，通以電流，金屬被分解而沉澱，彼此混合而成合金。黃銅鍍金及其他金屬電鍍均同此原理。

6. 還元法：將金屬氧化物加熱還原而成合金，例如鐵錳合金、鐵鋁合金等，應用此法製成的合金種類很多。

（二）合金的形態

合金的形態，可分三種，金屬間之親和力強者，形成金屬間化合物；次強者，形成相互溶合而成的固溶體(Solid solution)；其親和力弱者，則僅成金屬的混合物。故合金構成的相(Phase)有單體金屬晶粒、固溶體晶粒、化合物晶粒三種。合金有以其中之一種構成者，亦有以一種以上混合而成者。茲詳述如下：

1. 金屬間化合物：由親和力甚強之成分金屬合成，例如銅鋁合金，其成分一定，爲均質體。但性質變成脆硬、電阻增大、強度變小，近於非金屬之性質，與原來的成份金屬差異甚大，銅與鋁皆軟而富延性，銅之硬度爲 B. H. N. 30，鋁爲 B. H. N. 25，但其化合物硬度達 B. H. N. 300，極爲脆硬。

2. 固溶體：由親和力較強之成分金屬，固態時相互溶合而成，其成分可變動，但爲均質體。例如碳之溶於鐵中而成鋼。其溶質的金屬原子置換溶媒原子者稱爲置換式固溶體，而溶質原子插入於溶媒金屬結晶格子之

間者稱為挿入式固溶體。二者溶質原子之分佈，均不一定。合金中也可同時共存二種固溶體，例如含鉻、鎳的鋼中，碳與鐵呈挿入關係，而鉻、鎳與鐵則呈置換關係。

　　3. 金屬間混合物：係由親和力較弱的金屬相互混合，成分可變異而為非均質體，合金中成份金屬保持其原有之性質，但其硬度一般比固溶體組織為軟。

　　㈢合金的共同特性

　1. 熔點較其成份金屬為低。此一特性常被利用作焊劑。

　2. 延展性較其成分金屬為小，但硬度則較高。

　3. 其光澤常保持不變，並不易氧化。

　4. 導熱率及導電率常低於其成分金屬。

　5. 耐蝕性有顯著的增強。

　6. 合金多不易鍛冶而易於鑄造。

　7. 少數合金熔解時，其體積常增大。

5-4　金屬的加工硬化現象

　　延性金屬所受外力超過降服點後，則結晶內部產生滑動，晶格起滑動後，面上原子位置受擾亂而生阻力，逐漸增加對滑動的抵抗，此即延性金屬在常溫加工時其強度與硬度增高的原因，稱為加工硬化 (Work hardening)。常溫加工之影響，使晶粒變形、破碎、沿加工方向延長，成纖維狀組織，結果對金屬性質有如下的影響：

　1. 增加強度、硬度、降服點、比例限、彈性限。

　2. 減低伸長率與斷面縮率，即脆化而減少延展性。

　3. 增加電阻。

　4. 有氣孔之鑄品可增加比重，無氣孔之鍛造品則微減比重（因晶粒境界生有極微裂縫）。

5. 對酸之溶解度增大，易於腐蝕。

　　金屬的加工程度，常以材料厚度或直徑的減少百分率來表示。加工量少者，硬化較速，加工量達 10—30 ％後，硬化情況減緩。常溫加工可使金屬表面增加光滑，尺寸更為精確。晶粒愈細者，常溫加工後之硬度與強度增進愈大，變形時所需能量亦愈大。

　　加工硬化的現象，可經過退火處理而消除之。

5-5　金屬再結晶現象

　　金屬材料在常溫加工時發生的晶粒畸變，如在常溫狀態下，原子動能小，所生之畸變無法恢復，但若施以某種程度的低溫加熱，增加原子的動能，使其納入晶粒滑移面的正常位置，則加工所生的應變因而消除，結晶恢復原有形狀，稱為結晶恢復 (Crystal recovery)，因加工所生的硬度，亦略為減低。若加熱溫度繼續增高至某種程度，原子滑移，產生新結晶核，並以新軸方向排列，形成新結晶粒，稱為再結晶 (Recrystallisation)，材料因此迅速軟化，其他力學性質亦有顯著變化。

　　金屬材料在加工過程中，因產生硬化現象而使繼續工作較為困難，此時如以再結晶溫度以上加熱，使硬化現象消失，恢復原來的延展性，此種處理過程稱為軟化退火 (Soft annealing)。但若所加溫度超過再結晶的範圍，晶粒與鄰近的晶粒合併，晶粒增大，顆粒減少，晶粒間發生氧化，則金屬的材質因而變劣變脆，稱為過熱 (Over heating)。

　　所謂常溫加工 (Cold work) 是指金屬在再結晶溫度以下加工，其加工所需之動能較大；另有高溫加工 (Hot work) 是指金屬在再結晶溫度之上加工，如熱軋等。因在高溫狀態下加工，金屬晶粒一面受破壞，但立即產生新結晶，故無硬化現象，加工所需能量自較冷作為小。

5-6　金屬材料的規格

採購金屬材料，對該材料所含的成分、製造方法，以及形狀等，必須敍述清楚，方不致引起錯誤。金屬材料所含的成分，種類極爲繁多，世界工業國家，對某種特定金屬材料應含何種成分，多訂有國家標準，並以特定符號標示之。例如我國國家標準 (CNS)，對鑄造用生鐵及合金生鐵，以四部分符號標示之。第一部分爲 F 字，表示生鐵。第二部分爲所含合金元素符號，不含者從缺。第三部分爲合金生鐵內含碳量之高低，以 L、M、H 表示低、中、高，無區別者則從缺。第四部分表示主要合金元素或其他化學成分多寡之種類別，以 1、2、3 等數字或其他記號表示之。例如 FMnH1 是表示第一種高碳錳鐵，規定之成分爲： Mn78 至 82, C $\leq$ 7.5, Si $\leq$ 1.2, P $\leq$ 0.40, S $\leq$ 0.02。日本生產的金屬材料，則依照日本工業標準 (JIS) 而訂定，如 SS 55，係代表第四種軋延用碳鋼，其雜質所含成分爲： C $<$ 0.30, Mn $<$ 1.60, P $<$ 0.040, S $<$ 0.040，抗拉強度在 $55kg/mm^2$ 以上，延伸率在 14 % 以上。在美國，金屬材料的規格標準，以美國自動工程學會 (SAE) 及美國材料試驗學會 (ASTM) 兩者爲著，更有此兩系統的統一編號；稱爲 UNS(ASTM-SAE Unified Numbering System)。例如 UNS A92011 是一種鋁合金材料，在 SAE 系統中編號爲 J454，在 ASTM 系統中編號分屬 B210, B211，此UNS編號尚可與其他國家標準互相參照，上述的 UNS A92011 在加拿大爲CSA CB60，在法國爲 NF A-U4Pb；在英國爲 BS FC1，在德國爲 DINAL CuBiPb。該合金的化學成分訂定爲： Si $\leq$ 0.40, Fe $\leq$ 0.7, Cu 5.0 至 6.0, Zn $\leq$ 0.30, Pb 0.20 至 0.6，其他雜質每種不得超過 0.05，總量不得超過 0.15，餘量爲鋁。此類規格編號如在使用時互相參照，方便不少。

金屬材料的形狀，通常不外錠、粒、塊、片、棒、條、管、線等。此外尚有一些經過特殊模型擠壓成型的裝飾材料， 如各類框架等 (見圖 5-6.1) 。延展性特佳的貴金屬，則可製成箔狀及絲狀出售。

金屬材料的度量，通常使用公制及當地通行的度量衡，如公斤、公尺、

磅、英尺等。唯衡量貴金屬中金、銀的重量，國際間常用金衡制（Troy Weight）：

24 grains（gr 格林）＝1 pennyweight（dwt 本尼）

20 dwt＝1 ounce（oz 盎司）

12 cz＝1 pound（lb 磅）

按：　1 grain＝0.648 garm（克）

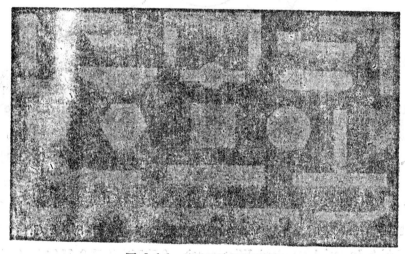

圖 5-6.1　特殊規格的金屬材料

金屬材料中的板材和線材，除計算其重量外，在應用上常以號規（Gage）來表示板金的厚度和線條的直徑。號規爲一圓形金屬片，周緣具有許多不同寬度的開口，口寬卽等於板金的厚度或金屬線的直徑，以數字標示之，如圖 5-6.2。

號規種類很多，我國常採英、美制，實用的號碼自 0 至 36 號，兩端尚有更粗與更細的號碼，但多不刻在號規上。美制常用的有美國國家標準號規（The U. S. standard gage），專用在度量鋼板、鐵板及鍍鋅鐵皮，0 號厚度約爲 0.3125 吋，36 號約爲 0.007 吋。尚有美國標準線規或稱

圖 5-6.2 Brown & Sharpe 金屬號規

B&S 線規 (American standard wire gage or Brown & sharpe gage)，用於度量鋼板、鐵板及鋅鐵皮以外的各種板金或線金，工藝材料中的銅板、銅線、金銀線等，均採用此種 B&S 線規，0 號厚度約爲 0.33 吋，36 號爲 0.005 吋。美制中尙有一種度量鋼線用的美國鋼線規 (American Steel & Wire Co., or Washburn & Moen)，0 號厚度約爲 0.3065 吋，36 號厚度爲 0.009 吋。英制中常用的爲英國標準線規或稱 S. W. G. 線規 (British Imperial standard Wire gage)，0 號厚度約爲 0.324 吋，36 號約爲 0.0076 吋。

第二節　黃金及其合金

5-7 黃金的來源

黃金的化學符號是 Au，源自拉丁文的 aurum，意味着它的完美和歷久不渝的性能和太陽同樣高貴，它的色澤也象徵着陽光。人類使用黃金，據稱已有六千年的歷史，公元前四千三百年，埃及人已利用黃金作爲交易

的媒介物。黃金之所以成爲貴重的工藝材料，一則由於它色澤的突出和不易受腐蝕,再則由於它有極佳的延展性,純金打成金箔,可以薄至 0.000005 吋，一盎司的純金，可以抽成數哩長的細線，另外一個原因，則由於它的產量稀少，所謂物以稀爲貴，下表是地質學家估計各類金屬佔地表的百分比:

鋁	8 %	鋅	.004 %
鐵	5 %	鉛	.002 %
鎂	2 %	錫	.0001 %
銅	0.1 %	銀	.000001 %
		金	.0000001 %

黃金由於不易與其他元素化合，故多以自然形態存在於地表。天然金礦可有四種類型。一爲砂金，由於含金地層崩陷，溶解在水中，被冲積在河床上。二爲礦脉金，出現於沈積岩或火成岩的石英脉中，常和銀、銅、鉛或鋅等混和一起。三爲氈金，出現於黃金海岸的含金粘結薄礫床或礫岩中。四爲熔煉金，係在提煉卑金屬如銅、鎳、鉛、鋅等過程中所獲得者。

目前產金最多的地區是南非共和國，以一九七八年爲例，全世界產金約 51 萬盎司，南非佔其中的 30 萬盎司。其他產金的地區依次爲西非、加拿大、蘇聯、美國、澳洲、南羅德西亞、哥倫比亞、墨西哥、剛果、菲律賓、印度、智利、巴西、秘魯、紐西蘭等，本省的金瓜石也產黃金，唯產量有限。

金礦的採取，一般認爲淘金法是最原始的一種，因爲河床中的金砂是最早被人發現的金礦物，此種金礦雖有相當大的天然金塊，但多數係呈極細的粉末，和河床上的砂礫混合在一起。早期的淘金者，係以木盤，將砂土在淺盤內加水廻旋，使較輕的物質飄出，留下較重的金砂於盤底。也有

利用淺木槽，襯以粗布或在槽間鑿成若干橫溝，置於河流中，讓含有金砂和泥砂的河水流過，使金砂爲纖維所捕捉，或沉積於所鑿的橫溝中，此類設備尚可加裝擺動機械，促進冲積物的攪動，加速金粒的沉澱作用。

現代化的淘金設備，還是應用早先的原理，而以洗礦箱來代替，對於含金量低的礦砂，則用水力洗礦法，向沙礫堆強力噴水，迫使金粒與雜質分開。對於深存在湖床或河床底下的礦砂，則用自動挖泥機，將砂礫移至駁船內，冲洗後而得到黃金。

至於蘊存在礦石及礫岩內的金礦，係先採取礦岩，將其搗碎研細，加以煅燒，摻入稀釋的氰化鈉溶液，溶解含金，然後用鋅洗澱之，此法稱爲氰化法，世界上大量的黃金係用此法採得。

採得之金礦物，如欲求其純淨，尚須經過提煉，目前最常用的是氯化法，係將粗金塊熔化之後，通入氯氣，直至銀及其他卑金屬變成氯化物爲止，氯化銀等可由熔融金屬表面刮去，餘下赤金，若其純度達 99.6—99.7 ％，則可以金條的形態在市場上交易。如若求更高純度，可將上述金條，再溶於王水中，然後以氯化亞鐵沉澱之，可得 99.99 ％的純金。

5-8　金的性質

黃金爲閃亮、黃色，軟而有極佳延展性的金屬，具有良好的抗蝕、抗硫化、抗氧化的性能，導熱、導電率、反射性能均佳，易於成型且易與其他金屬成合金，其各種性質分述如下：

㈠結晶構造

結　晶　格　子 (1)	格　子　常　數 Å			溫度 °C	原子間最短距離 Å
	a	b	c 或軸間夾角		
面　心　立　方	4.0783	—		20	2.884

(二)物理性質

原　子　量	197.2	每 °C 線膨脹係數 20°C 附近×10⁻⁶	14.2
比　　20°C　重	19.32	導熱度 20°C 附近 Cal/cm²/cm/°C/sec.	0.71
熔　°C　點	1063	比　電　阻 Microhm—cm	2.19(O°C)
沸　°C　點	2970	彈性模數（拉）kg/mm²	8.440
比　熱 20°C Cal/g/°C	0.031		

(三)機械性質

狀　　態	抗拉強度 ksi	伸長率 % 50mm	Brinell 硬度
鑄　金	18	30	33
鍛金（退火）	19	45	25

註: Ksi=Kips(1000lb)per square inch

(四)製造性能

　黃金適宜於各種的成型方法。在熔焊方面，可用一般火炬或氧乙炔火炬，焊劑可用銀或金焊劑，不須助焊劑，抗焊部分則各種抗焊劑均可使用。退火溫度為 300°C，但通常並不必要。熱作時，凡在熔點的溫度之下均可加工。鑄造溫度自 1100~1300°C。電沉積性能良好，金屬表面鍍金在珠寶業中佔很重要地位。瓷器和玻璃器的裝飾，也常用到金。金除對鹵族元素反應較敏感之外，其他反應甚鈍，故在化學方面用途有限。若說黃金有某些缺點，那是它的強度較軟，熔點不夠高，而價格太貴。

5-9 金的用途

除金融業已儲備的黃金之外，依據美國礦業局近年的資料顯示，美國每年黃金的消費量中，有 55 ％用在首飾和工藝方面，10—15 ％用在牙科方面，3—6 ％爲儲存投資，餘量爲工業用途，下表係 1977 年美國黃金的消費資料：

首 飾 及 藝 品	2,658
牙 科	728
工 業	1,205
儲 存 投 資	268
全 年 耗 用 量	4,859

單位: 千盎司（金衡制）

上述資料顯示出工藝用途，佔黃金消費的首位；工業用途，主要是用在電子方面，如印刷電路，接觸點等，由於黃金反射紅外光線的性能好，故在光熱器、乾燥器、熱電池和太空工程上也有用途。

在商用的形態上，黃金可以製成片狀、條狀、線狀、管狀、箔狀、粉狀等，其大小、粗細和厚度各異。線狀者其直徑可細至 25μm(0.001in.)，管狀者可有圓形、半圓、**方形**等，最小內徑可達 0.4*mm*，管壁厚 0.1*mm*。當然，黃金與其他金屬的**合金**，也可具有上述的狀態。此外尙有包金製品，係將黃金或其合金軋至極薄，均勻包在卑金屬表層，包金的表層，最薄可達 2.5μm(0.0001 in.)。

5-10 金的銷售

金的銷售，以重量爲單位，視各地度量衡制而異，除通行的公制外，

國際間常採金衡制 (Troy Weight)，常用單位爲盎司 (1oz＝31.1035g.)，較常衡制 (Avoirdupois Weight) 的盎司略重 (1oz＝28.35g.)，使用時應加留意。

　　表示黃金的純度，有兩種方式，一種以四位數字標示，例如 1000 fine，是純度最高的，純度 995 的金塊，在國際交易中已可被接受。商用上稱爲 proof gold 者，其純度爲 999.9，金幣含金的純度，約爲 899～917，餘爲加強的銅。另一種方法，係以「開」(Karat) 來表示金的純度，純度最高的是 24 開 (24K＝1000fine)，開數越少，黃金含量越低，黃金以外的含有物，常爲銅、銀、鎳等，其配方各異，視需要而定。下表是常用的開金數：

開　數	純　度
24K	1000
22K	916
18K	750
14K	584
12K	500
10K	417

　　世界各國，對於黃金的交易，訂有不同的規約，有些國家，黃金可以自由買賣，其價格依市場供需浮動，有些國家，則由政府控制，其價格亦由政府訂定，例如在 1968 年以前，美鈔與黃金即訂有固定兌換率。美國聯邦貿易委員會(F.T.C.)對黃金交易頒有法案，規定最少應有 10K±1/2K 含金純度者，才能標爲金製品，10K 以下者不得打標記，打了成分標記的金製品，其成分必不可少於規定的公差，沒有使用焊劑的金首飾，其成分絕不可相差 1/2K，即 0.0208 的純度，有焊接的，成分公差不得超過 1K，

即 0.0416 的純度，否則便是違法，違法的罰則極嚴，以確保黃金交易的信用。在包金 (gold filled) 製品方面，他們也規定要把包金成分和產品的黃金總含量標明，例如 1/10 12K good filled，乃表示該產品中含有 1/10 的 12K 包金，這表明了黃金的實際含量爲 5 %。凡產品標上包金 (gold filled) 字樣者，黃金的總含量不得低於該產品重量的 1/20，亦即金的含量不得低於 5 %，否則只能標鍍金 (Rolled gold plated 縮寫爲 R.G.P.) 字樣。

英國的金銀全由政府的試金局供應，供應的各種金銀塊、條、線等之上，都蓋上數個不同的標記，有的標記代表試金局的所在地；有的標記代表成分，代表成分的字體每年變更，人們可從字體上看出是那一年的產品，圖 5-10 即爲 22K 金標記一例。

LONDON　　BIRMINGHAM　　SHEFFIELD

CHESTER　　EDINBURGH　　GLASGOW

圖 5-10　英國 22K 黃金成份標記

5-11　金的合金

㈠金——銀——銅合金

金和銀及銅的合金，是首飾業和牙科業的主要材料，其用量超過純金。在首飾業方面，有時尚滲一些鋅或鎳來改變色澤和性質；在牙科使用上，則滲鉑或鈀。金和銀、銅的合金，因配方不同，而呈不同的色澤，通常可帶綠色、黃色、紅色等，且有不同的深淺，比較典型的黃色K金的配方如下：

開　　數	金（%）	銀（%）	銅（%）	熔 點 °C
22K	91.6	4.2	4.2	1016
20K	83.3	8.35	8.35	993
18K	75.0	12.5	12.5	904
14K	58.3	20.8	20.8	852
10K	41.6	29.2	29.2	824

　　圖 5-11.1 可以查出不同合金的含量所呈現出來的不同色澤，三角形表中的橫格代表金的含量，從左到右的斜格表示銀的含量，從右到左的斜格表示銅的含量，例如在 18K 的黑線上，金的含量為 75 %。銀的含量在 25-20 %間，銅的含量在 0-5 %間，皆呈綠黃色；銀和銅的含量在 10-20 %間互為消長，其和在 25 %以內者，皆呈黃色；銀含量在 0-8 %間，銅的含量在 25-17 %間，皆略呈紅色，餘可類推。除了金、銀、銅之外，有時尚可摻入鋅為合金，鋅的作用可使合金色澤變淡，熔點降低和減低合金在空氣冷卻時的脆硬度。滲入少量的鈷，有減低晶粒生長率的功效。摻入

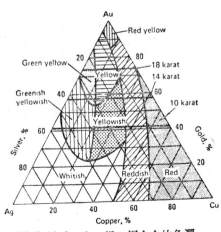

圖 5-11.1　金－銀－銅合金的色澤

鎳則有減淡色澤和增加固溶體硬度的功能。

　　合金的配方，不但對合金的色澤有影響，對合金的性質影響更大，在應用時應慎爲留意。例如 18K 金、銀、銅合金中， 銀的含量過多，合金

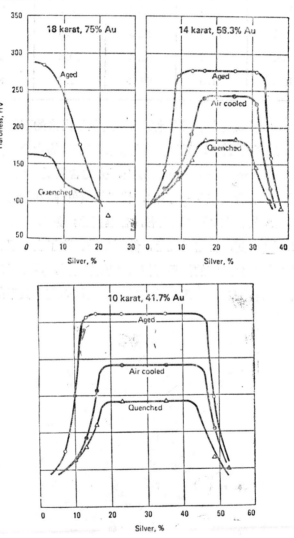

圖 5-11.2　銀與銅的含量對金—銀—銅合金硬度的影響

偏於綠色，但綠色的 18K 金太軟，除作表面鍍料外，通常少用；如銅的含量過高，合金偏於紅色，此類合金在固態成型次序上有問題，故也少用；所以典型的 18K 合金，以含銀和銅適量的黃色者較爲適宜，圖 5-11.2 可以看出銀、銅含量對三類 K 金硬度 (Vickers hardness) 的影響。

（二）金－鎳－銅合金

金和鎳及銅所得的合金呈白色，商用上通稱白金 (White gold) 或 K白金，它不是眞正的鉑，成份中也不含鉑，但在首飾業上常被用作鉑的代用品。早期 K 白金的配方，含金量在 80 ％左右，隨後發現增加銅的含量，可改進工作的性能，不過銅的含量對白色的程度有影響，所以現代的 K白金的配方中又摻入了鋅，含量約在 5-12%。

本類合金在加工時有火裂趨勢，輕度的冷作（約 50 ％晶體變形）後予以全退火 (full anneal)，卽呈現火裂現象，在配方中增高銅的分量，可補救火裂現象，但鎳的分量相對減少，白金色度將降低，因而引進鋅的成份作爲中介，典型的 K 白金配方如下表：

開　　數	金	鎳	銅	鋅	火裂程度
18K	75	17.30	2.23	5.47	顯　著
14K	58.33	15.17	18.04	8.46	顯　著
14K	58.33	10.82	22.08	8.77	中　度
14K	58.33	12.21	23.47	5.99	輕　微
10K	41.67	21.24	25.25	11.84	顯　著
10K	41.67	15.12	30.96	12.25	中　度
10K	41.67	17.08	32.85	8.40	輕　微

自上表中可以發現，18K 的白金，由於金的含量達 75 ％，餘下合金可調整的分量有限，欲求補救火裂的可能性不大。14K 和 10K 白金，非黃金所佔比例較 18K 者爲高，可調整的幅度也大，經過嘗試改進之後，則可以得到比較滿意的配方。

第三節　銀及其合金

5-12　銀的來源

　　銀的化學符號是 Ag，源自拉丁文的 argentum，意爲白與亮，古代常將白銀與月亮聯想在一起。和黃金相似，由於天然銀早期被人類發現，加以容易施工，所以銀在古代價值卽高。在公元前四千年，亞洲已有銀匠挖掘銀礦的跡象。公元前五百年，希臘人卽自銀─鉛礦中生產大量的銀來供應當時商業上的需要。純銀的延展性僅次於金，是金屬中最白的一種，可以打磨至極光且有高度反射力，常溫不易氧化，但易爲硫所侵蝕，對各種有機酸不起反應，卻易爲強酸所蝕。

　　銀可以天然和混合的狀態存在地表，天然銀塊不常發現，如果有，其純度可達 90-98％，目前大部份的銀是與鉛、銅、鋅、鎳、錫或金礦同時提煉出來。十六世紀以來，墨西哥曾爲世界產銀最豐的國家，目前加拿大爲產銀大國，自由市場上約有 35％的銀來自該國，美國、南美洲、澳洲、英國、西班牙亦產銀，其他歐洲大陸國家，亦有少量生產。

　　銀在自然界存在的主要形態，是它的硫化物，單純的硫化銀，或與其他硫化金屬礦物夾雜在一起。含量高的銀礦，如墨西哥所產者，常用氰化濾灰法提煉之。含量低的銀礦物，事實上成了提煉其他金屬如鉛、鋅、銅等的副產品，其量雖微，但由於提煉法的進步，已成爲日益重要的來源，目前有半數以上的銀，來自這類副產品。

　　煉製卑金屬所副產的銀料，多含有雜質，通常須經兩階段精煉，方能得到較純的銀。第一階段，先藉灰吹法用鉛和銀料熔化，在金屬表面吹以空氣，因而生成各類卑金屬的氧化物，溶解在融化之氧化鉛內，由融質上部流去，留下純度約 98％之銀溶。第二階段，係將上述銀溶鑄成電解銀所用的陽極，在以稀硝酸爲電解液的電解槽內，通電後銀卽沈積於陰極上，

取下此沈積晶體，冲洗並乾燥後，熔鑄而成銀錠，可得純度 99.9 %的銀料。

銀料的另一來源，係來自再製品，包括碎屑、廢銀、舊銀器，廢止銀本位國家的銀幣（美國銀幣曾盛極一時，於 1947 年以後，不再發行）這些回收原料，經過精煉之後，又回到市場。

5-13　銀的性質

㈠結晶構造

結　晶　格　子 (1)	格　子　常　數 Å			溫　度 °C	原子間最短距離 Å
	a	b	c 或軸間夾角		
面　心　立　方	4.0856	—	—	20	2.888

㈡物理性質

原　子　量	107.880	每°C線膨脹係數 20°C附近 ×10⁻⁶	$19.7(0\sim100°C)$
比　　　重 20°C	10.49	導熱度 20°C附近 Cal/cm^2/cm/°C sec.	$1.0(0°C)$
熔　　　點 °C	960.5	比　電　阻 Microhm—cm	$1.59(20°C)$
沸　　　點 °C	2210	彈　性　模　數 kg/mm^2	7.730
比　　　熱 20°C Cal/g/°C	$0.056(0°C)$		

㈢其他性質

銀的抗拉強度視其退火和純度而定，平均約爲 18 Ksi（5mm 直徑銀線，退火溫度 600°C）。硬度爲 27HV（650°C 退火）。再結晶溫度爲 20～200°C。銀的化學性質，在常溫中不起氧化，但臭氧可使其變黑，對

醋酸、石碳酸、磷酸、氫氟酸均有抗力，但硫很快使銀變色，減低光度，硫酸對銀的侵蝕力很強，80％的熱硫酸，可以使銀溶解，但其正常溶劑，則爲硝酸。唯銀對王水卻有抵抗力，可能由於王水中的鹽酸在銀的表面形成氯化物薄膜所致。由於銀對各種有機酸有抗力，故可成爲製造貴重厨具和食具的材料。銀也易爲低熔點的金屬如水銀、鉀、鈉和它們的混合物，以及鉛、錫、鎘、鉍等所侵蝕，於應用時須加留意。

5-14 銀的用途與銷售

銀在金融界，曾經扮演過極其重要的角色，當年有許多國家，以銀幣作爲交易媒介，但如今已告式微，據研究有幾個因素，頗能左右銀料的供需，其一卽錢幣，其二爲投資儲存，三爲對銀製紀念品收藏的風尚。近年以來，銀的工業用途，已躍居消費的首位，據美國礦業局資料顯示，1977年美國對銀的需要情形如下：

銀　　　　　器	23.5
首 飾 和 藝 品	8.1
紀　 念　 品	4.3
硬　　　　　幣	0.1
攝　 影　 業	53.7
電 機 及 電 子	31.3
其　　　　　他	32.7
全 年 需 要 量	153.7

單位：百萬盎司（金衡制）

上述資料指出，攝影業佔銀耗費量的首位，約爲 35 ％，次爲工藝用途，約佔 24 ％，再次爲電機及電工，約佔 20 ％，鑄幣所耗，已微不足

道。銀製成的焊劑，熔點低於卑金屬，流佈性能良好，強度够，且不侵入其他金屬，故應用範圍很廣。此外銀在鏡面、軸承、牙科、以及銅、鎳、鐵、玻璃、陶瓷的表面被覆工程上均頗佔地位。

銀在銷售制度上，大致與黃金相似，重量常以金衡制的盎司爲單位，純度亦以四位數字爲代表，即 1000 fine 代表純銀，由於純銀質地太軟，加工時常需摻入其他金屬以增硬度，英國在 1920 以前所鑄之銀幣，其成分爲 925 銀，配上 75 的銅，此即著名的史特令銀 (Sterling silver, 略寫爲 S. S.)，英國銀製品，均打有純度證明標記，所訂法規，歷數百年不變，故聲譽卓著，圖 5-14.1 示英國銀器純度標記。

Maker's Mark　　Date　　　　　　　　Quality　　　　　　　Town Mark　Duty Mark

第一行表製作人，第二行表檢驗日期，第三行人像表純度 958，馴獅及猛獅表純度 925，第四行表檢驗所在地，第五行爲完稅證明。

圖 5-14.1　英國銀器純度標記

在美國，亦有法律規定銀的純度標記方法，凡純度在 900 以下者，不能標印銀製品，標 S. S. 的銀器或首飾，其含銀量不得低於 921，含焊劑在內者，不得低於 915。在歐洲各國，製品上含銀的量，必須比所標記之成分略高。

在商用的形態上，純銀或它的合金可以製成片狀、條狀、線狀、管狀、箔狀、粉狀以及種種壓花的藝術銀條，尤以 925 史特令銀，形狀和花樣更多，現成的無縫銀管，用途更廣，其截面有圓、四方、長方、六角、八角、及特殊形狀者；尺寸大至可製打火機及手巾環，小至可作細絲接頭之用，如此可以節省許多施工時間，僅須鋸切、焊合及拋光等過程而已。此外尚有現成的首飾零件、戒子臺座、匙叉胚料、藝術嵌片等，均有現成製品，以節省工作者的時間。銀料的尺寸，多以 B. & S. 號規爲準，購買時標明規號及數量，頗爲方便，圖 5-14. 2,示常用的史特令銀的規格，供作參考。

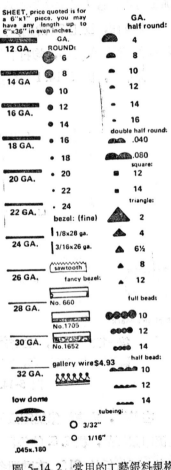

5-15 銀的合金

㈠銀—銅合金

銀—銅合金中，最著名的是英幣銀，也稱史特令銀 (Sterling silver)，起初是鑄幣之用，其後也爲銀器和首飾的通用銀料，配方爲銀 92.5 %，銅 7.5 %，次爲美國幣銀 (Coin silver)，其成分爲銀 90 %，銅 10 %；銀和銅的共融合金 (Eutectic Alloy)，其成分爲銀 72 %、銅 28 %，其熔點和流點同爲 779.5°C，常用在熔焊方面。

銀銅合金中，銅的含量以及合金熱處

圖 5-14. 2　常用的工藝銀料規格
GA. ＝B. &S. Gage

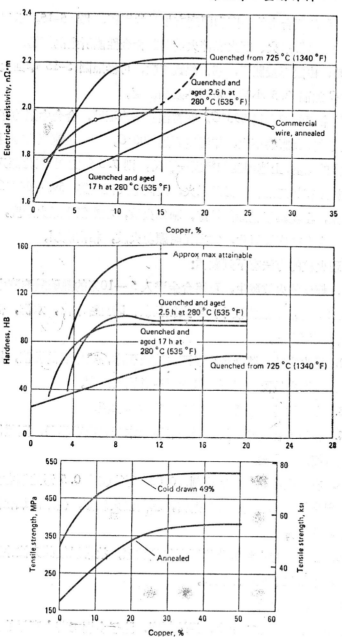

圖 5-15　銅的含量及熱處理方法對銀銅合金性質的影響

理狀況，對此類合金的強度和硬度有相當的影響，圖 5-15，示銀銅合金中，銅的含量及退火、回火和淬火等對該合金性能所生的影響。在製作大件銀器時，由於焊接關係，部份銀質變軟，可參照圖 5-15 中回火溫度，以 280°C 加溫 2.5 小時，可增加製品硬度。

史特令銀的熔點爲 893°C。在常溫及略高溫時，合金中銅的存在對銀的各類抗蝕性質影響不大，如溫度到達 600°C，銅有迅速氧化的現象，擴散入相當的深度，上述溫度如經歷一小時，則 7.5% 的銅，氧化深入 0.003 吋，由於銀在加工硬化時必須退火，最佳退火溫度爲 593—649°C，屢次累積下來，呈現難以消除的紋路，稱爲火紋，在空氣中退火過度，銅的分子亦將在合金的底層氧化，當拋光時顯現火紋，相當麻煩。

處理火紋的方法有下列數種：

1. 輕度的火紋發生，可將合金浸入 5—10% 的熱硫酸溶液中除去。或浸入 50% 的硝酸溶液中，至火紋呈灰色時立即取出，水洗，但不能過時，否則反而轉黑。

2. 退火之前，將合金塗以硼砂液或硼酸，或兩者的混液，以防止氧化，加熱後洗去披覆物卽可，但仍須注意控制溫度。

3. 在保護性的氣體如水蒸汽或鹽溶中加溫。

4. 在溶鑄合金時，於坩堝表層覆以木灰粉或石墨粉，隔離氧氣，而於傾注時使用還原焰。

5. 在合金中添加抗氧化劑，0.025% 的磷或 0.5% 的鎘有此效果，市場上已有抗氧化的史特令銀銷售，稱爲無火紋銀，使銅的氧化減至最低度，業者稱便。

6. 由於史特令銀對硫的反應仍然敏感，故常以鍍銠方法來防止，一石兩鳥，也解決了火紋的麻煩。

㈡銀基熔焊合金

以銀爲基礎的熔焊合金，用途頗廣，除了金屬工藝上應用的銀焊劑之

外，銀基的焊條可以作爲塡補和被覆金屬，用在銅、鎳、鈷等的合金上，也可以用在工具鋼、不銹鋼上。常用的銀焊劑配方，依其熔點高低表列如下：

焊劑類別	銀	銅	鋅	其　　　他	熔點 °C	沸點 °C
1	56	22	17	錫　5	629	649
2	50	15.5	15.5	鎘 16鎳 3	632	688
3	65	20	15	—	671	707
4	60	25	15	—	682	718
5	70	20	10	—	723	754
6	72	28	3	—	779	779
7	80	16	4	—	727	810

美國熔接公會(A. W. S.)對於銀基焊條曾作若干分類，其配方及熔點等摘錄如表 5-15。

第四節　鉑族金屬及其合金

在首飾的材料中，常聽到白金這個名稱，一般人都以爲白金是一種金屬，實際白金是一個金屬類，它們包括了鉑(platinum, Pt.)、鈀(Palladium, Pd.)、銠(Rhodium, Rh.)、銥(Iridium, Ir.)、鋨(Osmium, Os.)、釕(Ruthenium, Ru.)等六種金屬，其中以前三者較爲常用。鉑的比重很高，故常須摻些比重低的本族金屬以減輕製品的重量，我國首飾業者都籠統地稱這一類合金爲白金，並以白金的價格出售。茲將鉑族金屬分別簡介如後。

5-16 鉑

表 5-15 銀基熔焊合金成份表

AWS classification	Composition(a), %				Solidus temperature		Liquidus temperature		Brazing temperature	
	Ag	Cu	Zn	Others	°F	°C	°F	°C	°F	°C
BAg-1	44.0-46.0	14.0-16.0	14.0-18.0	23.0-25.0 Cd	1125	607	1145	618	1145-1400	618-760
BAg-1a	49.0-51.0	14.5-16.5	14.5-18.5	17.0-19.0 Cd	1160	627	1175	635	1175-1400	635-760
BAg-2	34.0-36.0	25.0-27.0	19.0-23.0	17.0-19.0 Cd	1125	607	1295	702	1295-1550	702-843
BAg-2a	29.0-31.0	26.0-28.0	21.0-25.0	19.0-21.0 Cd	1125	607	1310	710	1310-1550	710-843
BAg-3	49.0-51.0	14.5-16.5	13.5-17.5	15.0-17.0 Cd, 2.5-3.5 Ni	1170	632	1270	688	1270-1500	688-816
BAg-4	39.0-41.0	29.0-31.0	26.0-30.0	1.5-2.5 Ni	1240	671	1435	779	1435-1650	779-899
BAg-5	44.0-46.0	29.0-31.0	23.0-27.0	.....	1250	677	1370	743	1370-1550	743-843
BAg-6	49.0-51.0	33.0-35.0	14.0-18.0	.....	1270	688	1425	774	1425-1600	774-871
BAg-7	55.0-57.0	21.0-23.0	15.0-19.0	4.5-5.5 Sn	1145	618	1205	652	1205-1400	652-760
BAg-8	71.0-73.0	Rem	.....	.....	1435	779	1435	779	1435-1650	779-899
BAg-8a	71.0-73.0	Rem	.....	0.25-0.50 Li	1410	766	1410	766	1410-1600	766-871
BAg-13	53.0-55.0	Rem	4.0-6.0	0.5-1.5 Ni	1325	718	1575	857	1575-1775	857-968
BAg-13a	55.0-57.0	Rem	.....	1.5-2.5 Ni	1420	771	1640	893	1600-1800	871-982
BAg-18	59.0-61.0	Rem	.....	9.5-10.5 Sn, .025 max P	1115	602	1325	718	1325-1550	718-843
BAg-19	92.0-93.0	Rem	.....	0.15-0.30 Li	1435	779	1635	891	1610-1800	877-982
BAg-20	29.0-31.0	37.0-39.0	30.0-34.0	.....	1250	677	1410	766	1410-1600	766-871
BAg-21	62.0-64.0	27.5-29.5	.....	5.0-7.0 Sn, 2.0-3.0 Ni	1275	691	1475	802	1475-1650	802-899

(a) Total maximum allowable impurities in each alloy is 0.15%.

Rem：餘足百分比之餘量

鉑的被發現，約在公元 1550 年，係西班牙人在南美洲河土砂礫中找到，當時爲防止其摻作假金，將其棄入海中，直至 1741 年，樣品被帶至英國，始引起廣大的注意。1819 年，在烏拉山脈發現相當大量的鉑，隨後於阿爾比西亞、西班牙、婆羅洲、巴西、緬甸、加拿大、哥倫比亞、日本等地，均發現有該礦物的分佈。鉑能以天然的狀態存在，也能和其他相關金屬混合，或在冲積的物質中呈粒或塊狀，有許多是在鎳礦中發現，被視爲副產品。目前以南非共和國、蘇聯、加拿大爲主要產地，另一原料來源則爲廢料的再循環。在白金類產量中，鉑和鈀約佔 80～85 %，餘爲其他四種金屬。鉑的性質如下：

（一）結晶構造

結 晶 格 子 (1)	格 子 常 數 Å			溫 度 °C	原子間最短距離 Å
	a	b	c 或軸間夾角		
面 心 立 方	3.9237	—	—	20°C	2.775

（二）物理性質

原　子　量	195.23	每 °C 線膨脹係數 20°C 附近 ×10⁻⁶	8.9
比　　　重 20°C	21.45	導熱度 20° 附近 Cal/cm^2/cm/°C/sec.	0.17
熔　　　點 °C	1773.5±1	比　電　阻 Microhm-cm	9.83(O°C)
沸　　　點 °C	4410	彈 性 模 數 （拉） kg/mm^2	14.760
比　　　熱 20°C Cal/g/°C	0.032		

鉑的抗拉強度爲 18～24 Ksi（退火至 700°C 時），伸長率爲 30～40 %（50mm），硬度爲 37～42 HV（退火至 700°C 時），50 %冷作加工後，

硬度增爲 90~95 HV，重度冷作後，更可增至 120~125 HV。

　　鉑的最大長處，是在普通溫度中絕不會氧化，可以保持它的光澤，也不因接觸一般的化學品發生反應，但會被王水、鹽酸混合液和高溫中的濃硫酸所侵蝕。鉑比銀硬，可是用純鉑來鑲首飾仍然太軟，尚須摻些別的金屬，其量通常爲 5%，其中銅要佔 3%，但究竟要摻那些金屬，也要視用途而定，例如結婚戒指，一般都在鉑中摻 10 %的銥，所摻的銥，也作白金計算，如果不需要太堅硬的金屬時，祇摻 5%的銥。此類合金適於鍛造和鑄造。作精細的首飾如細鍊子等，銥的含量可增至 15~20 %。圖 5-16 示鉑與其他金屬合金，依成份不同，對合金硬度的影響。

　　鉑的延性極佳，在熔化以前仍呈白色，鑽石鑲在鉑臺上比黃金臺上看起來要白，由於強度好，貴重的寶石鑲上之後不易脫落，也不會因硫化而

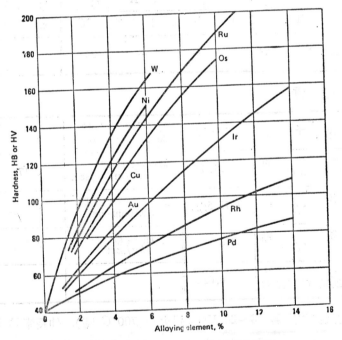

圖 5-16　鉑合金的成份對其硬度的影響

變晦，而硫氣常會使銀變色，所以對於須要銀白色的作品時，鉑是很受歡迎的。在施工時，可在 1000-1200°C 溫度下予以錘焊，由於熔點高，銲劑與用於黃金者不同，工作也比較困難。鉑有和鉛、錫、鋅、鉍、銻、磷、砷、鎬、硒、矽、硼等，形成低熔合金或化合物的傾向，在高溫加熱時，鉑的熱電效應會吸引這些金屬，使其混熔進去，故應避免接觸。在脫臘注模時，如用含有高矽的坩堝，必須注意矽對鉑的污染。在施工後或退火前，應經過熱鹽酸浸漬，以除去工具中可能帶來的鐵金屬，尤其在應用鉑絲和鉑片時更須留心。

鉑類金屬在銷售時，國外多訂有標記法，例如美國商品標準法中曾有規定，凡鉑類金屬製品，必須將其成色名稱標記其上，標明鉑製者，鉑的含量不得低於 93.5 %，鉑族其他金屬之總含量不得低於 5%，卽白金的總含量不得低於 98.5 %，如使用焊料時，製品中白金的總含量也不得低於 95 %。

5-17 鈀、銠及其他鉑族金屬

鈀的重要性僅次於鉑，鉑所有的優點，鈀也幾乎都有。鈀的熔點較低，為 1554°C 左右，其比重為 12.02，僅為鉑的 56 %，故在重量列為主要考慮的飾品，如耳環或大件的頭飾等，鈀比鉑更為適宜。在價格方面，鈀也較鉑為便宜，約為其七成，花同樣的材料費，鈀能製出更多的產品，故在高級首飾製品上，鈀的用途有上升的趨勢。

在退火狀態時，鈀柔和而富展性，硬度為 40HV，冷作加工後，硬度最高可升至 105 HV。抗拉強度為 25Ksi(800° 退火後)。常溫下不起氧化作用，但在 400°C 左右，可產生氧化物，接近 900°C 時，復光潔如初。鈀易溶於王水，硝酸亦可溶化之，但硫酸及鹽酸之侵蝕則較慢，大多數有機酸，對鈀不起反應。

銠的最主要性能，為光學反射力強，硬度高，耐蝕性大。銠的反光性，

平均爲可視光譜 85 %，僅略遜於拋光後的銀，不過銀的光輝，經過短期在空氣中曝露卽行減少，因此其反光性瞬卽較鉨爲遜。鉨經退火後其硬度約爲 100 HV，但電鍍之硬度可達 775～820 HV，其耐磨擦性，實極爲傑出。對於酸的抵抗力，幾乎不受每一普通酸類的侵蝕，包括王水在內，唯一可腐蝕鉨的化學品，爲 300°C 時的發煙硫酸，由於上述的特性，鉨之光耀表面，可以長期保持，所以現在首飾的電鍍方面，應用極廣，舉凡銀、鉑、鈀、白金合金、白色K金等的首飾，通常都以鍍鉨作爲最後的表面處理。鉨的比重爲 12.44，熔點爲 1966°C。

銥的比重爲 22.5，是金屬中最重的，熔點爲 2454°C 左右,產量不多，硬度爲 200～240 HV（在 1000° 退火後），在工藝上常以銥摻合鉑中來增加硬度，銥和鐵的合金，硬度極高，常用作自來水筆的筆尖。在常溫時，銥的展性有限，溫度升高後，可以施工。在空氣中加熱至 600～1000°C 時，有看得見的氧化情形，但溫度超過時，又呈現光輝。

鋨的比重和銥接近，熔點爲 **2700°C**，硬度是白金類中最高的，抗磨抗蝕能力均佳，在首飾中的用途，也是摻入鉑中增加硬度，此外用在製造自來水筆的筆尖合金。由於硬度大，熔點高，不論在室溫或增溫的情況下均不易施工。如在空氣中加溫，會產生有毒的氧化物 OsO_4，故很少單獨應用。

釕的比重爲 12.2，熔點爲 2500°C 左右，硬度和銥相同，產量也不多，用途大致和鋨、銥相同。在首飾用途上，摻 5%的釕到鉑中，其功用和摻 10%的銥相同，可以提高白金的硬度，所謂硬白金,就是此類合金。

5-18 貴金屬的檢驗

貴金屬的價格昂貴，如何辨別它們的眞僞，是相當重要的。檢驗貴金屬的方法很多，最精確的方法是由專家作化學分析，但也有一些比較普通的方法。例如首飾店可用一塊試金石 (Touchstone) 和一套黃金色澤的標

本片，來鑑定金的成色。先將要試的金子在石面上磨一下，留下一條黃金色的痕跡，然後和標本上的色澤比照，可以判斷出黃金所含的成分，是純金或開金，以及開數的高低，不過須有相當的經驗，才不致錯誤。

比較可靠的方法，是用酸試法，利用金屬抗蝕力的強弱，來判別它們的成分。例如應用純硝酸加水的液體（純硝酸 $1\frac{1}{4}$ 盎司，水 $\frac{1}{4}$ 盎司），可以辨別白色的貴金屬，鉑對此種液體不生反應；純銀及標準銀在滴試液之處呈現乳白跡印，銀中摻有卑金屬，則有起泡現象，並呈現綠色痕跡，銀之成份愈低，起泡愈多，綠色也愈濃。純金及 18K 的白色開金對此種液體亦不生反應，但 14K 金在硝酸中就慢慢的會有反應，成分愈低，反應愈快。

如欲區別鉑、鈀及白色K金，則需用硝酸、鹽酸等的混合液（濃硝酸 $\frac{3}{4}$ 盎司，濃鹽酸 $1\frac{1}{4}$ 盎司，硝酸鉀 1/20 盎司）來試驗，其法先將被試物以揮發油或脫脂劑清潔，滴上試液，靜置一分鐘，使其發生反應，再用一片乾淨的白色吸水紙吸取殘液，並觀察其色彩，表示如下的差別：

無色彩——含有 95 ％以上的鉑。

鮮黃色——含有卑金屬的 18K 白色合金。

淡褐色——含有鈀的白色金合金。

深褐色——表示鈀。

綠色——含鎳及其他卑金屬的鉑合金。

如以王水作試液，與下列金屬亦產生不同的反應：

鉑——有反應、殘液呈暗褐色。

鎳——反應強烈、殘液無色。

不銹鋼——反應強烈、殘液呈黃褐色。

在進行檢驗時，有些厚的電鍍也易魚目混珠，必要時可擇製品的不重要部位，用銼刀銼一小點，作爲檢驗位置。在調酸液時，必須特別注意，應以酸滴入水中，不可相反，否則引起濺潑，造成傷害。硝酸與鹽酸的混合液，要將冷鹽酸一滴一滴放在冷硝酸內，混合完成後，瓶口要打開不能

加蓋，等數小時後，瓶中不再冒煙時才可蓋上。

第五節　銅及其合金

5-19　銅的來源

銅 (Copper, Cu) 是人類首先發現的金屬，約在八千年前，人類卽發現了它。據推測是人類在含有銅的岩石上煮東西，偶然中燒熔了銅礦石而發現了這種多用途的金屬。我國在殷墟遺址中，曾掘出大批的銅器，證明商朝已是銅器極盛的時代，商朝建於公元前一七五一年，可見人類應用銅類歷史的久遠了。目前銅已成爲最重要且用途最廣的金屬之一，在工藝方面的用途亦甚廣泛。

銅有一少部份以天然的自然銅存在，但大部分皆由黃銅礦、輝銅礦、赤銅礦等煉製而得。世界上的銅產量以美國爲最多，約佔世界產量三分之一，次爲非洲、南美、加拿大等地。我國以雲南之會澤、巧家，四川之彭縣爲主要產地，臺灣省之銅產量尙稱豐裕，以金瓜石一帶爲著。

銅的延展性良好，便於施工，可以滾軋、冲壓、抽線、淬火、鍛製、成型、鑄造、抛光等。大多數的銅及其合金可以瓦斯、電弧、電阻等方法熔接。銅材易於表面處理，如電鍍、有機物塗覆以及染色等。大多數的銅合金，凡有供鍛造者，相對地也有一份供鑄造的，如此可供設計者作各種用途。多數的鍛造用銅，可有適合於不同冷作條件的產品，在室溫下，加工次數對強度的影響尤甚於合金成分。商用的銅合金，種類繁多，可達數百種之眾，用於工藝及裝飾方面，有多種不同色澤，由於合金成分的不同，可以呈現不同程度的棕色、褐色、紫色、灰白、銀白及金色等等，可謂多采多姿。

銅的冶煉，通常係將銅礦石與石英熔劑作爲原料，在鼓風爐或反射爐

中加熱使其氧化，得含鐵與銅的硫化物，稱爲冰銅(Matte)，再將此 1200°C 熔融狀態的冰銅，送入轉爐內，將強壓的空氣吹入使之氧化，製成粗銅(Coarse Copper)，其純度爲 98.5~99.5%。

粗銅尙須以電解或熔融加以精煉。電解法是以粗銅作陽極，純銅板作陰極，硫酸銅溶液作電解液，通以直流電，使在陰極上析出純銅，稱爲電解銅 (Electrolytic Copper)，其純度可達 99.9 %以上。熔融法是將粗銅置於小型反射爐內，以氧化方式除去雜質，用靑木攪動逐去 SO$_2$，而還 Cu$_2$O 成爲韌質銅，稱爲韌煉銅 (Tough Pitch Copper)，其純度略遜於電解銅。

5-20　銅的性質

(一)結晶構造

結　晶　格　子 (1)	格　子　常　數 Å			溫　度 °C	原子間最短距離 Å
	a	b	c 或軸間夾角		
面　心　立　方	3.6153	—	—	20°	2.556

(二)物理性質

原　子　量	63.54	每 °C 線膨脹係數 20°C 附近 ×10^{-6}	16.5
比　20°C　重	8.96	導熱度 20°C 附近 Cal/cm^2/cm/°C/sec.	0.94
熔　°C　點	1083	比　電　阻 Microhm—cm	1.673(20°C)
沸　°C　點	2600	彈 性 模 數 (拉) kg/mm^2	11.250
比　熱 20°C Cal/g/°C	0.092		

(三)機械性質

狀　　　態	抗拉強度 kg/mm^2	延 伸 率 % 50mm	Brinell 硬度
銅　鑄　件	15～20	15～20	30～35
常溫壓延材料 40% 加 工	34～36	5	65～75
壓 延 後 退 火	22～25	40～60	35～40

銅經過常壓延後，抗拉強度及硬度均增加，抗拉強度 $24kg/mm^2$ 的銅線，經過 70 %的加工後，其強度增加約達兩倍，而延伸率則漸減，其脆

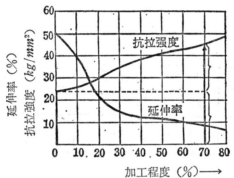

圖 5-20.1 銅的加工程度與機械性質

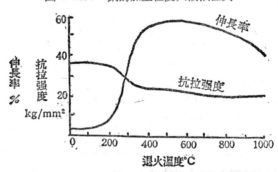

圖 5-20.2 銅的退火溫度和機械性質

性也因而增加。圖 5-20.1 示銅的加工程度和其機械性質的變化狀態。因常溫加工而硬化的材料，可加退火軟化，在 100~200°C 時軟化開始,250~350°C 時完全軟化，如加熱至 700°C 以上，則爲過熱，延伸率因而降低。通常銅的退火溫度以 600°~700°C 爲宜，退火後急冷於水中，可免表面氧化。

銅退火溫度的高低與退火時間及退火前之加工程度有關。退火時間加長，雖溫度較低，亦足使之軟化。退火前加工愈烈，軟化程度愈低降，例如 3%常溫加工之銅，於 400°C 始軟化；但受39%強加工者，於 100°C 左右卽開始軟化，其硬度自 110 急降至 45 B.H.。圖 5-20.2 示 50% 常溫軋延之銅板退火溫度和其機械性質的變化。

㈣其他性質：銅在乾燥的空氣中不易氧化,且不改變其色澤,在 100°C 以上才起氧化。因氧化程度不同，而呈各種顏色，CuO 爲黑色，Cu_2O 爲紅色。在潮濕空氣中受 CO_2 之作用而生鹼性碳銅則呈綠色，有保護內部的作用。清水對銅不發生侵蝕作用，但海水對銅則具有侵蝕性，氨氣也會侵蝕銅料。銅不溶於鹽酸、稀硫酸，但溶於硝酸及熱硫酸。

銅中所含的雜質，對材料的性能將產生影響，含有砷、銻、鐵、鎳及氧等對銅的導電率影響甚大，而鉍、鉛、硫及氧等將增加其脆性，妨礙加工性能。通常氧及其不純物之含量愈少，則耐蝕性愈佳。

5-21 銅材的規格

銅材通常可有兩大類，卽鍛造用的 (Wrought Copper)，和鑄造用的 (Cast Copper)。鑄造用的銅材，在純度的要求上其寬容度較大，適宜於大量生產及加工不便的產品，少量生產除在藝術方面的鑄造外，較不適宜，因爲模具等的製造須要相當的成本,如產品數量不多,則相對提高了售價。使用鑄造銅類，有幾點須要考慮，首先要考慮材料的流動性，卽材料在熔融之後流動的難易，這和銅材中配合的其他合金有關，和鑄造所用的模具

如砂模、永久模、石膏模等也有關係；其次要考慮材料從液態到固態的溫度範圍，如錳或鋁青銅，其範圍甚狹，約在 $14°C$ 之間，液態到固態溫差僅 $14°C$，操作必須迅速，尤其在離心鑄造時，更須小心。再如普通青銅，從液態到固態的溫差較大，可達 $165°C$，操作的時間較充裕，但在產品的厚度上須加留意，太厚的東西，恐將產生不勻的現象。第三要考慮到材料的收縮率，例如鉛紅銅 (85Cu—5Sn—5Pb—5Zn) 其收縮率達 5.7 %，而鉛錫青銅 (88Cu—6Sn—1½Pb—4½Zn) 其收縮率僅為 1.5 %，故在使用收縮率大的銅料時，在模具設計方面要特別的注意。第四要考慮材料的易鑄性，也就是在鑄造時所使用的方法和設備的普通或特殊，使用普通方法與設備即能達到目的者，被視為容易，反之則難。下表是幾種主要翻砂用鑄銅的鑄造性質。

美國銅料總編號	成　　　　　　　　份	液相點°C	收 縮 率	易鑄性	流動性
C83600	85Cu—5Sn—5Pb—5Zn	1010	5.7	2	6
C85800	63Cu—1sn—1Pb—35Zn	925	2.0	4	4
C86500	58Cu—39Zn—1.3Fe—1Al	880	1.9	6	2
C87200	89Cu—1si—5Zn	916	1.8-2.0	8	3
C87500	82Cu—4si—14Zn	915	1.9	7	1
C92200	88Cu—6Sn—1½Pb—4½Zn	990	1.5	3	6
C94300	70Cu—5Sn—25Pb	925	1.5	1	6
C95300	89Cu—1Fe—10Al	1044	1.6	8	5
C97600	64Cu—4Sn—4Pb—8Zn—20Ni	1145	2.0	5	7

註：易鑄性和流動性分別以數字1至8代表，1為最佳。

鍛造用銅材便於各類的手工或機械加工，如鋸切、銼磨、滾軋、沖壓、車削、鎚鍛、抽線、製管、焊接等等。因此材料的強度和加工的難易被列為重要考慮，材料的抗拉、抗彎、硬度等必需符合產品的要求，但若材料強度增加，相對地加工的難度也會提高，因而影響了加工的方法，所以在使用這類銅材時，對於銅材的硬度，適合於冷作或熱作，是否已經退

火處理，以及退火時受氧化的可能性等，都要了解清楚。在美國的鍛造銅材規格上，曾將硬度分爲九級，分級的方法是依銅材在室溫下加工時材料厚度或直徑的減少率爲準，並以 B&S 線規的規距爲單位，凡厚度或直徑的 B&S 線規號碼增加一號，表示板材因受滾軋而減薄或線材因受拉抽而變細，其硬度卽增加一級，硬度的設計等級如下表：

硬　度　等　級	板材因滾軋所減少的厚度(%)	線材因抽拉所減小的直徑(%)	B&S 線規的增加數
¼ hard	10.9	10.9	1
½ hard	20.7	20.7	2
¾ hard	29.4	29.4	3
Hard	37.1	37.1	4
Extra hard	50.1	50.1	6
Spring	60.5	60.5	8
Extra spring	68.6	68.6	10
Special spring	75.1	75.1	12
Super spring	80.3	80.3	14

　　至於鍛造銅材的形態，最常用者爲板材及線材，此外尙有棒、管、塊狀等，線材的規格自粗到細，凡線規上的號碼，均可具備。至於板材，可有冷軋和熱軋者兩大類，熱軋板於冷卻時不再軋延者，表面光彩較差，性質亦軟，適用於需要延伸成型加工的產品。冷軋板在熱軋冷卻後再經軋延，所以表面光滑，而且硬度增加，通常分單面光板和雙面光板，單面光者常用於建築方面。板材的規格分有多種，小尺寸的定尺板，常爲 1.2 尺寬，4 尺長。大者有 3×6 呎，4×8 呎，5×10 呎等規格，此外尙有板條狀者，適合於小零件的大量生產。表 5-21.1 及 5-21.2 示銅板和板條的規格。

表 5-21.1　銅板的規格

厚　　　度		一　　　張　　　的　　　重　　　量		
		3 呎 × 6 呎	4 呎 × 8 呎	5 呎 ×10 呎
厘	mm	kg	kg	kg
2.0	0.61	9.45	16.80	—
2.5	0.76	11.81	21.10	—
3.0	0.91	14.40	25.20	39.20
4.0	1.21	18.90	33.62	52.50
6.0	1.81	27.35	50.40	78.80
7.0	2.12	33.20	58.80	92.00
8.0	2.42	37.80	67.25	105.00
10.0	3.03	47.25	84.50	132.00

表 5-21.2　銅板條的規格

厚　　度 (mm)	寬　　(mm)			長 (mm)	
	最　小	普　通	最　大	普　通	最　大
0.15	20	200	600	130	700
0.20	20	200	600	100	600
0.30	20	200	600	70	400
0.40	20	200	600	50	300
0.50	20	200	600	40	240
0.60	20	200	600	35	200
0.80	20	200	600	25	150
1.00	20	200	600	20	120
1.20	20	200	600	15	100
1.50	20	200	600	15	80

5-22　銅合金

㈠合金的色澤

純銅可以和許多金屬構成合金，又因摻入金屬份量的多寡，構成許多不同的性質，在工藝的應用方面，材料的色澤佔相當重要的地位，以下係銅合金所能表現的色澤：

合　金　成　份	色　　　　澤
銅 95　鋅　5	紅棕色
銅 90　鋅 10	青褐金色
銅 85　鋅 15	暗褐金色
銅 70　鋅 30	綠金色
銅 60　鋅 40	淺棕金色
銅 90　鋁　8～10	棕金色
銅 97　矽　3	紫棕色
銅 90　鎳 10	淺紫色
銅 65　鋅 25　鎳 10	灰白色
銅 65　鋅 17　鎳 15	銀白色

㈡黃銅

黃銅（Brass）是銅與鋅爲主要成份的合金，色黃、耐蝕、易於鑄造及加工，因價格低廉，故被廣泛採用。通常黃銅中含鋅量爲10～45％，黃銅的抗拉強度，初隨含鋅量之增加而遞增，至 45 ％時爲頂點，超過此數，強度反而減弱。黃銅之伸長率和鋅的含量也有關係，當鋅含量爲 30 ％時，效果最佳，超過此數，伸長率也就降低了。黃銅中摻入其他成份，對其性質有相當的影響，例如：

鉛——可使割削容易，但對強度及延性有損。

錫——可增鑄造時的流動性，增加強度和耐蝕力，但若超過 2 ％，將增加脆性、減低延性。

鐵——可使結晶粒細緻，增加強度。以不超過 1 ％爲佳。

鋁——可作脫氧劑，使熔融時易於流動，且防止發生氣泡。但若含量超過 3 ％，將使展性減退。

鎘——可抗銅在焊作時因受熱而軟化，或軸承因熱度增高時而軟化。銀亦有同樣效果。

黃銅因含鋅份量的不同，在工藝方面常用的有下列幾種：

1. 低鋅黃銅：含鋅量在5～20％之間，例如擬金黃銅(Gilding metal)其成分爲 95Cu—5Zn，熔點約爲 1065°C，金色黃銅 (Pinchbeck metal)其成分爲 88Cu—12Zn，熔點約爲 1035°C。這兩種黃銅，色澤和黃金相近，柔軟而富延性，易於成形，可製造各種模擬黃金的裝飾品，並可製成線、箔及粉等。又因易於燒焊，被稱爲燒焊黃銅。此外尙有紅黃銅 (Red brass) 其成分爲 85Cu—15Zn，熔點約 1025°C，呈現紅色，易於施工，適於製造傳統的首飾及裝飾器皿。

2. 二一黃銅：銅與鋅之比約爲二比一，例如黃色黃銅(yellow brass)其成份爲 65Cu—35Zn，熔點約爲 930°C，適宜於抽線、沖壓、鏇製，以及製作鍊子、珠片等飾品。

3. 七三黃銅：銅與鋅之比約爲七比三，熔點約爲 955°C，質柔軟有延展性，常溫易於抽拉、壓延、彎曲及壓縮成形，加工後再回火處理，其延伸率可達 50～60 ％，用於鍛製甚爲適宜。

4. 六四黃銅：銅與鋅之比約爲六比四，亦稱孟慈合金 (Muntz metal)，熔點約爲1040°C，強度大於三七黃銅，但延伸率較小，不適於常溫加工，於紅熱時 (700—800°C) 可以鍛製，屬於熱作黃銅，抗蝕力強，常用於建築裝飾及海上器皿及飾品。本種黃銅，因含鋅高，價格較廉，爲市面上應用最廣者。

(三)青銅

青銅 (Bronze) 是銅與錫爲主要成分的合金，其鑄造性、耐磨性、耐

蝕性均佳，延性及展性較黃銅爲低，由於青銅產生莊嚴典雅之青綠金色，所以美術、工藝品常以之爲表現材料。人類使用青銅的歷史悠久，可追溯至銅器時代。

青銅中含錫份量的多寡，與其機械性質有關。含錫量在 3 ～4 ％時，其伸長率最佳，超過此量則遞減，但其硬度與抗拉力則隨含錫量增多而增加，至 17～18 ％時抗拉力最佳，超過 20 ％脆性增高而抗拉力減退。含錫 6 ％者，其加工最容易。

青銅的色澤，與含錫的分量也有關係，青銅含錫量與色澤的變化如下：

錫含量(％)	3.7	10	20	25	30	40
色　澤	赤黃	灰色	黃赤	赤蒼	蒼白	淡灰

青銅中如加入其他成分，對其性質將產生不同的影響，稱爲特殊青銅，以下爲各種元素對青銅的作用：

磷——可除去合金中之氧，減少氣泡，使組織緻密，增加彈性，並有助於溶液的流動性。

鉛——可改善鑄造性、加工性及着色效果，人像用銅中，多含有 1 ～3 ％的鉛，唯有熔融時稍有妨害。

鋁——可增加耐蝕性、耐磨性，鋁青銅在大氣中永不變色，高溫時亦少氧化，但鑄造性較差，鑄縮率增大。

工藝方面常用的青銅，其性質須易於鑄造與雕刻，並耐磨損與風化作用，普通的成分約爲銅 80～90 ％，錫 2 ～8 ％，鋅 1 ～12 ％，鉛 1 ～3 ％，有時亦加入少量的磷，現代的磷青銅和古代的青銅接近，其中最普通的一種是含錫 5 ％、磷 0.35 ％、餘量爲銅，熔點約爲 $1060°C$。做獎章用的青銅，其含錫量約在 5 ～10％，以增加硬度，而使刻紋鮮明。銅像、屋內裝飾及建築等所用青銅，成分與幣銅 ($95Cu - 4Sn - 1Zn$) 相似，惟多加

鋅以增加其流動性，有時加鉛以使鑄造後施工容易。青銅如欲求其發音良好，可增加含錫量至 20~32 %，稱爲鐘青銅，但雜質應儘量減少，方能得到佳音。

㈣白銅

白銅 (Nickel Silver) 有稱鎳銀或德國銀 (German Silver)，其配方有多種，但沒有一種是眞正含銀的，其成分爲銅60~75%，鋅13~30%，鎳 10~25 %，色澤美觀似銀，在高溫時亦能抗氧化，耐蝕性佳，適宜各種加工和焊接方法，光澤良好，故適用於餐具、家具及裝飾品，在加工後350°C 退火時，由於彈性增加，因此也適於彈簧材料。有一種用於製作首飾的鎳銀，其成分爲銅 62 %，鎳 33 %，鋅 5 %，熔點爲 1038°C。

第六節　其他金屬

5-23　錫及其合金

錫 (Tin, Sn) 爲應用甚早的一種金屬，在公元前 1500 年已有開探，用作青銅合金的主要成分。錫的主要礦物爲錫石，產地分佈世界各地，我國大陸礦存豐富。以雲南、廣西、湖南、江西爲主要產地，國外目前以玻利維亞、馬來西亞、印尼、剛果等地產錫最多。

錫爲銀白色有光澤之金屬，質軟易熔，熔點爲 232°C，富於展性，尤以 100°C 時爲最大，可輾成錫箔，在冷作時，錫不會硬化，其再結晶進行於室溫，所以冷作之後反而變軟，加溫至 225°C 左右，能恢復其硬度，但不可過熱，超過此度，則又變脆。

錫在大氣中不怕潮濕，不退光澤，卽使生銹，那層膜也是透明的，對光澤不生影響，且很容易擦去。但在強熱時，會生成白色粉末之氧化錫。錫有抗有機酸的性能，早期羅馬人卽用來披覆銅和青銅的表面，作爲裝置

食物的盛器，現代的食物罐頭，仍大量使用鍍錫鐵皮。錫與稀酸作用甚慢，但遇熱濃鹽酸與硫酸、硝酸等，將受嚴重侵蝕。

錫在工業上的主要用途爲製鍍錫鐵皮、製錫箔，以及與其他低熔點金屬製成軟焊劑，例如錫 60 ％、鉛 40 ％製成的錫鉛軟焊劑，其熔點約爲 $189°C$，可以用作焊接錫製品，但須小心應用，因爲它的熔點僅比錫低一點點，另含鉛的焊劑，不可應用在食具上。

在工藝製作方面，有一種方法可以將錫披覆在黃銅或青銅的表面，其法係將被披覆的金屬表面先加清潔，預熱至超過錫的熔點，撒上氯化銨粉作爲助劑，然後以錫塊滾過銅的表面，其上則覆上一層錫了。另一種方法係將已熔的錫傾倒少量在金屬表面，然後以抹布抹拭全面，把錫塗覆其上，如表面不夠平整，可以用火炬掠過，但溫度應控制妥當，不可使其過熱。

錫合金在工藝方面應用最多的是白鑞（pewter）也稱爲不列顚合金（Britannia Metal），這兩個名詞雖然被工藝界所通用，事實上白鑞是用於古代，以錫和鉛爲配方，其所以廣爲流傳是因爲熔點低和易於回收再鑄。至十八世紀後期瓷器盛行，有取代白鑞製品之勢，英國的金屬中心西非爾（Sheffield）發展出一種不含鉛而含有銀輝的新白鑞，稱爲不列顚合金，其配方爲錫91％、銻 7 ％、銅 2 ％，固態點爲 $244°C$，液態點爲 $295°C$，銻有冷漲的性質，可使鑄物紋路清晰，銅可增加延性和硬度。在配製此種合金時，銅的熔點最高，須先置入坩堝，同時加入一些錫，使其熔點降低，最後再將銻和餘量的錫加入，熔勻之後注入鐵模中成錠，再滾軋成片。

白鑞便於鑄造，鑄造溫度爲 $315°\sim330°C$，由於流動性佳，宜於鑄精細的飾物，利用橡皮模以離心鑄法能夠大量生產，有許多通俗的首飾，都用此法製成。此外它也可以用青銅模、石膏模或砂模來鑄造，並可用包鑄的方法，以熔點高的金屬爲內胎，把白鑞包於其外，利用這種特性可以製成綜合的金屬工藝品。

除了鑄造之外，白鑞尚可以用冲、鍛、鏇、鏤空等方法成型，也可用

雕刻、腐蝕等方法來裝飾，鍛製時不必退火，因爲加工不會使它變硬。腐蝕液可用 1:4 的硝酸和水來調整，抗酸劑與普通所用者相同。白鑞可以焊接，所用的焊劑須熔點很低，最常用的配方是錫 60％、鉛 40％，熔點 187°C，或錫 62％、鉛 38％，熔點爲 182°C，如需要更低熔點者，可用錫 16％，鉛 32％，鉍 52％ 的配方，其熔點約爲 149°C。

白鑞製成的工藝品種類很多，如咖啡具、茶具、盤、碗、糖菓碟、瓶類、啤酒壺、飲料杯、燭臺、高脚水果盤等等。

5-24 鉛

鉛 (Lead, Pb) 也是人類所知道的最古老的金屬之一， 古代埃及人在製陶時以鉛爲釉，羅馬人則以鉛作管，巴比倫人曾用鉛作裝飾物，中世紀鉛製的塔尖、人像、貯水器和怪獸等有許多都被完整地保存着留傳下來。鉛的主要礦物爲方鉛礦，以美國、西班牙、德國、墨西哥等爲主要產地，我國則以湖南、四川、雲南諸省出產最多。

鉛的原子量爲 207.22，比重 11.34，熔點 327.35°C，沸點 1740°C，收縮率爲 0.75％（砂模）、0.94％（金屬模），鑄件的硬度爲 H. B. 4～8，是普通金屬中最重而又最軟者， 在常溫下便於加工而不變硬， 它的可展性、可摺性和可熔焊的性質使加工非常容易。其合金有低熔點和高沸點的特色，並有很高的抗磨性能。在地下及鹽水和多數化學品中都有抗蝕力，並能抗硫酸及其混合劑。但溶於硝酸及醋酸，尤其在硝酸中溶解甚速。鉛的抗拉強度極低，彈性限度也低，展性大，可以軋成薄葉，但延性小，不能拉成細絲。鉛中如加入 1—14％ 的銻，其強度可增加一倍，並有較高的硬度。鉛的再結晶在 0°C 以下，因進行甚慢，故常溫加工後不能期待其自然軟化，爲促進加速軟化，將溫度提高至 70°C，即迅速軟化。

鉛在工業方面的用途頗廣，如製管、抗硫酸之鉛室、防 X 光的輻射、活字合金、製釉、製顏料等。在工藝方面， 鉛是數百年以來藝術家常用的

浮雕和鑄造的材料，**也是軟焊劑的主要配方**。鉛是良鑄材，由於密度大而易熔，幾乎用任何燃料都可用以熔鑄它，熔化了的鉛也不會黏附在熔堝上，鑄模凡紙製、木製、石膏、橡皮、金屬以及砂模等均可應用，可謂極爲方便。唯在熔鉛時，操作者應帶口罩，以防吸入蒸發的鉛毒。

5-25　鋁及其合金

鋁（Aluminum, Al）爲金屬元素中在地球上存量最多者，地殼中含鋁約 7.5 ％，天然者皆呈化合物產出，冶煉困難。煉鋁之主要礦石爲水礬土礦、冰晶石及明礬石。美國、法國爲水礬土的著名產地，我國山東、遼寧產量亦豐。

鋁爲銀白色金屬，在實用金屬中，算是最輕的，其純度可達99.99％，通常爲 98～99.7 ％，純鋁的原子量爲 26.97，比重 2.7，熔點 660.2°C，導電性及導熱率僅次於銀、銅，爲熱及電之良導體。鋁之機械性質，因純度、加工度及退火而異，純度愈高的鋁，強度愈小而伸長率愈大，如雜有矽或鐵，則其強度及硬度增高，伸長率則減低。鋁受常溫加工後抗拉力急增，退火後則急降，二者懸殊頗大，下列是硬質純鋁和退火後機械性質的比較：

類別	抗拉強度 (kg/mm^2)	延伸率 (%)	硬度 H.B.
硬質純鋁	11.6	5.5	27
退火純鋁	4.9	50	17
普通鋁（硬）	17	5	44
普通鋁（退火）	9	35	23

鋁在空氣中，其表面與氧作用，產生一層耐蝕性的氧化膜（Al_2O_3），保護內部使不再氧化。利用此種性質，可將完成的鋁製品作陽極處理，使

其表面生成較厚的氧化膜，達到耐蝕的目的。鋁的抗酸抗鹼力弱，易受海水侵蝕，醋酸和乳酸對之作用極微。鋁在熔融時，易吸收氫、二氧化碳等氣體，而溶解於其中，當凝固時常再析出而留針孔於鑄物中。

　　純鋁的用途較少，因其強度小，故大部分均爲鋁合金，鋁材的形態有錠、板、棒、條、箔、管、粉等，且可適合多種的加工方法，如軋、衝、鏇、擠、鍛、翻沙、模鑄、鉚接、熔接、焊接等。

　　鋁合金的性質因所含金屬而異。通常分爲兩大類，卽鍛造和鑄造，鍛造者包括軋延材料和鍛造材料；鑄造者包括砂模、金屬模、壓鑄等之材料。美國鋁材規格，目前以四位數目爲統一編號，鍛造鋁材的四位數字中，第一位數字代表鋁以外的主要合金成分，各數目字的意義如下：

1×××	99%以上純鋁，不含其他合金
2×××	含銅的鋁合金
3×××	含錳的鋁合金
4×××	含矽的鋁合金
5×××	含鎂的鋁合金
6×××	含鎂及矽的鋁合金
7×××	含鋅的鋁合金
8×××	含其他元素
9×××	備用數目

　　鍛造用鋁合金，除上述編號之外，尚在編號之後附有英文字母，如F、O、H、W、T、T_1等，係表示材料處理的狀態，如退火、加工硬化、淬火等。

　　鑄造用鋁材，亦以四位數目作統一編號，但係採取×××・×的形式，第一位數字仍代表鋁以外的主要合金成分，最後一位數字僅有 0 、 1 、 2

三個，0 表鑄件、1 表標準鑄錠、2 表鑄錠。第一位數字之前，如冠有英文字母，則表示係原編號的合金成分經過修改，如 A360.0, 即表示係 360.0 的修改者。鑄造用鋁材編號第一位數目字的意義如下：

1××.×	99％以上純鋁，不含其他合金
2××.×	含銅的鋁合金
3××.×	含矽及銅或鎂的鋁合金
4××.×	含矽的鋁合金
5××.×	含鎂的鋁合金
6××.×	備用數目
7××.×	含鋅的鋁合金
8××.×	含錫的鋁合金

　　鋁在 1709 年才被證實為一種金屬，在 1824 年以前尚未大量生產，目前它是被應用得很廣的金屬。在工藝方面，由於鋁的性能鍛、鑄兩宜，且可擠壓成各類花樣，鍛造用鋁適於多種焊接方法，鑄造用鋁適於砂模、石膏模及脫蠟鑄模，鋁的價格廉宜，色澤潔白，並可染成多種顏色，是很具潛力的金屬材料。

5-26　鎳及其合金

　　鎳 (Nickel, Ni) 係提煉自硫砷鎳礦、硫鐵鎳礦等，其原子量為 58.69,比重 8.9，熔點為 $1445°C$。鎳為銀白色堅韌的金屬，富延展性，在常溫有強磁性，超過 $353°C$ 以上，則失其強磁性。其抗拉強度鑄件為 $40kg/mm^2$，加工材料為 $57—63kg/mm^2$。延伸率鑄件為25％，加工材料為 15～20％。加工材料之硬度為 H. B. 190～210。鑄造溫度為 $1500～1530°C$。

　　鎳之耐熱性、耐蝕性良好，對酸與鹼之抵抗力大，在 $500°C$ 以下幾

乎不氧化，在 1000°C 時僅生 0.007mm 之氧化膜。通常加熱時則產生黃色的氧化，而出現暗綠色之氧化膜，且氧浸入結晶粒界而進行氧化，使鎳變脆。

鎳可用各種方法加工，當加工變硬時，可以退火，但其加熱溫度必須漸進，以免因突然釋放張力而開裂，退火之後可以逐漸冷卻或淬火，退火溫度在 593°C～816°C 之間。鎳可用各種方法焊接，在焊接前表面的氧化物或污物必須清除，焊料可用無磷銀焊料和氟化助焊劑，火焰最好用 760°C 以下的還原焰。如用軟焊料，其助焊劑可用與焊銅類似的酸性助劑。鎳的表面可以打磨至有鏡面光澤。

鎳的主要用途在製造鎳合金、電鍍和鎳鉻電阻線。在工藝方面常用的鎳合金就是鎳和銅所合成的鎳銀，已如前述。至於電鍍方面，鎳層可以保護其他金屬不使銹蝕，在電鍍貴金屬如金、銠等作業時，光澤鎳是貴金屬的預鍍層，可使貴金屬的鍍層平滑光亮，並節省貴金屬的消耗量。

5-27 鐵

鐵 (Iron, Fe) 與銅同是人類使用最早的金屬之一。在所有金屬材料中，鐵具有高度之強度、硬度、韌性及延展性，經熱處理後並可調整上述的機械性質。鐵的耐蝕力差，在濕氣中極易氧化生銹，但其價格低廉，容易生產及加工，故為工業上最重要的金屬材料。鐵雖非高貴的工藝材料，但自古以來利用鐵製成的工藝品，卻是不可勝數。

地球上鐵的存量甚多，但成游離狀態存在者不多，主要含在赤鐵礦、褐鐵礦、磁鐵礦、菱鐵礦和黃鐵礦之中。世界各國如美、蘇、英、法等均產鐵豐富，我國遼寧、察哈爾、湖北均以產鐵著名。

鐵金屬除本身成分之外，常含有其他雜質，依所含雜質，以及冶煉方法的不同，可分為生鐵 (Pig Iron)、鑄鐵 (Cast Iron)、熟鐵 (Wrought Iron)、合金鐵 (Ferro Iron) 和電解鐵等。其中以鑄鐵和熟鐵 (亦稱鍛鐵)

在工藝方面較爲常用。電解鐵所含雜質極微，接近純鐵，純鐵的原子量爲 55.85，比重 7.87，熔點爲 $1539°C$。鑄鐵的種類頗多，機械性質差異相當大，可分爲下列數種：

㈠普通鑄鐵：亦稱灰鑄鐵，含有多量的碳、矽、錳、磷等雜質，含碳愈多者，其硬度與強度隨之增加，抗拉強度在 $10\sim25\ kg/mm^2$ 之間，硬度 H.B. $201\sim241$ 之間。其特點爲價廉，鑄造容易，加工方便。

㈡高級鑄鐵：其抗拉強度在 $25kg/mm^2$ 以上，韌性很強，並具有耐磨和耐熱的性質。高級鑄鐵之總碳量低，石墨細微而分佈均勻。

㈢合金鑄鐵：爲改善鑄鐵的性質，加入合金元素，使其機械性能、耐蝕、耐熱、耐磨等能力得以改進者，稱爲合金鑄鐵。鉻可改善耐熱性，含鉻 $1.5\sim3.0\ \%$ 之鑄鐵，其耐熱性最佳；鉻之外另加入 $18\ \%$ 以上的鎳者，可耐熱、耐酸、耐鹼。含矽 $14\sim18\ \%$ 之高矽鑄鐵，其耐蝕性最優。

㈣冷激硬面鑄鐵：亦稱冷硬鑄鐵，係將鑄件的金屬模予以驟冷，使表面成爲白鑄鐵，增加其硬度，並使耐磨、耐壓性良好，但內部則係韌性較強的灰鑄鐵。

㈤展性鑄鐵：普通的鑄鐵質脆，幾無延展性，展性鑄鐵係先製成白鑄鐵之鑄件，藉高溫經長期之熱處理，使之脫碳或化合碳石墨化，而具有近似軟鋼之抗拉強度及延伸率等性質。

熟鐵的質較純，係生鐵熔煉去碳、矽、錳、硫及磷等雜質而成。熟鐵在半凝固狀態時再經擠壓、鎚鍛以除去熔渣，再加軋延，軋延一次者，稱爲單煉鐵，軋延二次者，稱爲複煉鐵。

熟鐵具有韌性、延性、可鍛性及熔接性，但不能作熱處理，因其含碳量甚少。又因含雜質較少，易於熔接，其熔接溫度約爲 $1320°C$。熟鐵可在燒紅時加工，突然淬冷時並不變硬。

5-28 鋼

鋼 (Steel) 實爲含碳量在 1.7 %以下的鐵碳合金，鋼與鐵不同，具有很大的可塑性，無論拉伸成線，或軋延成板，效果都很好。鋼因含碳而硬化，由於張力增強，脆度也增高，但這可以各種熱處理方法來克服。

鋼的分類方法很多，通常分爲碳鋼和合金鋼兩大類；如依硬軟程度則自極軟至極硬可分爲七級，極軟者含碳量約 0.05~0.15 %，抗拉強度爲 32~38kg/mm^2，伸長率爲 34~28 %，極硬者含碳量在 0.80 %以上，抗拉強度約 85~100kg/mm^2，伸長率爲 8 ~5 %。

鋼的加工通常有軋延、鍛造、鑄造三種方法，生產量 95 %以上係用軋延加工完成的，軋延不只使其成形，且能使結晶組織變爲細緻，增進其強度及靭性。軋延又分爲冷軋與熱軋。

鋼材的規格可分鋼板、鋼管、鋼線、型鋼等多類。鋼板都以寬度、長度及厚度的大小來表示，普通所用的軋延鋼板，定尺成品其寬度有 3 呎×6 呎、4 呎× 8 呎、5 呎×10呎三種，厚度則以標準號規爲準。除實心板之外，尚有包覆板如鍍鋅鐵皮（俗稱白鐵皮）和鍍錫鐵皮（俗稱馬口鐵）等。鋼管則分有縫管與無縫管兩大類，規格通常以直徑來表示，分爲公制和英制，其外徑、厚度、重量之大小可查表而得。鋼線的規格通常以線規的號數來稱呼。型鋼的種類甚多，如 L 型、U 型、I 型、T 型、Z 型、方形、六角形、圓形、半圓形等，其規格依其斷面形狀與大小定之。

化學成分相同的鋼，若將其加高熱，然後控制冷卻速度，使其組織改變，則鋼的機械性質皆有顯著變化，因此欲使鋼發揮其優良性質，必須加以熱處理以適合使用的目的。熱處理的方法，包括正常化、退火、淬火及回火等。

一般含碳量低的碳鋼（最低含碳量僅及 0.01 %），稱爲軟鋼，強度雖較差，但在常溫中加工容易，有塑性及變形能力，可廣泛用於構造。而含碳量較高的碳鋼（最高可達 1.7 %），稱爲硬鋼，因硬度增高，故多用作製作各類工具。

世界各國對於鋼材規格各有規定，我國國家標準（CNS）對於鋼材的符號分為五部分，茲以 S8 C2(PH) 為例來說明：

S為第一部份，表示材質為鋼鐵。

8為第二部份，表示含碳量的點數， 1點等於 0.01%， 故8等於含碳量為 0.08 %。

C為第三部份，表示鐵以外的主要合金元素，如C（碳），Cr（鉻），W（鎢）……等，各表示碳鋼、鉻鋼、鎢鋼等。

第四部分為合金元素含量的種類別， 以1，2，3，4等數字區別， 若無此必要時，可以從缺。

第五部份括弧內的英文字母，係表示鋼材種類或用途。(PH) 代表熱軋薄鋼板，其他英文代號均可在國家標準說明中查得。

合金鋼是在碳鋼中加入其他合金元素，其目的或為增強機械性能，或為增強耐蝕、耐熱、耐磨等物理或化學性能，或有助於溫度處理。常見的合金元素有鎳、鉻、錳、鎢、鉬、矽、釩、鈦、鋯等。合金鋼中常見於工藝用途者為不銹鋼，以其具有銀輝色澤且宜於室外的陳列。不銹鋼可有鉻系、鎳鉻系、析出硬化型等多種。

鉻系合金鋼由於鉻在鋼之表面生成氧化鉻之薄膜，而有抗硝酸及有機酸的作用，但稀硫酸和鹽酸將侵蝕此氧化膜，而使其失去耐蝕性。含鉻12%以上的合金鋼其耐硝酸能力極佳，但由於鉻的增加反易受硫酸、鹽酸的侵蝕。為了補救此點，可添加對非氧化性酸有耐蝕力的鎳、鉬等元素，例如一種稱為 18-8 不銹鋼，係由鉻 18 %，鎳 8 %與鋼合成，其抗蝕能力甚佳，使用很普遍，但鉻鎳系合金鋼也有缺點，當其被加熱至 $600\sim800°C$ 時，碳化物在結晶粒中析出，易引起粒間破裂，故在焊熔時，應加注意。近年又開發出另一種不銹鋼，係在鉻、鎳之外，再加入第三種合金元素，如鉬、矽、錳等，經熔體化處理後成形加工、機械加工，再於低溫處理使其析出硬化以提高強度，故除了耐蝕耐酸性能之外，又有相當的硬度和強

度。

5-29 焊接用合金

兩種金屬接合時，通常使用比兩者之熔點低的金屬來接合，此用來焊接的金屬稱為焊劑或焊料 (Solder)，通常分為軟焊劑和硬焊劑兩種，以熔點 650°C 為分界，在此之下者為軟焊劑，以上者為硬焊劑。

軟焊劑的主要合金為錫與鉛，其熔點甚低，共晶點為 182°C，接合作業簡單，但強度稍差，下表（表 5-29.1）為軟焊劑的成分和用途。

表 5-29.1 軟焊劑的成分和用途

成　分（%）		凝固開始溫度 (°C)	凝固完成溫度 (°C)	性　質　及　用　途
Sn	Pb			
37	63	252	182	稱為 Blamba 軟焊料，因熔融溫度範圍廣，適用於自來水管之接合及其他鍍鋅鐵皮之工作。
50	50	213	182	一般電氣用品及鍍錫鍍鋅鐵皮之工作，煤氣量及罐頭之焊製。
63	37	182	182	稱為 Tinman 軟焊料用於鋼管等之接合。
90	10	217	182	焊具及飲食器具之焊接，但須注意衞生條件。
95	5	225	182	用於特殊電氣之零件及飲食用器皿，但易損及焊銅。

由於鉛對人體有害，含鉛量在 10% 以上者，不能用於餐具，含鉛 5% 以上者，不能用於接觸飲食物之部份。軟焊用的助焊劑為氯化鋅 ($ZnCl_2$) 與氯化氨 (NH_4Cl_2)。焊接低碳鋼或銅合金時，過剩的助焊劑必須抹去，以免腐蝕，含錫量較高的軟焊劑，可以用松脂為助焊劑。

硬焊劑的種類頗多，有銅鋅合金的黃銅焊劑、磷銅焊劑、洋白焊劑、銀焊劑等。硬焊劑因熔點高，故作業比較困難，但焊接的結果則強度較佳，

硬焊劑常用硼砂爲助焊劑。表 5-29.2 是硬焊劑的成分和用途。

表 5-29.2　硬焊劑的成分和用途

種　類	組　成（％）	熔融溫度（°C）	用　途
銀焊料	0～8％P 5～80％Ag 0～25％Zn 0～18％Cd 其餘 Cu	635～870	適合於銅合金,鎳合金,鐵合金,含磷的焊料, 不適於鋼、鑄鐵及其他鐵金屬。
磷銅焊料	4～8％P 0～1％Sn 其餘 Cu	700～800	適合於銅或銅合金，不適於鋼及鑄鐵。
洋白焊料	45～55Zn 0～10Ni 其餘 Cu	840～900	適合於銅合金，鎳合金，鋼，鑄鐵之焊接。
黃銅焊料	38～42Zn 其餘 Cu 一般爲 60:40 黃銅	885	適合於要求適當强度之銅合金，鎳合金，鑄鐵，鋼製之接頭焊接用。
高鋅黃銅焊料或青銅焊料	0～0.50Mn 0～1.50Sn 0～10Ni 0～0.15Si 38～42Zn 其餘 Cu	870～900	焊接 V 型，偶角型等强固的接頭及銅合金，鎳合金等。
矽青銅或磷青銅	0～4Si 0～1.25Mn 0～10.5Sn 0～2Zn 0～1.5Fe 0～0.5P 其餘 Cu	1010～1080	銅、鋼之碳精或金屬電弧焊用。
純　銅	－	1085	一般係於還原性爐中之鐵製品使用。

第六章　土屬材料

第一節　概　述

6-1　黏土如何製成器物

　　泥土作物是人類最古老的工藝之一，所製作成的器物，以陶瓷為著。陶瓷器發明的正確年代，難於追究。埃及算是陶業古國，公元前五千年已有瓦器作品。在公元前三千年左右，陶器已相當發達，至公元前一千七百年，已有釉的出現。我國以陶瓷聞名於世，周書中曾有「神農作瓦器」之說，時為公元前 2714 年，左傳中曾有「昔闕父為周陶正」的記載，周朝起於公元前 1122 年，當時政府已設官管陶，可見事業的發達。我國早期瓷器始於漢代（公元前206—25 年），極盛的時期則自唐朝開始，當時的邢州（今河北內邱縣）、越州（今浙江紹興）均以產瓷聞著，降自歷代以來，各地名窰每為皇室製瓷，視為貢品，藝匠莫不精心經營，因之，許多作品均成為工藝上的傑作。歐美各國瓷器的發祥，則落於我國之後，據稱馬哥孛羅旅行東方時，始自中國帶回磁器，到了十六世紀，葡萄牙人航海貿易至我國澳門，買去大批瓷器，自是之後，各國競相仿造，蔚成工藝的一脈。陶瓷工藝在物理及化學未發達時期，被視為神秘的藝術，但自材料科學進步以及觀察儀器精密之後，已列入規模宏大的工業之林了。

　　陶瓷器因質地的不同，大致又可分為四類：

　　㈠土器：用不純的黏土，以較低的溫度燒成，製品多無釉，質地粗鬆

表 6-1 陶瓷的製造過程

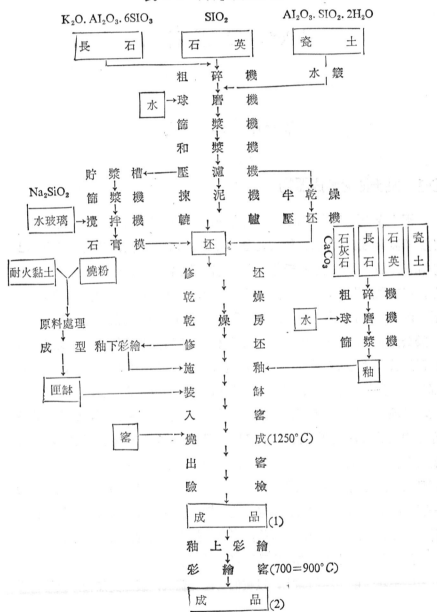

易碎，有透水性。土器亦有稱爲瓦器。

㈡陶器：用較耐火的黏土，較高的溫度燒成，製品亦有透水性，但多施有釉彩。

㈢炻器：所用黏土較耐火，燒成溫度在 $1200°C$ 以上, 質地堅硬, 有色不透明，無吸水性。亦有稱爲缸器或石器 (stone ware)。

㈣瓷器：用質純而耐溫的黏土，燒成溫度在 $1230°$ 以上，質地堅密而細緻，無吸水性且有透影性，施釉後表面平滑。

由上可知，土屬工藝材料最主要的是黏土、釉，以及陶瓷的相關材料如長石、石英、石膏等，本章將逐一介紹之。

土屬材料在工藝方面的應用，主要在於製作陶瓷器，茲將陶瓷的製作過程介紹如表 6-1，以明瞭各類土屬材料的基本功能。

6-2　黏土的性質

泥土遍地皆是，欲將它製成器物，就要看它的性質適用不適用，所以判定泥土的性質，是使用泥土的第一步。通常判斷泥土的性質,是從化學、物理、燒成、應用等四方面進行試驗。目前陶瓷工業日益求精，對材料性質的認識也力求澈底，對黏土性能的試驗包括化學分析、耐火度試驗、水溶性離子、粒度分佈、示差熱分析、加熱減重量、熱間線膨脹、X光繞射、顯微鏡照相、PH 值、鑄漿性狀、可塑性、燒成性狀等多種試驗，茲將試驗的系統介紹如表 6-2。

自表 6-2 黏土原料試驗項目中，可知欲將泥土性能發揮完備，涉及的專業知識頗爲精深，唯一般使用者，對下述數項之性質必須瞭解正確：

㈠化學組成：黏土除主要成份之外，常含有各項雜質，使用之前，應對其組成逐一加以正確分析，以判斷原料的特性。

㈡可塑性：可塑性關係器物的成型作業，過小或過大均不適宜，通常須求得原料的液性界限和塑性界限以獲得塑性指數，塑性指數大者，可塑

表 6-2 黏土原料的分析項目

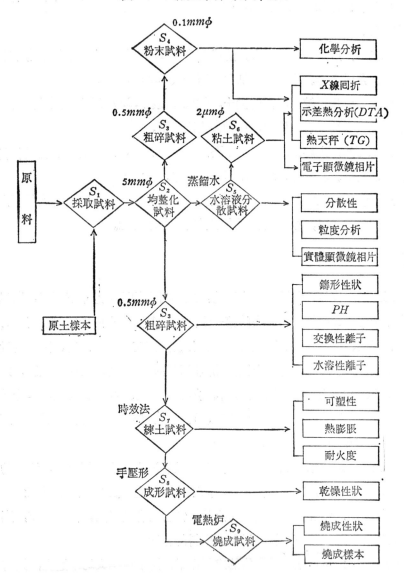

性亦大。

㈢耐火度: 耐火的程度關係器物的燒成狀態，器物必須在原料耐火度之內燒成。所有釉藥，亦均有其溫度限制，必須適當控制方能得到良好效果。通常以測溫錐來測定材料的溫度，錐號自 S. K. 022~42 共 64 級，可測溫度自 600°C~2000°C

㈣收縮率: 原料的收縮有乾燥收縮和燒成收縮兩種，收縮常和黏土的性質和含水量有關，預知收縮率，可於製坯時，預留收縮尺寸，以求得準確的製品，過高的收縮率，將使成品產生破裂、彎曲等情形，應事先加以補救。

㈤吸水率: 陶瓷器的吸水率影響用途甚鉅，故在原料燒成之後，應求出其吸水率以決定可以製成何種器皿，吸水率大的原料，難以製成高級的器物。

第二節　黏土的種類

泥土是地殼風化的產物，風化作用不斷進行，泥土也就無限量地儲存在自然界中。遠古時期，地殼表面全爲火成岩所覆蓋，故火成岩爲原始岩石。在地殼冷卻凝固時，各種礦物卽告形成，因遇到各種不同環境而產生各種不同礦物，據估計各種礦所佔的比例大略如下:

長　　　石	59.5
鐵　　　鎂	16.8
石　　　英	12.0
里　雲　母	3.8
鈦	1.5
其　　　他	6.4
合　　　計	100.0

長石是最常見的礦物，黏土大都由這種礦物風化而成。長石含有礬土 (Al_2O_3) 和矽土 (SiO_2) 和一份（或更多）含鹼性的氧化物混合，其一般分子式如下：

正長石　　$K_2O. Al_2O_3. 6SiO_2$

曹長石　　$Na_2O. Al_2O_3. 6SiO_2$

鈣長石　　$CaO. Al_2O_3. 6SiO_2$

長石經風化粉碎時，可溶的鹼質部份被水沖走，就剩下礬土和矽土。部分矽土同樣被分裂，餘留部份經長期暴露在濕氣下，變成氫氧化物，也就是與水化合，其代表性的分子式為：$Al_2O_3 \cdot 2SiO_2 \cdot 2H_2O$，這就是陶磁工藝所應用的黏土的標準式，但是真正這樣純淨的只有少數的高嶺土，也稱為一次陶瓷土，它產於母岩原址，未經移動，質白而沒有不純物的滲入。凡從母岩地點經過搬移的陶瓷土則稱為二次陶瓷土，其成份則比較複雜了，茲將黏土種類分述於後。

6-3　高嶺土 (China Clay)

高嶺土或稱瓷土，是長石經風化後遺留原址的純土，在自然界中產量稀少，是製造瓷器 (Porcelain) 不可缺少的材料。主體是六角板狀結晶高嶺礦 (Kaolinite)，成分為 $Al_2O_3 \cdot 2SiO_2 \cdot 2H_2O$。高嶺土在礦穴中常和長石、石英石片混在一起，故在使用以前，需用淨化方法將雜質除去，表6-3為四種代表型的高嶺土化學成分。

高嶺土是黏土中耐火度最高的，軟化點在 $1700\sim1785°C$，其分子結構較粗，故收縮率低而塑性較差，又因耐火度高,要燒成堅硬緊密的器皿，需要很高溫度，故很少單獨使用，必須加入其他原料，增強可塑性和降低溫度。我國江西景德鎮所產的高嶺土，不但質地純淨而且塑性良好，是舉世聞名的製瓷原料。

表 6-3　高嶺土代表型化學成分

	1	2	3	4
氧化矽 (SiO_2)	62.4	45.78	45.65	48.26
氧化鋁 (Al_2O_3)	26.51	36.46	38.62	37.64
氧化鐵 (Fe_2O_3)	1.41	0.28	0.40	0.46
石　灰 (CaO)	0.57	0.50	0.40	0.06
氧化鎂 (MgO)	0.01	0.04	0.25	
鹼金屬 ($KNaO$)	0.98	0.25	0.47	1.56
氧化低鐵 (FeO)		1.08		
氧化鈦 (TiO_2)			0.18	
水　　　(H_2O)	8.80	13.40	14.93	12.02
水　份	0.25	2.05		
合　　　計	100.93	99.84	100.92	100.00

6-4　球狀黏土 (Ball Clay)

　　球狀黏土名稱的由來，據說是在開採時，須將濕土做成球狀，以便滾上搬運的車輛，因而得名。其後凡是性質和它相似，都統稱這個名字。

　　球狀黏土是漂積的二次黏土，多為成層礦床，常和煤層重疊，粘性強，在潮濕狀態時，成形困難，鑄形及壓濾幾不可能，因為有一層緻密的薄膜，使水不易通過。球狀粘土不若高嶺土的純淨，但所含鐵分及其他礦物雜質仍是較少的，燒成後呈淺灰或鵝黃色，燒至 $1300°C$ 時，變為緊密，其燒成收縮率頗大，有達 20% 者。本粘土常呈深灰色，因其含有碳的緣故，但在燒成時，碳素會消失，不致影響燒成色澤，但若碳質過多而呈小塊煤炭的樣子時，使用前應將其篩出。

球狀粘土單獨使用的機會亦不多，通常是借重它的粘性，混入其他陶瓷原料中，提高工作的可塑性，例如高嶺土的粘性不足，就常需要加入球狀粘土以克服困難，但是用量最好不要超過15%，以免影響白瓷的色澤。在琺瑯及釉漿中加以球狀粘土，利用其浮動力，可使非可塑性成份，懸浮而不下沈。茲列舉四種球狀粘土的化學成分如下表（表 6-4）：

表 6-4　球狀粘土化學分析表

	1	2	3	4
氧化矽 (SiO_2)	46.85	46.87	48.99	45.57
氧化鋁 (Al_2O_3)	33.15	36.58	32.11	38.87
氧化鐵 (Fe_2O_3)	2.04	1.14	2.34	1.14
石　灰 (CaO)	0.33	0.40	0.43	痕跡
氧化鎂 (MgO)	0.40	痕跡	0.22	0.11
鹼金屬 ($KNaO$)	0.71	1.60	3.31	0.16
氧化鈦 (TiO_2)		0.43		
灼　減	16.48	13.18	9.63	14.10

6-5　耐火黏土 (Fire Clay)

耐火粘土並非某種粘土特定的名稱，凡粘土其軟化點在 $1500°C$ 以上者，均可被稱爲耐火土，通常分爲可塑性耐火粘土和石英質耐火土。

可塑性的耐火粘土可能是高嶺土質的、矽質的或礬土質的，其可塑性自最強的球狀粘土至可塑度確能成形者均包括在內。石英質的耐火土則其可塑性甚差，常須摻和有黏合性的其他原料，以便成形。耐火土之所以能抗熱，表示其土質較純，大多數耐火土燒成後呈棕色或深棕色斑點，那是由於鐵質原料的集中。

　　耐火粘土的製成品用途甚廣，可製耐火磚、匣鉢、玻璃熔罐、坩堝、耐火水泥等，也可以用以製造測溫錐和封閉高溫窯的窯門。炻器的胚胎可以加入耐火土以增加火度，大件的赤土陶器或雕塑，加入粗質和鬆散的耐火土會產生頗為理想的效果。茲列舉高嶺土質、矽質、礬土質的耐火土化學成分如下表（表 6-5）：

表 6-5　耐火粘土化學成分表

	1	2	3	4	5	6	7	8
氧　化　矽	42.78	43.10	49.64	51.04	56.76	44.60	76.25	34.62
氧　化　鋁	39.72	39.40	33.69	23.31	26.57	37.35	15.76	48.02
氧　化　鐵	1.14	1.35	1.30	1.29	1.60	1.17	0.32	1.09
氧　化　鈦	2.22	2.01	1.56	1.92	1.75	2.16	1.68	2.28
石　　　灰	0.13	0.13	0.31	0.37	0.44	0.30	0.26	0.25
氧　化　鎂	0.29	0.08	0.43	0.34	0.17	0.42	0.29	0.65
鹼　金　屬	0.22	0.20	0.37	0.12	0.10	1.57	0.23	0.44
灼　　　減	13.78	13.63	12.66	12.38	12.10	12.68	5.60	13.30
熔　融　S.K.	34~35	33~34	32~33	32~33	30	32~33	30	33以上
°F	3182	3146	3115	3115	3035	3115	3038	3128
°C	1750	1730	1713	1713	1670	1713	1670	1720

6-6　炻器黏土 (Stone Ware Clay)

　　炻器土是二次粘土，其火度和粘性變動很大，事實上耐火土、匣鉢土、炻器土之間的區別並不明確，主要視其用途而定。一般說來炻器土是介於耐火和半耐火之間，燒至 1200~1300°C 成熟，其主要條件尚包括：

㈠優越的可塑性。

㈡盡可能不含鐵份、砂及其他雜質的粗顆粒。

㈢能以中速度的乾燥與燒成而不需加添熟料，燒後坯胚韌而硬。

㈣具有低度的瓷化範圍。

炻器粘土除製造炻器外，也可以製造土器、藝術陶瓷和陶瓦等，只求具有高的可塑性和低的收縮率，而不必燒後完全不透水。炻器係多孔性的，並不曾完全瓷化，如需不透水，可以施釉，使用鹽釉、泥漿釉或高溫炻器釉都可以。炻器燒成的顏色，從非常淺的灰色或棕色至深灰、棕色、紅色者都有。有些鄉間的粘土，不需添加任何原料，就可製成實用的器皿，如罈、罐、缸等，這些粘土常在窯廠的附近挖出，經煉製後卽可備用，因此有人稱炻器為缸器。

6-7 土器黏土 (Loam)

自然界中大多數有用的粘土，都可以稱為土器粘土，如砂質頁岩、黃土、氷河土等，含有鐵和其他的不純雜質，燒成溫度在 $950 \sim 1100°C$ 之間。土色呈紅、棕、灰、淺綠等色，燒成色澤則視粘土的性質和加熱的溫度而定，通常呈紅色、粉紅、深棕、黑色等。其特性是可塑性適於成形，燒成的溫度較低，燒到堅硬時不過分裂開或彎曲。世界各地大多數的陶製品，都是用此種粘土製作的，它同時也是磚、瓦、花缽、排水管等的主要原料。土器粘土分佈廣泛，因此其化學成分和物理性質變化很大，有的可塑性極高，有的則全無粘性，故在使用時須斟酌情形，摻入其他性質的黏土來改變其性質。

6-8 臺灣黏土資源

臺灣省到目前為止，尚未發現有道地的高嶺土或白色瓷土，但砂石中多少尚含有高嶺質土，其含量變動很大，超過 30% 者很少見，唯含量在 15~20% 者，已有可利用價值。此類黏土礦脈，多在臺灣北部，單獨採取不合經濟原則，只有在掘洗玻璃砂時，視為副產品。故本省陶瓷業所用高嶺土，多賴進口原料。本省耐火黏土礦，以北投所產者最重要，係大屯火山系之安山岩屑變質風化而成，礦床的特徵為不規則分佈的灰白色黏土，

最厚可達七公尺，此外尚有漂積耐火黏土，發現在本省中新紀之煤層上下，其中 Al_2O_3 含量若達 30% 者，可視為良好之耐火材料。至於較低級的黏土，多為第四紀水成岩中之遷移黏土，在沿海岸平原、溪床及河岸地帶，此種粘土分佈遍及全省，當地窖戶即可採之以製磚瓦等器。

本省已開發的黏土礦區如下：

㈠北投嗄嘮別的水簸土，為省產最佳的陶土，可塑性適中，為製造日用餐具、藝術陶瓷、電瓷、馬賽克、衞生陶瓷等工廠所採用。

㈡中和南勢角土：色白，為省產較優的瓷土，可製較高級的陶瓷器。

㈢苗栗出礦坑炻器土：色黃，可塑性大，含有多量的氧化鐵，製品外觀較遜，適於製酒甕、粗瓷、陶器、耐酸器。

㈣宜蘭及新竹關西土：色黑、質粗、常滲於建築原料中使用。

㈤鶯歌尖山、桃園大湳和埔頂、南投及高雄所產的第四紀陶土：是一般磚瓦窯業的原料，適於製造爐器及陶器。

㈥耐火土：北投十八分所產者為著，可塑性強，可製 S. K. 34 以下的耐火磚。

茲將已知的省產黏土礦床詳列如下表（表 6-8.1）：

表 6-8.1　本省粘土產地一覽表

產　區	產　　　地	礦　　　型	用　途	估計儲量
北投萬里區	北投嗄嘮別	木山層砂岩間質粘土	高級陶土	不　詳
	死黃子坑、小油坑、竹子湖、七股、三重橋、坡子坪	安山岩質集塊岩換質粘土	瓷　土 耐火土	數千噸
	淡水虎頭山、水源地頂田寮、金山加投	同　　上	陶　土 耐火土	一百萬噸以　上
	北投十八分	同　　上	耐火土	十萬噸

	大油坑	安山岩換質粘土	陶瓷配料	廿五萬噸
	萬里中福村、嵌脚	五指山層砂岩間質粘土	陶　土	不　詳
中和區	南勢角	木山層砂岩間質粘土	高級陶土	不　詳
桃園區	大湳、埔頂、嵌子脚	湖盆沈積粘土	低級陶土	不　詳
苗栗區	福基、大坑	南莊層砂岩中夾粘土層及砂岩間質粘土	陶　土	不　詳
南投區	國姓、北山坑	水長流層砂岩間質粘土	陶　土	六十萬噸
	埔里魚池	第四紀湖盆沈積粘土	低級陶土	一 萬 噸
宜蘭蘇澳區	宜蘭再連內員山粗坑九芎林礁溪頭城	四稜砂岩中夾頁岩與硬質泥岩	陶　土	十 萬 噸
	蘇澳畚箕湖、白米甕	蘇澳層粘板岩及千枚岩風化粘土	陶　土	廿五萬噸
臺東花蓮區	臺東成功長濱、花蓮豐濱	都巒山層安山棄塊岩換水換質及風化粘土	陶　土	不　詳

由於本省未產高級瓷土，欲製高級製品則須向外地採購，採購的地區如下：

㈠金門土：金門磁土色微黃，質地甚純，黏性大，可塑性強，分佈於金門島的沙頭、新頭礦區，適宜於製造耐火器材及磁磚，蘊存量極為豐富，可供本省長久使用。

㈡高嶺土：本省因缺乏此類原料，常向香港、韓國進口高嶺土，亦向日本進口木節土和蛙目土。

鑑於本省陶瓷工業日益蓬勃，部份重要原料須仰賴鄰近國家供應，但這些國家都是我國外銷競爭的對手，因此有限制出售原料給我國的趨勢，陶瓷業界近年有積極開發本省黏土資源的努力和試驗，其中之一係針對本省木山層頁岩和南莊層頁岩蘊存的黏土資源作勘查，並與現用黏土性質作

比較，以便擴大本省黏土資源的開發和使用。

所謂木山層頁岩，其標準地點木山在基隆市郊，主要分佈在臺灣西北部，向南延伸至臺北縣、桃園縣及苗栗縣。木山層含有三個可採煤層，其中以下層煤岩，品質含鐵較少，含鋁較高，現因煤層開發接近尾聲，如能繼以開發陶瓷土，則可供應陶瓷業之原料，本層經勘查之地點有弘基、瑞基、日德等煤礦區。

南莊層頁岩的標準地點是苗栗縣中港溪流域中的一個小鎮，層面則分佈本省北部和中部，尤以中北部新竹縣和苗栗縣發育最佳。層面有五層之多，以上、中、下三層含鐵較少，具開採價值，經勘查之地點有新協興、添興、新美等已將採盡的煤礦。

所採礦樣，經試驗分析之後，與本省現用材料作比較如下：

(一)礦物組成：以 X 光繞射分析得知木山及南莊層礦物組成為高嶺石 (Kaolinite)、伊萊石 (Illite) 及石英 (Quarty)，弘基礦樣則含有蒙脫石 (Monlmorillonite)，中和南勢角土則含有狄克石 (Dickite)、北投、萬里土中則含有長石 (Feldspar)。下表 (表 6-8.2) 是礦物的組成：

表 6-8.2 本省粘土原料礦物組成表

礦樣名稱	產　　　地	礦　　　　　　型	主 要 組 成 礦 物	備註
弘基(1)	基 隆 大 武 崙	木山層煤層下盤頁岩	高嶺石、伊萊石、石英	
弘基(2)	基 隆 大 武 崙	木山層煤層下盤頁岩	蒙脫石、高嶺石、石英	
瑞 基	基 隆 大 武 崙	木山層煤層下盤頁岩	高嶺石、伊萊石、石英	
日 德	七 堵 瑪 陵 坑	木山層煤層下盤頁岩	高嶺石、伊萊石、石英	
新 美	南 庄 獅 頭 山	南庄層煤層下盤頁岩	高嶺石、伊萊石、石英	
新協興	南 庄 獅 頭 山	南庄層煤層下盤頁岩	高嶺石、伊萊石、石英	
宜 蘭	宜 蘭 九 芎 林	四稜砂岩中夾頁岩及硬質岩泥	伊萊石、石英	
和 亨	中 和 南 勢 角	木山層砂岩間質粘土	狄克石、伊萊石、石英	水簸粘土
信 興	中 和 南 勢 角	木山層砂岩間質粘土	狄克石、伊萊石、石英	水簸粘土
北 投	北 投 貴 子 坑	木山層砂岩間質粘土	伊萊石、長石、石英	水簸粘土
萬 里	萬 里 嵌 脚	五指山層砂岩間質粘土	伊萊石、長石、石英	水簸粘土

金 門	金 門 島	金門層中夾粘土層	高嶺石、伊萊石、石英	
香 港	香港流浮山一帶	沉積粘土	高嶺石、石英	
木節土	日 本	沉積粘土	伊萊石、石英	
蛙目土	日 本	砂岩間實粘土	高嶺石、伊萊石、石英	水簸粘土

(二)化學成分：頁岩、水簸土及進口原料之化學成份，經分析結果，頁岩的鐵份為 1～2％，較水簸土 0.8～1.5％ 略高，與金門及木節土等相近，氧化鋁含量都在 24～33％，頁岩含鉀、鈉分量在 2～3％之間，與本省水簸土相近，宜蘭土含鉀成份較高，金門土及木節土則略低，其他成份均甚相似，其詳細成份，耐火度及平均粒度如下表（表 6-8.3）：

表 6-8.3　本省粘土原料化學成份表

	Ig. Loss (%)	SiO$_2$	Al$_2$O$_3$	Fe$_2$O$_3$	CaO	MgO	K$_2$O	Na$_2$O	S.K.	平均粒度(μ)
弘基(1)	6.28	65.45	24.18	1.18	0.34	0.15	2.19	0.36	27	5.75
弘基(2)	8.42	52.72	33.66	1.12	0.42	0.53	2.66	0.42	32	3.25
瑞 基	10.00	57.07	28.33	1.49	0.34	0.22	2.06	0.25	32	4.25
日 德	8.36	61.12	25.59	2.00	1.09	0.43	1.45	0.21	30	4.75
新 美	7.62	59.38	27.18	1.36	0.95	0.65	2.34	1.01	32	5
新協興	6.90	62.38	25.35	1.64	1.28	0.65	1.53	0.24	30	7.5
宜 蘭	3.75	67.69	22.63	0.94	0.21	0.60	3.52	0.61	22	4.5
和 亨	6.90	62.88	26.52	0.98	0.27	0.47	1.70	0.23	32	6.75
信 興	5.94	66.37	23.78	0.88	0.24	0.48	1.63	0.23	32	7
北 投	2.53	70.27	21.06	0.98	1.07	0.69	2.25	1.05	25	5.88
萬 里	4.23	70.31	19.18	1.54	1.05	0.31	3.51	0.18	21	5
金 門	6.35	64.27	24.38	1.02	1.65	0.81	0.87	0.76	32	4.75
香 港	12.78	48.13	35.18	1.45	1.01	0.26	1.60	0.41	32	4.75
木節土	5.07	66.35	22.16	1.77	2.04	0.33	0.44	1.88	28	5
蛙目土	8.33	57.26	28.93	1.29	1.93	0.32	1.54	0.44	32	4

黏土的性質，雖同一礦區亦不一而足，欲求更正確的資料，自應分別採集以互相參考，下表（表 6-8.4）係不同礦樣的北投土分析所得的化

成份，其中1～3係日人所分析的資料，4～6係經濟部聯合工業研究室所分析者：

表 6-8.4　北投陶土成份分析表

試樣號	灼減	水	SiO_2	Al_2O_3	Fe_2	CaO	MgO	K_2O	Na_2O	SK
1	3.53	1.42	73.34	17.96	0.44	0.26	0.55	1.75	2.34	26
2	2.64	1.15	79.46	13.81	0.29	0.24	0.31	1.61	1.84	26
3	3.66	1.30	74.89	15.73	0.93	0.24	0.47	1.73	2.40	26
4	1.55	—	90.17	4.90	0.70	0.50	0.09	1.16		26-27
5	1.16	—	90.66	5.90	0.93	0.60	0.64	1.77		23
6	2.77	—	78.54	12.84	1.86	0.64	0.52	1.09		14-16

㈢可塑性、乾燥收縮及燒成性狀：下表（表 6-8.5）為本省木山及南莊層黏土的其他性質，其中可塑性以A、B、C區別，A可用為可塑性賦予原料，B可轆轤成型，C可乾壓成型，但不能轆轤成型。燒成呈色亦以a、b、c、d來表示，a為有可能成為面磚原料的白色系，b呈淡黃色、c呈淡紅色、d呈深紅、深棕等色。燒成性狀係以相同的礦樣在不同溫度之下燒成以分別作觀察。

表 6-8.5　本省木山及南莊層粘土原料的可塑性及燒成性狀等的比較

原料名	可塑性 優　劣	乾燥收縮 (%)	燒　成　性　狀　(OF)			
			燒成溫度 (°C)	燒成收縮 (%)	吸水率 (%)	呈色
弘基(1)	B	4.0	1110	2.1	13.0	a
			1150	6.3	9.8	
			1200	7.4	6.5	
弘基(2)	A	8.8	1110	7.2	6.0	c
			1150	10.5	0	
			1200	11.4	0	

瑞 基	B	4.0	1110 1150 1200	5.6 6.9 7.7	7.3 7.2 6.2	a
日 德	B	2.0	1110 1150 1200	1.8 2.9 4.4	15.4 12.8 9.8	b
新 美	A	7.0	1110 1150 1200	3.0 4.7 9.7	8.6 2.9 0	b
新協興	A	4.0	1110 1150 1200	2.5 4.6 8.4	9.6 6.9 1.1	d
宜 蘭	C	2.0	1110 1150 1200	2.7 7.8 8.4	12.8 5.0 1.1	a

　　由以上資料中可以看出本省木山及南莊層頁岩成份含氧化鋁成份在24
～28％，有高達33％者，除含鐵量稍高影響燒成顏色外，其他成份不遜於
水簸土及金門等進口土。頁岩礦物包含高嶺土、伊萊土及石英，與金門土、
蛙目土相類似，因可作耐火黏土用。弘基2號頁岩含蒙脫石、氧化鋁成份
高達33％，可塑性良好，粒度細，如再加研究利用，可供製作高級陶瓷原料。

　　本省有如此蘊藏豐富的土屬原料，如能予以適當提選，充分應用就不
必過份仰賴進口的原料了。

第三節　黏土的開採與處理

6-9　黏土的開採

　　黏土是非常普遍的材料，幾乎到處可以找到，從事陶瓷工藝的人，凿

有尋找、挖掘和使用天然陶土的經驗。有用的土材，通常隱藏在肥泥和表壤之下，其表面多爲草木所覆蓋，但在乾燥地區，土地較爲暴露，也有所謂露頭的礦區。開採的方法，可有下列幾種：

㈠露天採掘：凡原料接近地面，上層廢土不厚，周圍地層堅固者，都可以採用此法，開採時只須除去上層浮土，自上向下掘取，不必作坑洞。例如在山頂或山腰的陶土，按着階臺狀的方向開採卽可，本省北投區的陶土礦區，卽屬這種形態。有時我們在溪流沿岸開闢道路，挖掘建地時，也會發現陶土的礦藏。

㈡縱坑採掘：如原料存於地層深處，則須自地面挖掘孔道而向下採掘，通常先在地面掘成直徑一公尺左右的縱孔，再用木材做成圓輪，逐層圍張，順次下掘，達到原料層時，再向四周擴大採材。

㈢橫坑採掘：橫坑多適於山麓或山腹處採礦，在橫向開成高二公尺寬一公尺左右的坑口，坑頂及左右兩側均以木料支持，自外部向內挖取原料，此法的坑道，有時並非直進，得視土層的方向而轉移。例如利用廢煤礦探取頁岩陶土，卽屬於此類。

6-10 黏土的處理

天然陶土能直接使用者，爲數不多，由於雜質、粒度、水份等問題，多數原料須加以處理，其方法如下：

㈠水簸：係將黏土加水再用人工或機械方式加以攪拌成泥漿，依次流經各沉澱池，粗粒及較重之雜質最先沉降，細沙及雲母等在經過除砂溝時亦隨時沉降，質純而粒細的陶土則最後沉澱，沉澱池的多寡，視需要而定，有達十數池者，原料愈流愈遠，質地愈純愈細，沉澱之後，將上面澄水放去，殘留之厚泥漿，經壓濾榨乾之後，稱爲水簸土。

㈡研磨：陶瓷製品的性能和其原料的粒度有密切的關係，較細的粒度，可增加各粒子間的接觸面積，因此可增加其反應的可能性和速度。同時，

對黏土的可塑性以及燒成後的強度、收縮率、密度等均有影響。所以，凡粒度不合要求的原料，都須經過粉碎研磨的處理。

陶瓷工藝的原料，除了各類黏土之外，石英和長石以及其他副料，其粒度較之黏土更爲粗硬，通常也都需要經過壓碎研磨的處理，方能適用。此類粉碎研磨的工作，目前都用機器來處理，有時須經過粗碎、細碎、粉碎等多種手續之後，才能達到要求。

㈢篩分：篩分是將粉碎後的物料，分爲兩部分，一種是可以通過某一特定篩孔的，一種是不能通過的。也有將多種不同孔度的篩組合成一套，物料通過之後分成不同粒度，除將適用者留置之外，不適用者可以再加粉碎研磨。

6-11 坯土的調配

坯土是指用以製作陶瓷坯胎的黏土，通常都用處理過的黏土來調配。當然，單獨一種黏土也可以製成坯胎，如我國景德鎭所產的瓷土，但這類泥土畢竟太少。由於材料科學的日益發達，對於黏土的性能了解加深，目下陶瓷工作者，常可依據製品的性質，將多種黏土以及副料，調配成合乎自己期望的坯土。

調配坯土，有兩項原則必須把握，首先要考慮製成品的類別，究竟製成品是瓷器、陶器、炻器、土器或耐火器，這和黏土的色澤、燒成溫度、強度、吸水率等有關係，例如欲燒成瓷器，則所配的坯土要保持潔白的色澤，耐火度、燒成強度都要高，而且必須不透水；如製品僅爲炻器，則對色澤的要求可以放寬，所配的原料就不一樣了。其次爲製作的方法，究竟採用拉坯、注坯、壓坯或其他成型方法，這與坯土的可塑性、乾燥收縮率等關係密切，例如拉坯成型者，坯土的黏度要相當的高，否則無法成型，而採用壓坯成型者，可塑性方面的顧慮則可以少些。

在各類黏土原料中，以高嶺土的色澤最白，燒成溫度高達 $1800°C$,

但其可塑性甚差; 而球狀黏土則以黏性大而稱著, 通常用以作爲調整可塑性的材料; 至於長石, 其化學成份和陶瓷土類似, 但其燒成溫度較高嶺土低, 約在 1300°C, 故常用作助熔劑, 以調整坯土的燒成溫度和堅硬度; 石英 (SiO_2) 則常用作塡料, 可以減低坯土的收縮率, 以及在乾燥時坯胎不致開裂變型。坯土的調配, 通常都利用上述原料的特性而互爲增刪, 加上累積的經驗, 就可以調整出合乎理想的原料。

假定我們要配成一種瓷器的坯土, 首先必會考慮以高嶺土爲主料, 因其質白粒細, 且燒成後的狀態均可符合瓷器的條件, 但是高嶺土的燒成溫度須 1800°C, 窰燒設備和能源消耗所費甚鉅, 不合經濟原則; 因此須考慮摻入長石, 長石的化學成份和高嶺土相似, 但燒成溫度僅約 1300°C, 摻入之後可以降低坯土的熔點; 可是這兩種原料的可塑性都不好, 不易使瓷器成型, 這就要考慮到摻入一些球狀黏土, 以提高坯土的黏性; 根據經驗, 上述的原料中, 如果再加入部分石英, 可以增進坯胎對於變型的抗拒, 增加堅硬度, 使坯胎的半玻璃化趨於穩定, 因此, 我們可能開出一種瓷器坯土的配方, 它是: 四份瓷土、一份球狀黏土, 三份長石和二份石英。如果我們希望燒成的製品只是炻器, 所需的坯土配方當然與瓷器的有所不同, 因爲炻器在色澤上的要求不若瓷器的嚴格, 主料自不必使用高嶺土, 而代以炻器土, 至於球狀黏土添加量的多寡則視炻器土的性質而定, 如塑性不佳, 多加一些球狀黏土的份量亦無妨, 但若製造磁器, 球狀黏土的比例太高, 尤會降低磁器的潔白度, 至若長石和石英, 其作用已如前述, 亦視炻器土的性質, 酌量配合, 以能達到助熔和燒成的穩定爲目的, 通常一次配方, 往往不易達到理想的效果, 經過數次增刪試燒之後, 就可求得合用的配方了。

至於器物成型的方法, 和坯土的配方也有密切的關係, 同樣是陶器, 採用拉坯、注漿或壓坯的成型方法不同, 其配方也有差別, 合於拉坯的坯土, 未必合於注漿, 一般說來, 拉坯時, 陶土需要較高的黏性, 而且吸水

不能太快，在坯體拉薄時，尚須保持不變型，因此坯土中也需要適量粗糙的原料配合，使其產生「齒」的作用。拉坯陶土固然需要高黏度，但若超過某種程度，坯體的收縮率就會增加，球狀黏土含量如超過 50％，收縮的麻煩，可能在乾燥時就會開始，在煅燒過程中變形的可能也就更大。每種陶土的配方，所能製作器物的大小或高度都有一定，超過了承受的限度，就會導致倒塌，這也是配製坯土時必須考慮的因素。

用於注漿成形的坯土，所需的黏度要比拉坯者為低，通常希望黏性原料和非黏性原料如長石、石英等能夠呈某種程度的平衡，黏性太高，有膠滯現象，則成型的時間會增長，也可能使漿土和模型黏結，引起變形和開裂，含氧化鐵太多的陶土，也要避免使用，因為也容易黏在模上。注漿坯土中若長石、石英等含量過多，會引起黏性不夠，結坯太快的毛病，造成坯體不整齊，脫模時韌性不夠，而致損壞等現象。此外，坯體的形狀、厚度，以及石膏模的狀況等，也都要列入考慮，才能設計出良好而適用的配方。

6-12 胚土的製備

當胚土的配方決定之後，欲將這些原料製成可用的狀態，尚須經過相當的步驟，其方法可分為濕式和乾式兩種：

㈠濕式製法

1.調拌：陶瓷原料包含黏土、長石、石英等，首先得將這些原料依配方的比例，混合調拌，通常先將黏土和水置入調泥槽中攪拌成漿，再加入非黏性原料，這些原料事先均已粉碎過，經與黏土調拌均勻之後，立即卸出，否則，非黏性原料容易沉澱槽底，結成硬塊，影響下一步驟的操作。

2.球磨：在原料處理過程中，黏土、長石、石英或其他燒粉等之粒度，粗細並不一致，故尚須進一步統一研磨，同時也將各種原料調拌得更為均勻，這種工作通常都放在球磨機中操作，約經24小時，方可完成。倘若上

述原料在原料處理時已經取得可用的粒度，本步驟有時可以省略。

3.篩漿：篩漿的目的有二，其一可將泥漿通過一定的篩孔，使其粒度均勻；其二可將雜質篩除，篩漿機有利用偏心輪轉動，有應用振盪器或離心法者，不一而足。

4.電磁除鐵：泥漿中的鐵份，將影響瓷器的色澤，凡要求潔白的瓷器，必須經過除鐵的處理，通常使泥漿通過敞口的鐵網篩，篩上通以電流使之磁化，吸去鐵份，鐵份達到某一數量，則需清理一次，方可繼續使用。

5.壓濾：泥漿經上述各步驟處理之後，各種雜質大致清除，如其所含水份，恰可供應注漿之用，則可移入貯漿槽內備用，但若所含水份過多，或係供應拉坯使用時，則須以壓濾機除去水份，常用壓濾機約有 75 塊濾板，板中有孔，濾布在板的兩面，泥漿受壓通過時，形成濾餅，濾餅的含水率，視需要可加以調節。

6.捏練：手工拉坯或機械製坯的坯土，成坯時尚須經過捏練的步驟，捏練可使土質頓滑均勻，更富黏性，並排除坯泥中的汽泡。少量坯土可用手工捏練，大規模者常用眞空練泥機，泥土在機器中經螺旋練泥刀攪拌之後，送進抽氣室抽去空氣，再經螺旋形旋軸擠出機外，質地緊密，算是可以使用的坯土了。但是有時尚須貯存一段時間，待坯土老化後再行使用。

(二)乾式製法：

乾式製法，係以乾燥之原料直接予以研磨，待達到要求後，送入混合機中澈底混合，然後再加入所需的水份，乾式製法的優點，在於水份含量控制準確，工廠操作面積可以減少，製造費用也可以降低。

第四節 釉 料

6-13 釉的功能與組成

釉是一種玻璃質的外膜，熔化在陶瓷器坯胎之上，其功能如下：

㈠增加坯胎表面的光澤與色調，使器皿更加美觀。

㈡防抗液體浸入素坯。

㈢使汚垢不易附着。

㈣使器皿更加結實。

所謂玻璃，係以土質原料經熔融後冷却，形成透明或半透明的非晶體物質，亦可具有色澤。有些氧化物特別趨向於形成玻璃，其中最主要的一種就是矽土 (SiO_2)，陶瓷釉的性質與玻璃相似，所以矽土也是釉的主要材料，但矽土的熔點很高，約爲 $1700°C$ 左右，因此需要加入助熔劑，以降低燒成溫度。此外，陶瓷釉尙需具有與玻璃不同的另一特質，卽流動性要適當，須能黏牢於土坯面上，不致於流失，通常多加入礬土 (Al_2O_3)，卽可達到此目的。所以釉料的基本組成包括三個部分：

㈠釉的玻璃質本體，以矽土 (SiO_2) 爲主，通常以符號 RO_2 代表，爲酸性。

㈡助熔劑部分，以金屬氧化物爲主，其金屬元素多與一氧化合，如氧化鉛 (PbO) 等，通常以符號 RO 代表，屬鹼性。這一部分的氧化物種類頗多。

㈢另一類輔助劑，爲礬土 (Al_2O_3) 或氧化硼 (B_2O_3)，因其元素與氧的結合均是二比三，故以符號 R_2O_3 代表，屬中性物質，可與前述酸性及鹼性兩種材料相結合。

除此之外，尙可加入適量色料，使釉在某預計的溫度裏，呈現所需的色澤。

因此，釉的化學組成，通常以 RO、xR_2O_3, yRO_2 來表示。其中 RO 之總和應爲 1 。 x 之量常爲 $0.1 \sim 1.2$，低溫鉛釉或可缺此項。y 之量常爲 $1 \sim 12$，最高有達 15 者。至於色料，可併入釉式或附寫其後。例：

RO		R_2O_3		RO_2		色 劑	
0.5	PbO						
0.2	K_2O	0.25	Al_2O_3	2.1	SiO_2	0.3	SnO_2
0.3	CaO						

釉料如依其燒成溫度可分為低溫、中溫和高溫三類，其組成比例大略如下：

㈠低溫釉（用於陶器、精陶器及半燒固軟瓷器）

    1 RO   0.0~0.1 R_2O_3 1.0—3.0 RO_2

㈡中溫釉（用於炻器及一般瓷器）

    1 RO   0.1~0.6 R_2O_3 2.5~5.0 RO_2

㈢高溫釉（用於硬瓷器）

    1 RO   0.5~1.2 R_2O_3 5.0~12.0 RO_2

上述組成中，RO 一組所含的釉料對釉的燒成溫度影響甚大，因其可由一種或多種金屬氧化物組成，組成改變，釉之性質隨之變更，故上述公式，僅為一般性的參考架構。

6-14 釉料中的氧化物

釉料的分組已如前述，茲將各組內所含氧化物的性質以及其作用分述如下：

㈠RO_2 組的氧化物：本組主要的氧化物是氧化矽（SiO_2），亦稱矽土，係瓷坯及釉的主體，為釉藥不可缺少的成份，釉藥中含 SiO_2 愈多，其熔融度將愈高，同時釉的高溫流動性及膨脹係數均將降低，但其硬度及耐磨性均增強，故製釉的一般法則，儘可能多用矽土於釉中，高溫釉比低溫釉優越，卽因加入較多矽土之故。通常 $1050°C$ 以下的低溫釉，矽土與其他釉料總和的比約為二比一，$1250°C$ 以上的高溫釉，則為其餘分量的三倍或四倍以上。矽土的用量過低，釉將欠安定而溶解，但若用量過高，則無

法於預定溫度內燒成，或在冷卻後結晶。矽土不會影響釉內的色彩，其來源可採自石英、燧石、長石及黏土。

(二)R_2O_3 組的氧化物：本組的主要氧化物有二：

1.氧化鋁（Al_2O_3）：亦稱礬土，其用量雖少，但對釉之性能貢獻頗大，因其黏性大，不易由垂直面流下，此爲釉內不可或缺的性能。其另一作用是阻止其他原料聚集成爲結晶狀，缺少礬土，許多釉會在冷卻時失去玻璃光澤，而有粗毛，不透明或起斑點，礬土約在 $2040°C$ 左右才熔化，故少量的礬土可對釉的耐火度、硬度及抗化學腐蝕之強度有幫助。而 Al_2O_3 與 SiO_2 在釉公式中，其當量的比例可以用作控制釉的光澤，$1:6$ 至 $1:10$ 使釉呈光澤，亦卽正常的比例；如爲 $1:3$ 至 $1:4$，將得無光釉，因礬土的熔點高，用量超過，將使任何釉呈不透明和無光。Al_2O_3 來源多採自長石或黏土。

2.氧化硼（B_2O_3）：氧化硼雖屬於本組，但卻爲酸性，可作釉內主要或次要助熔劑，減低高溫稠化性，增強釉的光澤。但使用過多時，將影響釉的抗蝕及防水性，且其強度亦不大。故常用於低溫釉中取代一部份 SiO_2，以達降低耐火度之目的，但不能全部取代。硼砂（$Na_2B_4O_7$）及硼酸（H_3BO_3）均可供給氧化硼，二者均溶於水，故須先行配製成溶塊而後使用。

(三)RO 組的氧化物：本組所含的氧化物種類繁多，可以其中一種或多種參加反應，但其總和在釉料的三組當量比例中恆爲 1。茲分述如下：

1.氧化鉛（PbO）：爲低溫釉常用的助熔劑，其熔點爲 $880°C$，而氧化矽的熔點在 $1700°C$ 左右，兩者化合可生低熔點的矽酸鉛（$PbSiO_3$），熔點約爲 $766°C$，故不必另加其材料，卽可成爲穩定的釉藥。但在中溫釉中其用量較少，在高溫釉中則根本不適用。

氧化鉛除低熔點之外，對顏色氧化物產生良好的效果，且有光潔、明亮、無污點的傾向，由於膨脹率低，對大多數坯胎均適合而不開裂，其折光指數大，故所成之釉極富光彩。

鉛釉必須在氧化焰內燒成，如直接和火焰或煙接觸則易生氣泡變黑，溫度超過 $1200°C$，則轉爲揮發性，由於鉛有毒性，故在使用時應注意安全，如與矽土製成熔塊，則可避免危險，鉛的溶解度大，抗酸性差，故在製成食具時，釉料中尚須加入其他氧化物如石灰等，以減少危害。氧化鉛亦可自鉛丹（Pb_3O_4）、碳酸鉛（$PbCO_3$）、鹽基性碳酸鉛〔$2PbCO_3 \cdot Pb(OH_2)$〕取得。

2.氧化鈣（CaO）：其熔點爲 $2572°C$，大多數釉內都含有它，因其價格便宜。氧化鈣熔點雖高，卻爲中溫及高溫釉的主要助熔劑，在低溫釉中，鈣必須與鉛、鋅或鈉等助熔劑混合使用。氧化鈣能增加坯與釉的黏合力，使釉穩定，增高釉的強度、硬度及光澤，但若使用過量，將使釉生結晶而失去光澤。本劑對無鉛釉的色澤有影響，在高溫還原釉中呈灰綠色，對於製造稍微模糊的釉面，有良好的效果，某些釉中祇須加入少量的氧化鈣，就生模糊的效果而不太影響透明度。氧化鈣可自石灰石、碳酸鈣（$CaCO_3$）、氫氧化鈣〔$Ca(OH)_2$〕、白雲石（$CaCO_3 \cdot MgCO_3$）或鈣長石中獲得供應。

3.氧化鎂（MgO）：在釉藥中作用與氧化鈣相似，但較氧化鈣單獨使用時耐火，其主要用途爲高溫釉的助熔劑，在高溫釉中有光滑、奶油狀的效果，含鎂高的還原釉，通常係不透明，光滑而緊密。氧化鎂可以減少高溫釉的流動性、龜裂以及幫助無光釉的生成，以之代替氧化鈣可以避免釉面變黃。若將鈷加入含氧化鎂的釉內，結果顏色爲紫色，而非普通的藍色，若鎂的含量大，在高溫時會有粉紅或艷紅的斑點與紋理。本劑因其耐火度高，故少用於低溫釉內。碳酸鎂（$MgCO_3$）、氫氧化鎂〔$Mg(OH)_2$〕、白雲石或純淨的菱鎂礦均可取得氧化鎂。

4.氧化鋇（BaO）；其作用與氧化鈣及氧化鎂相似，性質介乎氧化鈣與氧化鉛之間，在大多數釉內，均能生頓緞般的無光效果，但其化合物每易使釉生龜裂，用量常在 0.3 當量以下，可改善機械強度，提高抗酸性，強度與硬度均較鉛釉爲大。但其用量若過多時，會產生乾燥的釉面，含多量

研的釉，摻入氧化鋇，不會產生無光效果。氧化鋇在還原焰的高溫釉內，會呈灰綠色和鐵藍色。

5.氧化鋅 (ZnO)：在中、高溫釉中，是常用的助熔劑，性質與氧化鉛相似但耐火度較高，可增大燒成範圍，使釉面光澤較好，若使用過量，呈現無光和乾枯現象，在低溫釉中，則沒有助熔作用。

氧化鋅可減低釉的膨脹係數及防止龜裂，並能改善釉的白度，由鉛、長石或硼酸組成的釉，以鋅作額外助熔劑，效果甚佳，但若全靠鋅來做熔劑，則釉易起皺或針眼，故以少量使用為宜。鋅和鐵同時使用時，易有模糊和污黑的顏色；如與銅合用，則有燦爛的土耳其綠玉色澤；與鉻同用，則生棕色。氧化鋅的來源是方閃鋅礦 (ZnS)。

6.氧化鈉 (Na₂O)：為矽土有力的助熔劑，配方 $SiO_2 70\%$、$Na_2O 7\%$、$K_2O 23\%$ 的共熔混合物，在 $540°C$ 時即行熔融，可見其助熔作用的強烈。在含鈉多的釉方中，加入色料之後，會有燦爛的彩色，著名的土耳其藍玉色，便是鈉釉內加入氧化銅而成；埃及藍也是由類似的配方而成。

氧化鈉在釉內的缺點是膨脹率特高，使釉面易生龜裂，且釉質較軟，容易損壞或搔破，輕微的溶解於酸，有風化和變質的傾向。

氧化鈉的來源，可取自鈉長石、碳酸鈉(Na_2CO_3)、硝酸鈉($NaNO_3$)、硼砂 ($Na_2B_4O_7$) 等，此類原料均溶於水，故必須先作成熔塊，而後使用。

7.氧化鉀 (K₂O)：在釉中的作用與氧化鈉極類似，其優點和缺點也相同，但氧化鉀比氧化鈉所能熔化的矽土多些，故釉的抗磨性略佳，當釉中含鉛時，其光澤亦勝過氧化鈉，其燒成的溫度範圍亦較廣，在低溫釉中，其含量有高達 25% 者。

鉀和鈉同樣可使釉的色彩燦爛，但呈色略有不同，例如錳在含鈉的釉中呈紅紫色，在含鉀的釉中則呈藍紫色，鉀的膨脹率次於鈉，但仍相當高，使用時應防龜裂。

氧化鉀的來源為鉀長石、碳酸鉀 (K_2CO_3)、硝酸鉀 (KNO_3)，後二者

應用時應製成熔塊。

8. 氧化鍶 (SrO)：在釉的光澤、高溫流動性、燒成範圍等方面，鍶釉的效果與鉛釉相似，但鍶則無毒，不易還原，故可代替鉛製成無毒的低溫釉。鍶在釉內的功用與鈣亦相似，且較易熔化，以鍶代鈣，可增加成熟範圍及硬度，減低溶解度，但其膨脹率亦將隨之增高。氧化鍶可自天青石礦 ($SrSO_4$) 中取得，但價格頗昂，用之者少。

9. 氧化銻 (Sb_2O_3)：在釉內常用作不透明劑，與鉛混合呈黃色。其在琺瑯中的用量，較用於陶瓷方面要大得多。

10. 氧化鋰 (Li_2O)：為強有力的助熔劑，作用與鈉相似。加少許鋰對釉的流動性很有幫助，使釉面均勻光滑。氧化鋰可自鋰雲母及碳酸鋰 (Li_2CO_3) 中取得，但價格昂貴。

6-15 釉中呈色的材料

釉除了具有物理上的功能之外，更具有藝術上的功能，也就是色澤之美，這些色澤是由於釉中加上一種或多種的重金屬氧化物、氯化物、氫氧化物、碳酸鹽、磷酸鹽、鉻酸鹽等材料而成，這些材料原來所呈現的顏色，和在釉中燒成後所呈現的顏色大多數並不相同，這是因為經過高溫後產生變化之故，例如：

$$CoO + SiO_2 \xrightarrow{900 \sim 1300°C} CoSiO_3$$
黑色　白色　　　　　帶紅調的藍色

氧化鈷原為黑色，加入釉中，因釉與坯體上均有大量的氧化矽，在 $900° \sim 1300°C$ 時，結合成矽酸鈷而生成藍色了。也有一些材料經過高溫之後產生分解作用，或因結晶水的消失，顏色亦因而改變，由此可知釉的顏色，除與着色劑之性質有關之外，其份量、燒成溫度、施釉方法、燒法等均影響釉的色澤，故色劑的種類雖不多，其所能呈現的色澤則可無限，這也是許多陶瓷工作者所以樂之不疲的原因之一。茲將各種有關材料在釉

中可能呈現的色澤介紹如後:

1.氧化鐵: 常用於釉中的是三氧化鐵 (Fe_2O_3) 或氧化亞鐵 (Fe_3O_4),在釉內呈棕色、銹色、黃色,如與其他氧化物混合,可生黑色、褐色或減淡其他材料的呈色。在碱釉中,氧化鐵產生冷調的黃色、黃褐色及棕色。在含鋅的釉內有不透明的效果。在含氧化錫的多鉛釉中,產生奶油色的雜斑,邊緣部分,會呈現美觀的紅棕色。在多鉛釉中若加入大量的氧化鐵,會生黃和紅的鐵結晶,謂之灑金釉。在還原焰中,少量的氧化鐵,呈現灰青色,爲我國宋磁特色之一。

除氧化鐵外,其他鐵類化合物如氫氧化鐵、氯化鐵、硝酸鐵等亦可用作色劑,按使用份量和窰內的氣氛,可能產生淺黃、紅棕、深紅、淺綠、灰色或黑色。

2.氧化銅: 古代卽懂得用氧化銅來製綠色和藍色的釉,例如埃及人在公元前 3000 年,便已製成藍色碱釉。氧化銅加入碱釉,會呈現土耳其玉色或藍色。在鉛釉中,產生綠色,如加少許金紅石、鐵或鎳,則色澤更佳。以硼爲主的釉中加入氧化銅,則呈帶綠的土耳其玉色。在含鋇多的釉中,則有濃艷的藍或綠色。在還原焰中則呈銅紅、寶石紅或牛血紅。氧化銅的加溫若超過 8 號火錐,將揮發而影響窰內其他燒製品的色彩。

其他銅類化合物,有碱性碳酸銅、磷酸銅、氯化銅、硝酸銅等,均可用於色釉,視條件不同可獲綠色、藍色、孔雀綠或紅色等色澤。

3.氧化錳: 錳在釉內呈紫色或棕色。在多碱釉內,呈鮮明的紫藍色,或李子色。在鉛釉內,所生紫色呈軟調。與少量鈷混合,可生紫羅蘭色或紫紅色。在還原焰中,呈暈淡的棕色。錳的發色較弱,故用量需較多,2—3%方能呈現明顯色彩。

含錳的材料,有二氧化錳、碳酸錳、氯化錳、硝酸錳以及含錳的粘土。

4.氧化鉻: 鉻可製造出紅、黃、粉紅、棕和綠色,可謂多變的材料,

呈色視配方和火度而定。在無鋅而少鉛的釉中呈綠色。在低溫鉛釉中，若鉛含量在 0.7 等值以上，而礬土含量不高，窰溫在 08 號錐以下時，呈現華麗的桔紅色。含鈉和鉛的釉中，鉻含量在 1% 時，在低溫燒成，則呈艷黃色。如和鋅配合則生棕色，用爲釉下彩常用的色劑。含錫釉中加入氧化鉻，或重鉻酸鉀，會有粉紅或紫紅的效果。本劑與氧化鈷配合，於 9 號錐還原燒成的多鎂釉中，則有美麗的藍綠色。氧化鉻在 6 號火錐以上將完全揮發。

含鉻的材料有氫氧化鉻、重鉻酸鉀、鉻酸鉛、鹼性鉻酸鉛、氯化鉻、硝酸鉻等，其中重鉻酸鉀易溶於水呈毒性，宜注意使用。

5.氧化鈷：爲釉內最穩定的藍色來源，幾乎在所有的釉中均呈藍色，其着色力甚強，1% 的用量卽能產生濃烈色彩。

在鹼釉內，產生極華麗的藍色；若釉內含 0.2 等值的鎂，將呈紫藍色；若和鎂混合，在 9 號錐以上燒成，則呈紅色、粉紅和紫色的結晶斑點。氧化鈷宜配合其他色劑，如鐵、金紅石、錳、鎳等使用，色澤較爲柔美，但若單獨使用，則色調頗爲生硬。

含鈷的材料尙有四氧化三鈷、三氧化二鈷、碳酸鈷、磷酸鈷、氯化鈷、硝酸鈷等。

6.氧化鎳：在釉中可產生多種顏色，但以棕爲主。1% 的氧化鎳，常生灰色， 2% 者可生棕色。鎳的色彩易變不可靠，故商業上少用，但若用以減輕或變灰其他色彩，則甚有效。氧化鎳耐火性高，用量超過 2% 時，釉將呈現乾枯粗糙之感。

含鎳的材料，尙有氧化亞鎳、碳酸鎳、氯化鎳、硝酸鎳等。

7.氧化釩 (V_2O_3)：在釉中產生黃色，通常先與氧化錫化合製成色料，再加入釉中，因釩的含量較少，故須大量方能呈色。此外尙有氯化釩亦爲含釩材料，這些材料除呈黃色外，尙可呈現淡綠到土耳其藍的色調，在還原焰中則變成灰色。

8.二氧化鈦: 純淨者呈白色粉狀，可做白色乳濁劑、結晶釉及無光釉。不純者含有氧化鐵，稱為金紅石 (Rutile)，在釉內產生碎石或雜色的效果。在含硼的釉中，呈顯著的斑紋。在鉛釉中，金紅石引起的質地不太明顯，若釉中含有特多的鋇，則成微帶絲光的無光釉，效果甚佳，是一種炻質釉。

9.鉻酸鐵 ($FeCrO_4$): 在釉中可產生灰色、棕色或黑色，在含鋅的釉中產生棕色，在含錫的釉中呈粉紅色。鉻酸鐵是其他色彩最好的修飾劑，所產生的色彩，非混合其他氧化物所能及。

10.二氧化錫: 為一種白色粉末，可製出潔白的乳濁釉，其柔和細緻的功效，非其他乳濁劑所能及。

11.二氧化鋯(ZrO_2): 為一種白色耐火性強的粉末，可以代替氧化錫作為釉的乳濁劑，一般多採自矽酸鋯。

12.氧化銻: 在不含鉛的釉中用作白色乳濁劑。在含鉛的釉中出現黃色，由於產生黃色銻酸鉛，稱為拿波里黃。

13.氧化鈾: 加入釉中產生黃色，與釩比較，釩產生暖調黃色，鈾產生冷調之檸檬黃。在低溫多鉛釉中，則產生桔紅色，其色調與鉻紅相近。

14.鎘與硒: 通常把鎘與硒化合成色料，再加入低溫熔塊釉中，產生紅釉，配方比例約為硒 20%，鎘 80%，但其色澤易褪，必須在低溫中燒成。

以上材料可以單獨使用，也可混合使用，目下有許多釉料供應商，已將呈色材料配製成正確的色料，直接加入基本釉中，即可應用，茲略舉配方數則以窺一斑:

桃 紅 色

氧 化 錫	40
鈣 白	15
螢 石	6

石　英		16
重鉻酸鉀		2

黄　色

氧 化 錫		30
鉛　丹		90
氧 化 銻		60

深　藍

氧 化 鈷		150
鈣　白		40
鉛　丹		10
熔　塊		40
硝 酸 鉀		10

綠　色

石　英		75
鉛　白		25
硼　砂		100
氧 化 鉻		20

白　色

氧 化 錫		84
硼　砂		60
鉛　丹		60
長　石		100
白　砂		10

橙　色

氧 化 錫		30
氧 化 鐵		35
鉛　丹		100
氧 化 銻		70

黑　色

氧 化 鑪	20
氧 化 鈷	50
氧 化 鐵	10
氧 化 鎳	20
白　　砂	3

以上色料燒成溫度約在 $900°C$ 左右，爲釉下用色料。 此外亦有用於釉上的彩料，多爲着色劑和熔塊粉之混合，燒成溫度較低，約在$815°C$—$855°C$ 左右，例如紅色釉上彩料，先製成紅色用熔塊，其配方如下：

鉛　丹	60
石　英	20
硼　酸	35
硝　石	2
氧 化 鋅	2.5
碳 酸 鎂	2.5
氧 化 鋁	5
氧 化 銻	5
氧 化 鐵	2

上述熔塊再加 10% 的氧化鐵，可配成紅色的釉上彩料，但也有些熔塊可以直料使用而不必另加材料者。

6-16　釉方的配製

一般的釉方，多以經驗式來標明，但經驗式並不是眞正的化學公式，它僅表示熔化以後的釉，其中各類氧化物的分子比較量，而非氧化物的總重或實際重量，如要求得實際重量，則需要一定方法來計算，例如簡單鉛釉的經驗式爲：

RO 組		R$_2$O$_3$ 組		RO$_2$ 組	
PbO	1	Al$_2$O$_3$	0.2	SiO$_2$	1

這是表示本釉是由一個氧化鉛的分子、十分之二礬土的分子，和一個矽土分子所結合而成，眞正材料的重量則應先計算出其分子量爲當量，方可獲得，計算方法應爲：

$$PbO \times 1 = (207+16) \times 1 = 223$$

$$Al_2O_3 \times 0.2 = (27 \times 2 + 16 \times 3) \times 0.2 = 20.4$$

$$SiO_2 \times 1 = (28+16 \times 2) \times 1 = 60$$

由計算的結果得知，上式係由 223 分的 PbO、20.4 分的 Al$_2$O$_3$ 和 60 分的 SiO$_2$ 配成的，祇要這個比例是對的，無論用克、兩、磅、公斤爲單位，所得的釉，其結果都是一分子氧化鉛、一分子矽土和十分之二礬土分子的結合。如果不按這種計算方式，而以一磅 PbO、一磅 SiO$_2$、和 0.2 磅的 Al$_2$O$_3$ 來配方，那就相差不能以道里計了。

同理，如果我們獲得了一個釉藥的用量配方，而不知道各種氧化物的分量比例，這對研究和改良釉方是很重要的，那麼我們只要反其道而行，就可求得眞正的公式，例如所獲的資料僅爲：

PbO	223
Al$_2$O$_3$	20.4
SiO$_2$	60

上述數字如各除以該氧化物的分子量即可得到：

$$PbO = 223 \div 223 = 1$$

$$Al_2O_3 = 20.4 \div 102 = 0.2$$

$$SiO_2 = 60 \div 60 = 1$$

故該釉方的氧化物分量的比例爲：

RO 組		R$_2$O$_3$ 組		RO$_2$ 組	
PbO	1	Al$_2$O$_3$	0.2	SiO$_2$	1

釉藥的分量比例既已決定，究竟採用何種原料以滿足配方，尚賴有經

驗的工作者來選擇，就以上述的配方爲例，其中氧化鉛可由密陀僧（PbO）、鉛丹（Pb_3O_4）等來供應，而矽土、礬土可由一般陶土（$Al_2O_3 \cdot 2SiO_2 \cdot 2H_2O$）、長石（$K_2O \cdot Al_2O_3 \cdot 6SiO_2$）等來供應，假定我們選擇密陀僧、陶土爲主要原料，不足之數再以燧石（SiO_2）補充，可將配方按如下的方式計算：

		PbO 1	Al_2O_3 0.2	SiO_2 1
密陀僧	1	$\dfrac{1}{0}$		
陶　土	0.2		$\dfrac{0.2}{0}$	$\dfrac{0.4}{0.6}$
燧　石	0.6			$\dfrac{0.6}{0}$

原料的重量比則爲：

密陀僧　　1 ×223＝223
陶　土　　0.2×258＝51.6
燧　石　　0.6×60＝36

　　本配方如以克爲單位，則需密陀僧 223 克、陶土 51.6 克、燧石 36 克，卽可完全滿足之。

　　較複雜之釉藥配方，方法一如上述，但原料之選擇及計算均較繁雜一些，假定有一釉式如下：

$$\left.\begin{array}{ll} PbO & 0.8 \\ K_2O & 0.2 \end{array}\right\} \quad Al_2O_3 \;\; 0.25 \quad SiO_2 \;\; 2.00$$

　　如果決定採用密陀僧、鉀長石（$K_2O \cdot Al_2O_3 \cdot 6SiO_2$）、陶土爲主要原料，不足之數補以燧石，則可按下式計算：

		PbO 0.8	K_2O 0.2	Al_2O_3 0.25	SiO_2 2.00
密陀僧	0.8	0.8			

鉀長石	0.2	0.2	$\dfrac{0.2}{0.05}$	$\dfrac{1.2}{0.8}$
陶　土	0.5		$\dfrac{0.05}{0}$	$\dfrac{0.1}{0.7}$
燧　石	0.7			$\dfrac{0.7}{0}$

各原料的重量比應爲：

密陀僧　$0.8 \times 258 = 206.4$

鉀長石　$0.2 \times 556 = 111.2$

陶　土　$0.05 \times 258 = 12.9$

燧　石　$0.7 \times 60 = 42$

按上述重量配方卽可得到所需的釉料。

有少數的原料，在燒成後，組成釉之氧化物的分子有增減現象，卽分子量並不與原料重量相當，例如硝石（KNO_3）燒成後成爲 K_2O，鉀原子增加了一個，故其當量爲分子量的二倍，成爲 101×2 得 202。這一類的原料，尙包括骨灰〔$Ca_3(PO_4)$〕、硼酸鈣（$2CaO \cdot 3B_2O_3 \cdot 5H_2O$）、鉛白〔$2PbCO_3 \cdot Pb(OH)_2$〕、紅丹 Pb_3O、冰晶石（Na_3AlF_6）等，在使用時其計算方法應加注意。

第五節　石　膏

6-17　石膏的用途

石膏（Gypsum）可以三種形態被應用，卽天然礦石、熟石膏與無水石膏。天然礦石主要用於水泥製造上的凝結調節劑。熟石膏之用途極廣，如建築用之灰泥、石膏板，陶磁業用之模型、藥療用之石膏繃帶、文具用之粉筆、食用的豆腐凝結劑，金屬工藝用的脫臘鑄模劑，以及美術工藝上

常用作塑鑄的材料。無水石膏則常用作乾燥劑，肥料之調整劑，玻璃研磨、鎳製煉、油漆、紙、塑膠、橡膠之填充料及稀釋劑。

熟石膏遠在十五世紀，卽被應用作黏土材料成型的模型，所以和土屬材料關係非常密切，其原因如下：

㈠可以複製精細的作品，用法簡單，可於短時間內成型。

㈡具有孔隙性，使黏土易於脫模。且其孔隙不易被膠體所封閉。

㈢容易製成光滑而耐久的表面。

㈣物理及化學性質均甚穩定。

㈤材料價格廉宜。

6-18 石膏的性質

石膏礦石的化學成份為 $CaSO_4 \cdot 2H_2O$，故又稱二水硫酸鈣，其理論上之百分比組成如下：

氧化鈣（CaO）	32.55%
三氧化硫（SO_3）	46.51%
水份（H_2O）	20.91%

其摩氏硬度在 1.5～2.5 之間，比重在 2.2～2.4 之間，通常為白色或灰白色，但亦有帶紅色及褐色者。結晶有粒狀、鱗狀及纖維狀者，所含雜質通常為黏土、細粒石英，及少量的碳酸鹽礦物、有機物及氯化物。天然礦石以純度在 65～75%（SO_3 含量在 30～35%）者為多，優良者可達 85～95%（SO_3 含量在 40～44%），純度在 65% 以下者，無甚利用價值。石膏天然礦石的主要產地為美國、加拿大、英國、澳洲、墨西哥等地，臺灣省石膏礦多分佈在東部山脈，產狀不規則，僅有大港口、竹田、八邊山三礦床作小規模開採。

除天然產物外，石膏可自化學副產品中得之，工業上製造硫酸或硫酸鹽與石灰或石灰鹽之作用，經複分解反應而得到石膏，如磷酸石膏、製鹽

石膏、亞硫酸石膏等，本省製鹽、臺肥、中磷等工廠，均有是類副產品。

生石膏在 $120\sim180°C$ 溫度下煅燒，失去 $1\frac{1}{2}$ 結晶水卽得熟石膏(Plaster) 其反應式如下：

$$CaSO_4 \cdot 2H_2O \longrightarrow CaSO_4 \cdot \tfrac{1}{2}H_2O + 1\tfrac{1}{2}H_2O$$

熟石膏理論上之百分組成爲：

CaO	38.6%
SO_3	55.2%
$\frac{1}{2}H_2O$	6.2%

熟石膏加上適當比例的水份，可以凝結成堅硬的白色石狀物，工業上卽利用此重要性質以製模及灌鑄作品，石膏的凝結乃由於 $CaSO_4 \cdot \frac{1}{2}H_2O$ 轉變爲 $CaSO_4 \cdot 2H_2O$ 時取得 $1\frac{1}{2}H_2O$ 所致。熟石膏若加溫過度，結晶水全失，則成無可塑性的硬石膏 ($CaSO_4$)。生石膏、熟石膏及硬石膏均爲硫酸鈣之熱的多種結晶變化現象，其種類可如下表：

物　　　　　名	分　子　式	製　　　　　備
二水合物	$CaSO_4 \cdot 2H_2O$	天然的石膏礦石
α 半水合物	$CaSO_4 \cdot \frac{1}{2}H_2O$	在飽和水蒸汽內脫水
β 半水合物	$CaSO_4 \cdot \frac{1}{2}H_2O$	在乾燥大氣內脫水
α 可溶硬石膏	$CaSO_4$	α 半水合物經脫水
β 可溶硬石膏	$CaSO_4$	β 半水合物經脫水
不溶硬石膏	$CaSO_4$	經高溫處理

由表中可知熟石膏因其製造方式不同，可有 α 型及 β 型兩種，據實驗所知，α 型者之硬度爲 β 型的數倍，工藝及陶瓷業所用者，均以 β 型爲多，但用於機械轆轤成形時，混合 α 型熟石膏，可增加強度。兩種熟石膏之性能差別如下：

項　　　　　　目	$\alpha\cdot CaSO_4\cdot\frac{1}{2}H_2O$	$\beta\cdot CaSO_4\cdot\frac{1}{2}H_2O$
標準混水量（%）	35	90
凝結時間（分）	15～20	25～35
凝結時線膨脹率（%）	0.28	0.1～0.2
強度 (kg/cm^2) 一小時後 ｛抗拉	35	6.6
｛抗壓	66	13
強度 (kg/cm^2) 乾燥時 ｛抗拉	280	28
｛抗壓	500	56

　　α 型熟石膏係採濕式燒成法， 成品多用於陶瓷成形、 牙科及工業模型，其製造過程有多種，茲擇其一介紹如下：

石膏原石—→粉碎——水溶液→濕潤粉末——2-5atm. 1—3hr.→ 加壓水熱攪拌

——90～160°C 1～2hr.→ 常壓乾燥 ——→最後粉碎——→$\alpha\cdot CaSO_4\cdot\frac{1}{2}H_2O$

　　β 型熟石膏係採乾式燒成法，將石膏原石粉碎，置於燒成爐中加熱到 120°～130°C，卽達沸騰終了，溫度急速上升，約達 150°～180°C 時，由爐中採出， 經電磁分離機及空氣分離機除去不純物， 再加粉碎並調節粒子，冷卻後包裝之。 β 型熟石膏陶瓷業常用於生產玩偶等，美術工藝方面亦常用。

6-19　熟石膏的硬化現象

　　熟石膏和水混合攪拌，放熱凝結而硬化，茲以 α 型石膏爲例，其化學

反應情形如下：

$$\alpha \cdot CaSO_4 \cdot \tfrac{1}{2}H_2O + 3H_2O \longrightarrow \alpha \cdot CaSO_4 \cdot 2H_2O + 8200(\pm 30)Cal/mol$$

對此硬化現象有各種不同理論上之說明，其中一種爲沈澱速度論。主要論點是與水混合時，熟石膏首先溶解於水成過飽和溶液狀。其中，溶解度小的石膏沈澱析出，此沈澱粒子爲中心，開始成長爲斜狀結晶。此一現象由各面部發生，形成交錯之針狀，再成爲結晶暈，構成網狀組織。因此，硬化速度，依熟石膏之溶解度、沈澱速度及沈澱石膏之生長而決定，影響這基本因素的爲溫度、電解質及結晶核物質等，茲分述如下：

㈠溫度：熟石膏之硬化速度，受溫度之影響甚大，在低溫時慢，隨溫度升高而加快，在 $30°C$ 爲轉移點，超此溫度，愈高速度愈慢，$80°C$ 以上，已不再水和，長時間不硬化，以泥狀而存在。

㈡電解質：熟石膏因電解質或其他物質之存在而影響硬化速度，例如：加少量多鹼金屬鹽化物（約 $0.1\sim0.3\%$）、硫酸鹽及硝酸鹽（食鹽或鹽化鉀）可促進硬化速度。反之，少量鹼金屬之碳酸鹽、磷酸鹽（碳酸鈉、磷酸鈉）及有機酸鹽，則可遲緩硬化速度。

㈢結晶核物質：生石膏及熟石膏經水和作用後其化學式均爲 $CaSO_4 \cdot 2H_2O$，其粒子極爲微細，此粒子作爲結晶核物質促進硬化速度，故不均一燒成的熟石膏及有濕氣的熟石膏，其硬化速度較快。

熟石膏調水的比例和調拌的過程對其品質甚有影響，原則上務使每粒石膏粉都被潤濕而呈含水狀，水量比例少者，所成的石膏塊較緻密堅硬，強度高，但吸水性較差；水量比例大者，所成石膏塊較疏鬆，但孔隙率高，吸水力則較佳。故調水量的多寡，應視用途而定，例如在製模方面，用於鑄坯的模型，每 100 磅熟石膏粉可加水 $70\sim80$ 磅；壓坯之模型，水重則爲 $60\sim70$ 磅，外殼模爲 $30\sim40$ 磅，印坯者約爲 40 磅，下圖示 β 型熟石膏調水比例對石膏塊的強度及吸水率等的關係：

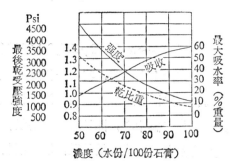

圖 6-19　β型熟石膏調水比例對其性質的影響

　　熟石膏與水混合，必須先注水於盛器中，然後投入適量的石膏，不可注水於石膏中，以致調和困難，調和時必須均勻，否則所成模型強度不均，孔隙不一致，所得之粘土產品亦難滿意。熟石膏混合的水量對硬化時間亦有影響，如所加入之水量，恰如燃燒時所失者，則硬化甚速，加入的水量愈多，愈成稀薄之糊狀，硬化時間愈長，大抵水量爲$\frac{5}{8}$時，濃度甚稠，含水重量達$\frac{3}{4}$時，較爲稀薄，含水量少者，其容積約增加12%，含水量多者，其容積可增至48%。

　　熟石膏調水後，其攪拌方法與時間對硬化亦有影響，攪拌激烈且時間長者，其凝結之速度增快，大規模使用則宜應用攪拌機，工藝工場中，如同時灌注多量模型，則應事先計算妥貼，分批調配，避免因時間過長，石膏中途硬化；或調量不足，半途加調，以致同一模型而石膏之品質有異。

　　初學者使用石膏比較安全的方法，可先以容器貯放定量的水，然後把熟石膏粉篩入，待粉末完全沈澱時，傾去多餘水量，經攪拌均勻後即可使用。大量使用時，應先獲得有關資料，經過試用熟悉性能後用之，可免失敗與浪費。

第七章　色料與塗料

第一節　色　　料

　　人類是生活於色彩世界之中，工藝品自亦難排脫色彩的支配，許多工藝產品，或需要色料來著色，或需要塗料來作最後的裝飾，所以色料和塗料，算是材料知識中很重要的一環。一般說來，色料是僅使物體著色而已，而塗料則常是色料之外，更加上展色劑如油類等媒液相混和，以構成一層塗膜，故除有著色功能之外，尚有保護物體表面的作用。

7-1　色料的分類

　　色料的種類繁多，爲研究及應用便利起見，常採適當的方法將其分類，例如有依天然及人造兩大因素而分類，天然的色料是取之自然界，如植物或礦物等，但後來發覺其構造複雜，色彩有限，產量不多且應用比較困難，乃有許多人造色料的出現。人造色料是化學家研究自然界的色質，然後利用化學反應及物理方法製造而成。因其製造條件均爲已知，故應用容易，且色澤種類極其豐富。也有依有機和無機兩大體系，將色料分爲有機色料和無機色料者。

　　但在實用上，色料常可分爲顏料和染料。顏料指不溶於水、油、溶劑的微粒物質，包括了無機礦物質與有機的複雜構造色質，因爲不溶於溶劑，亦不溶入纖維，常聚積在物體表面成爲不透明的色澤，顏料微粒本身無法聚積，常賴油、膠、樹脂等，將其微粒結合，再塗佈在物體上構成塗膜，

如油漆、繪畫用顏料等。

至於染料，一般指可溶於水或其他溶劑中的色料，色質本身具有高度親和力，**且常可溶入纖維之中**，故常爲紡織物、編織物、木材、竹材、臘染工藝等的著色劑。

7-2 常用的顏料

㈠白色顏料

1. 鋅白：即氧化鋅（ZnO），色潔、質細、吸油力高，若用於塗料，所成塗膜結實而光潔，惟彈性較差，如與鉛白配合使用，可補救其缺點。

2. 鉛白：即鹼性碳酸鉛〔$2PbCO_3 \cdot Pb(OH)_2$〕，與油類容易混和，覆蓋力強，彈性及靭性佳，但若單獨使用，油膜經久容易脫落變灰，其性有**毒**，遇酸溶解，故使用時應加注意。

3. 鈦白：即氧化鈦（TiO_2），是白色顏料中被應用最多者，約佔白色顏料 70 %，耐酸鹼，遮蓋力大於鋅白，與展色劑反應時不會改變塗料的稠度。可用於水性塗料、油漆、合成樹脂塗料中爲色料。塗膜對紫外線吸收力大，故易產生白粉化，通常若與 20～30 %鋅白混和，則效果良好。

4. 鉈白（TiO_2）：在硫酸銅中吹入水蒸氣，使其分解而得。其色調劣於鋅白，塗膜易發黃而稀軟，遮蓋力則較鋅白爲優。

5. 硫化鋅（ZnS）：在鈦白尚未發展成功之前，應用於塗料之中。係中性著色力良好的色劑，但耐候性不佳，主要用在噴漆或合成樹脂的著色顏料。

6. 立得粉（Lithopone）：係硫化鋅及硫酸鋇（$BaSO_4$）的混合物，其混合重量爲 3：7，立得粉不溶於水、油、酒精、熱石臘中，價廉而白度良好，對弱鹼抵抗力尚佳，遮蓋力較鈦白差，廣用於調合漆及磁漆中。

㈡黃色顏料

1. 鉛黃：又名鉻黃，主要成份爲鉻酸鉛（$PbCrO_4$），並含有白鉛及硫

酸鉛，係在醋酸鉛溶液中，加入重鉻酸鈉溶液沈澱而成。色調自橙色、淡黃至濃黃。粒子細、遮蓋力好、性穩定、鹼性，但在濃彩中缺乏耐光性。

2. 鋅黃：卽鉻酸鋅($ZnCrO_4$)，是在鋅白的粒子表面形成鉻酸鋅者，色淡黃，彩度鮮明，不耐酸，有耐光性，有防銹效果，可作防銹塗料。

3. 鎘黃：卽硫化鎘(CdS)，爲鎘鹽與硫化氫或硫化鈉起反應的沈澱物，色調佳，耐光、耐熱及耐藥性均優，與合成樹脂間的分散性良好，著色力亦優，但價格高，多用於高級塗料。

(三)紅色顏料

1. 鉛丹 (Pb_3O_4)：爲稍帶黃的紅色粉末，加熱則成暗紅色，遇冷又復原，呈鹽基性，用於塗料有促進塗膜乾燥、制止分解、消除回粘，防銹作用，唯因易於變色，少用作紅色顏料，常爲防銹的底塗料。

2. 氧化鐵 (Fe_2O_3)：天然氧化鐵是從含鐵的礦石中得到，如赤鐵礦、磁鐵礦、褐鐵礦等。氧化鐵的遮蓋力強，耐熱耐光性佳，耐酸鹼性亦良好，對溶劑無滲透作用，由於能吸收紫外線，保護塗料中之樹脂，故廣用於塗料。

3. 銀朱 (HgS)：爲汞的硫化物，純淨者不溶水、油、酒精、熱石臘中，依加熱時間而有帶黑與帶紅者，耐久性良好，吸油量少，比重高，但價格較貴，爲著名之漆用顏料。

4. 鎘紅 (CdS)：由水溶性的硫酸鎘與硫化氫與硫化鈉起反應，而生成硫化鎘沈澱。需要各種顏色時，可加入水溶性的鋅或硒的鹽類。鎘紅的耐熱、耐光、耐鹼性良好，明亮而鮮艷。

(四)綠色顏料

1. 鉻綠：爲鉛靑和罩靑的混合物，遮蓋力強，耐熱性良好，具有不滲透性，分散容易，價格廉但貯藏安定性不佳，加入硫酸鋇可防止其分離。

2. 氧化鉻 (Cr_2O_3)：顏色較淡，遮蓋力及著色力較鉻綠爲遜，耐鹼耐熱性均佳，由於耐光性優良，常用於白色及黃色塗料之調色，以增強塗

料的耐光力。

3. 氧化鉻水合物 ($Cr_2O_3 \cdot 2H_2O$)：性質與氧化鉻類似，係鉻酸鈉與硼酸在高溫煅燒後水解，移去可溶性鹽而得。

4. 銅綠：其成份爲醋酸銅及氫氧化銅之複合物。有毒性，多用作船底塗料，一般塗料中不常用。

5. 巴黎綠：爲砷酸銅與醋酸銅之結合物，有毒性，祇用於船底塗料。

6. 鋅綠：係鋅黃與羣青的混合物配合硫酸鋇而成，色澤鮮明，耐光性良好，唯不耐鹼，故不適於水性塗料。

㈤藍色顏料

1. 普魯士藍 {$Fe_4[Fe(CN)_6]_3$}：主要成份爲亞鐵氰化物的鐵鹽，爲鮮紫紅藍色，著色力強，耐酸佳但不耐鹼，與鹼性顏料混合時有失色可能，若用於油性凡立水，有遲緩乾燥現象。

2. 羣青：其成份爲鈉、鋁的複雜矽酸鹽、硫酸鹽。爲鮮明的藍色粉末，耐光性良好，著色力略遜，稍能耐酸，與鉛質顏料混合將變黑，故不可與鉛黃相配。

3. 鈷藍 ($CoO \cdot Al_2O_3$)：由硫酸鈷與明礬混合煅燒而成。爲透明度高的鮮艶藍色，耐光、耐熱、耐化學品性質均佳，但著色力差，少用於主顏料而常作顏色調料，價格昂貴不常用於一般塗料。

㈥黑色顏料

1. 碳黑：由天然煤氣燃燒而產生的碳素，卽煤烟，粒子極細，吸油力及遮蓋力甚大，性穩定，爲不活潑顏料，與油混合有阻碍其氧化乾燥之弊。

2. 松烟及油烟：燃燒松木或松脂而成的烟粒，或燃油而集得的黑色烟末，其主要成份爲碳素，性質與煤黑相同，但用途不及碳黑之廣。

㈦金屬粉顏料

1. 金色：俗稱金粉，係銅和鋅的合金粉末，依原料合金配合率不同，

而有青金、紅金兩種。配加於塗料中，因蓋頂性而浮於塗面，呈現黃金色澤。

　　2. 銀色：俗稱銀粉，係鋁的粉末，以硬脂（stearin）處理表面而成，摻入塗料，可得銀色塗面。

　　金屬粉若長久沈澱於塗料中，有變色的可能，故應分別貯藏，於使用時與媒溶摻合。

7-3　常用的染料

　　㈠人造染料的分類：除少數天然染料外，常用的染料幾乎都是人造的，其分類大略如下：

　　1. 鹽基性染料：亦稱陽離子性染料，是人造染料最早製造成的，色澤鮮艷，與其他染料相比，堅牢度很差，尤其是日光堅牢度低。唯對聚丙烯腈纖維的親和力極強，現已成為該種纖維的專用染料。

　　2. 酸性染料：酸性染料是溶解度最好的染料，因解離而生成染料的陰離子，色的範圍廣，主要用於染動物纖維，色澤鮮麗，牢度中等，染法簡便，須採用酸性染溶染作。酸性染料中有一部份可以染尼龍纖維，稱為選擇性酸性染料。

　　3. 酸性鉻媒染料：因用重鉻酸鉀作媒染劑而得名，色澤範圍廣，主要用在羊毛染色，其堅牢度為羊毛染料中之最佳者，但鮮麗不及酸性染料，亦可用於尼龍染色。本類染料，多具"—OH"根團，因此與鉻原子易產生鉗型連接，使染料分子增大，溶解度低降，而固着於纖維之上。

　　4. 金屬複合染料：酸性染料可以經媒染劑處理，而增強其堅牢度，但媒處的施工不若一次定色方便，故將媒處的金屬原子，先與染料分子結合，製成金屬複合染料，有1：1與1：2兩種，1：2較常用，即一個金屬原子與二個染料原子的組合，其色澤鮮麗超過鉻媒染料且堅牢度不遜之，適於羊毛、尼龍、絲等的染色。

5. 氧化染料：係一種氧化基吸收於染物，經氧化作用而生成長鍵的有色物質，成爲染料。例如苯胺被纖維吸收經緩慢氧化，終而生成苯胺黑。

6. 耦氮化染料：萘酚稱爲耦合物，先吸存於染物，然後浸入顯色基液，耦合物與顯色基溶液相遇，若條件適當即迅速產生耦合作用，生成不溶性的牢氮染料，而顯出所染的色澤。本類染料除摩擦牢度稍差外，其他堅牢度均佳，色鮮但種類有限，其中以深紅色最著，爲棉纖維主要染料。

7. 硫化染料：色深、堅牢與價廉是硫化染料的三大特點，而色滯、脆損及色少是其缺點。有不溶及可溶性兩種，爲重要的棉染料，品質較低而要求牢固度高的產品，最適宜本類染料，如人造棉及各種混紡物等。

8. 陰丹士林染料：亦稱甕染料，是棉類最高級染料，色多而鮮，用量少而色澤深，堅牢度良好，有不溶與可溶性兩種，染法可分還原與微粒壓染，故染法較難，而價格亦高。

9. 分散性染料：是爲解決醋酸絹絲人造纖維染色的困難而發明的。其溶解度極低，視同不溶，以水爲媒製成分散液而利於纖維的吸取，然後高熱處理使之溶入纖維而固定。爲合成纖維普遍染色的染料，尤以多元酯纖維效果更著。

10. 反應性染料：染料的固定於棉纖維，基於與纖維的反應產生化學連接。染色方法簡單，認色容易，色鮮麗而堅牢度接近於甕染料，惜染料之參與反應量少，收穫率低，如加改進，可成最佳的棉染料，至於對動物及人造纖維，效果並不理想。

11. 直接染料：亦即實色染料，是最普通的染料，使用範圍亦最廣，對植物纖維的親和力特佳，色多價廉，染法容易，惜其堅牢度僅爲中等，可加處理後來補救，許多特用染料，均由本類染料發展而成的。

12. 聯合染料：此類染料可以用一種染色方法，染兩種不同性質的纖維，例如可以同時染羊毛及人造棉織物等。

由於纖維種類繁多，而染料的種類更是不勝枚舉，彼此之間究竟如何

選擇配合，應加慎重考慮，以下爲各種染料對纖維的適用性，表列以供參考。（表7-3）

表 7-3　各種染料對纖維的適應性

染料＼纖維	棉	蔴	絲	羊毛	其他動物纖維	再生纖維	羅西克絹絲	人造羊毛	尼隆類	百隆類	奧隆42類	奧克利隆18類	達克隆類	丙烯纖維	乙烯纖維	斯班得絲	木纖維	紙	草類纖維	皮革
鹽基性染料	◎	√	◎	◎	◎	◎	◎	◎	×	×	√	√	×	×	×	△	√	√	√	√
酸性染料	×	△	√	√	√	√	×	√	√	×	△							×	△	√
選擇的酸性染料	×	△	√	√	√	×	√	√	△									×	△	√
重酸性染料 (1:1)	×	×	◎	√	√	×	√	◎	△									×	△	√
金屬複合染料 (1:2)	×	×	×	√	√	×	△	√	△									×	△	√
液態金屬複合染料 (1:2)	×	×	×	√	√	×	△	√	△									×	△	√
酸性鉻媒染料	×	×	△	√	√	×	△	√	△									×	△	√
分散性染料	△	△	△	△	△	△	×	√	√	◎	√	√	√	√	◎	×	△	×	×	△
液態分散性染料	△	△	△	△	△	△	×	√	√	◎	√	√	√	√	◎	×	△	×	×	△
直接染料	√	√	√	△	△	√	×	√	√	△	△	△	△	△	△	×	△	×	×	△
硫化染料	√	√	△	×	×	√	×	△	△	△	△	△	△	△	△	×	△	×	×	△
可溶性硫化染料	√	√	△	×	×	√	×	△	△	△	△	△	△	△	△	×	△	×	×	△
甕染料	√	√	△	△	△	√	×	△	△	√	△	△	△	△	△	×	△	×	×	△
可溶性甕染料	√	√	×	△	△	√	×	△	△	√	△	△	△	△	△	×	△	×	×	△
反應性染料	√	√	√	√	√	√	×	√	√	△	△	△	△	△	△	×	△	×	×	△
禁酚染料	√	√	△	×	×	√	×	△	△	△	△	△	△	△	△	×	△	×	×	△
氧化染料	√	√	△	△	△	√	×	△	△	△	△	△	△	△	△	×	△	×	×	△
微粒染料	◎	×	×	×	×	×	×	×	×	×	×	×	×	×	×	×	×	◎	×	△
天然染料	√	△	△	△	△	△	×	△	△	△	△	△	△	△	△	×	△	×	×	△

√ 最適用染色　　◎ 可適用染色
△ 能沾染　　　　× 不適用染色

㈡染料的名稱：由於染料的種類多，且同一類染料又有多家製造廠商，故於購買染料時，對於染料名稱必須有所認識，以方便染料的採購和使用。茲將標準的染料名稱標示方式介紹如下：

Cibanone yellow　3G　100%　m. d. p.

上述的染料標示法共分爲五部分：

1. 染料的類別：第一部分係表示染料的類別及製造的公司，多爲製造公司的縮名、染料的構成、幻想、紀念、對有色物的比擬等字義構成。如上述 Cibanone，係 Ciba 公司出品的蒽醌甕染料，再如 Basic 表鹽基性染料，Direct 表直接性染料，Sulfur 表硫化染料，Dispersol 表分散性染料，Reactone 表反應性染料，Naphtol 表萘酚素（耦合物）染料等，所用文字繁多，不一而足，更詳盡資料可向顏料商索取參閱。

2. 色名：染料名稱的第二部係表示顏色名稱，如上例中的 yellow，卽表黃色，此類文字辨識甚易。常用色彩名稱有黃、橙、棕、桔紅、紅、粉紅、玫瑰紅、紫紅、醬紅、紫、青紫（紺色）、藍、青（靛青）、海軍藍（藏青）、翠藍、綠、橄欖色、灰、黑及白。尙有許多自然色，如茶色、桃紅、金玉色、金黃、洋紅、晶藍、卡琪等。

3. 色味：染料中除了以色名顯示正宗色澤之外，通常在正色之中多帶一些別的色調，如紅色可以帶些藍味，但並沒有達到紫的程度，所以稱爲帶藍味的紅色，通常在 Red 之後加一個 B 字（Blue 的首一字母），如上例 Yellow 之後所加的 3G，卽表示是帶綠味的黃色，至於 G 前的阿拉伯數字是表示味道的強弱，3G 比 G 要來得強，也有以重覆如 GG，或 BR 等來表示的，常用的字母有：

B 表藍味	G 表綠味
R 表紅味	Y（J）表黃味
L 表日光堅牢度佳	S 表溶解性佳
P 表純的	F 表新的
W 表水洗牢度佳或適用於羊毛	

4. 濃度：染料的濃度，係表示等用量的染料，染出色的深淺、濃度

或力度高者其色深，通常以 100％表示標準的濃度，亦即起碼的濃度，故此一標示常省略不寫。若其濃度高於水準，且有確數，則以百分法標示之，如 125％、200％等；濃度高但數字未能確定時，則以 conc. 標示。

5. 狀態：染料有漿狀、粉狀及結晶狀等，此種狀態常在第五部分表示之，常用的文字有：

Paste　　　（漿狀）
p.　　　　　（粉狀）
f. p.　　　　（細粉）
m. p. 或 m. f.（微粉）
m. d. p. (m. d. f.)（極細粉）
cry.　　　　（結晶）

㈡染料的溶劑：染料因其性質不同、被染物質的不同，所用的溶劑亦不同，常用染料可溶於水，但亦有不溶於水，而溶於油、酒精或其他溶劑之中，茲略舉例如下：

1. 水溶性染料

(1) 直接染料

紅色：如 direct fast red, diamine scarlet.
橙色：如 direct fast orange, diamine orange.
紫色：如 direct violet, iron brilliant violet.
黑色：如 direct black（黑粉）。
綠色：如 direct green, diamine green.
藍色：如 diamine blue.
黃色：如 cotton yellow（黃粉）。
茶色：如 direct brown.

(2) 酸性染料

茶色：如 acid brown.
紅色：如 acid scarlet 2R.
黃色：如 naphthol yellow.

藍色: 如 acid fast blue.

綠色: 如 naphthol green. acid milling.

橙色: 如 solar orange, wool orange.

紫色: 如 acid violet 5B.

黑色: 如 naphthol black.

(3) 鹽基性染料

茶色: 如 extra brown（茶粉）。

紅色: 如 magentacrystal（唐紅）。

黃色: 如 methylene yellow.

藍色: 如 diasine blue.

綠色: 如 malachite green.

橙色: 如 chrysoidine.

紫色: 如 methyl violet（紫粉）。

黑色: 如 coal black.

2. 油溶性染料: 係以石油系液體如松節油、苯、甲苯、二甲苯等為溶劑，屬於這一類的染料例如:

黃色　oil yellow, butter yellow.

紅色　oil scarlet, oil cremson.

藍色　acid blue, oil blue.

茶色　oil extra brown, acid brown.

黑色　oil black, acid black.

紫色　acid violet.

綠色　acid green.

3. 酒精溶劑染料

黃色　quinoline yellow.

黑色　nigrosine.

紅色　spirit red, eosine extra.

紫色　spirit violet.

4. NGR 染料: NGR 係 Non Grain Raising 的縮寫，主要用於木

材染色，使木肌不會起毛，這一類染料係以乙二醇、乙醇、原醇、賽璐素等醇系混合液體為溶劑，算是醇類溶劑染料。

第二節　塗　料

7-4　塗料的成分

塗料常是一種液體，塗蓋於物體之上，或滲入物體內部，或形成薄膜於硬化後附於物體表面。由於塗料的物理或化學性能，而達到保護物體和美化外觀的目的。

塗料通常由展色劑（Vehicle）、填充劑和着色劑所構成。展色劑就是媒液，有分散填充劑和著色顏料粒子的作用，主要成份為溶液，如桐油、亞麻仁油等並包含稀釋物質和催乾物質在內。填充劑（Extender）加入塗料中，其目的使塗料乾燥後形成實質體，也就是塗膜的厚度。着色劑包括各類色料已如前述，對光譜產生吸收或反射，構成美麗的外觀。

塗料構成的成份如下：

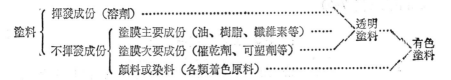

由此可見，塗料包括的範圍甚廣，除工藝上用在木、竹、金、石等方面的塗料之外，許多繪畫用的色料，也可以算是廣義的塗料，只是塗料中所用的展色劑和填充劑不同而已。

7-5　溶劑

溶劑為溶化物質的液體。在塗料中溶劑又分真溶劑和助溶劑。真溶劑

具有溶化物質的能力，助溶劑雖本身溶解力不夠，但與其他溶劑同時使用時，可增強其作用。如甲醇單獨使用時不能溶化硝化纖維，醚對硝化纖維也無完全的溶解力，但兩者混用時，硝化纖維因醇之作用而吸濕氣膨潤，此時醚成為易溶的狀態，可見溶劑的作用是多樣性的，塗料中的溶劑幾乎多由數種混合而成。

溶劑為揮發物，以沸點來區分，沸點在 $140\sim200°C$ 者稱高沸點溶劑，在 $100\sim140°C$ 者為中沸點，在 $50\sim100°C$ 者為低沸點溶劑。通常以中沸點者為中心，再視樹脂的溶解狀態來加配高或低沸點的溶劑。其調整與季節氣溫有關，氣溫高，揮發較速，反之則緩。高沸點的溶劑揮發慢，低沸點者則較速，揮發慢塗膜不易乾燥，揮發如太快，則呈現針孔、刷痕等，故使用時應視各種情況而妥為調節。

溶劑和被溶物間之關係亦極密切，某種物質僅能溶於某種溶劑之中，例如奧黃 (Auramine) 之類的染料易溶於水或酒精，但磺酸化類的酸性染料卻不溶於水與酒精，而易溶於苯及礦酒精類的石油溶劑。水與酒精，苯與甲苯可以混合，但水與苯，酒精與苯則均不能混合，又如蟲膠易溶於酒精，卻不溶於礦酒精，故在應用時，對其性能應認識清楚。茲將重要溶劑列如下表 (表 7-5)

表 7-5　主要溶劑一覽表

		溶　劑　的　種　類	沸　點　範　圍	引　火　點
溶劑	石油系碳化氫	揮　　發　　油	高 140—210	—20
		礦　　酒　　精	高 140—180	39—34
		燈　　　　　油	高 200—300	31—72
		輕　　　　　油	高 300—	40—85
溶劑	植物性碳化氫	松　　節　　油	高 148—175	30—35
		松　　根　　油	高 200—300	50
		樟　　腦　　油	高 209	—

溶劑	系別	名稱	沸點	值
溶劑	焦油系	苯	低 80—81	—11
		甲苯	中 110—111	4.5～7
		二甲苯	中 136—140	23
		溶劑石腦油	高 120—200	22—28
溶劑	醇系	甲醇	低 64—65	6.5
		乙醇	低 78.3	14
		丁醇	中 114—118	34
		戊醇	中 137.8	46
		苯甲醇	高 206	100
		環己醇	高 160	60
		丙醇	低 97.2	13.9
		異丙醇	低 82.7	11.6
溶劑	酮系	丙酮	低 55—56	—20
		甲乙酮	低 79.1	—1.1
		環己酮	高 153—156	36.9
		1—甲基戊酮—[4]—醇—[2]	高 164.4	64.4
溶劑	酯系	醋酸丁酯	中 121—127	17.7—25
		醋酸甲酯	低 60	—10
		醋酸乙酯	低 74—78	12.7
		醋酸戊酯	中 138—143	37.7
		醋酸苯酯	高 213.5	100
		乳酸乙酯	高 135—160	47
		乳酸丁酯	高 150—200	61
		碳酸二乙酯	中 110—140	35
溶劑	賽璐素系（乙二醇）醚	二乙醚	低 35	—45
		甲基賽璐素	中 124.6—143	55.6
		二甲基賽璐素	低 50—100	35
		賽璐素	中 134.8—135.6	40.8
		醋酸甲基賽璐素	高 145.1	44
		醋酸乙基賽璐素	高 156.4	47

7-6 油類

油類可分乾性、半乾性及不乾性三種。如亞麻仁油若塗於物體表面，在空氣中吸收氧氣能逐漸硬化變成一透明有彈性的薄膜者屬乾性油；如大豆油等若塗於物體表面，其乾燥頗慢，需藉乾燥劑始能硬化者屬半乾性油；又如花生油、橄欖油等吸氧力低，不易乾燥屬不乾性油，此類油雖不適於塗料，但若塗料乾燥過速，加入本類油液有補救作用。茲將常用油類介紹如下：

㈠亞麻仁油：是一種極重要的乾性油，係壓榨亞麻種子而成，唯其乾燥速度仍嫌不速，故常將其煮熟，加溫至 200°C 左右，則易於乾燥，稱為熟練油或煮油。

㈡桐油：桐油是取桐樹子中的仁壓榨而成，桐仁之含油量為 50 %，通常最高約能榨油 40 %。桐油有白色、淡黃、深黃，亦有呈黑色者，視樹的品種而定。桐油容易乾燥，煮過者約 12 小時，即可乾燥。桐油的特性有二：

1. 露在日光中漸變成白色沉澱物。
2. 加熱至 250°C 時凝成固體。

通常將桐油加熱至 180°C 時，即呈透明粘稠狀之液體，稱為明油或光油。生桐油塗在器物上，亦可得到堅韌而不透水的油膜，但乾燥費時，所以塗料以使用熟桐油為主。

㈢大蔴油：大蔴油係來自大蔴的種子，新製成的呈淡綠色，放久了則帶褐黃色，可以攙入亞麻仁油中作塗料用。

㈣棉子油：係自棉花種子中榨取而來，屬半乾性油，可攙入乾性油中為塗料。

㈤胡麻油：係自胡麻種子中榨取而得，為製造磁漆的油料。子有黑白兩種，榨成的油為黃色，有香味，印度出產最多，可食用，亦可與乾性油

混合為塗料。

㈥柏子油: 係自烏柏子仁中榨得，亦稱青油或梓油。呈黃色，可與桐油等混合為塗料。

㈦大豆油: 係自大豆中榨得，屬半乾性油，油膜薄，在空氣中可漸次稠粘，但不乾固，故不能單獨使用於塗料，須與其他油類混合使用。在製樹脂漆時，可增加流動性，並使顏料容易被吸收，以便研磨。

7-7　樹脂

樹脂係構成塗膜的主要成份，可分為天然樹脂，合成樹脂，天然樹脂加工品及瀝青類樹脂狀物質等四類:

㈠天然樹脂: 天然樹脂為植物在新陳代謝時，因生理或病理的結果，所分泌出來的物質，若加處理或溶化，可作塗料之用，其種類頗多，常見者有:

1. 化石樹脂: 琥珀 (Amber) 和柯巴 (Copal) 是樹的分泌物，久埋地下而呈化石態狀。琥珀盛產於德國，硬度高，熔點為 $300°C$。早期常用作凡立水的原料，現已少用，柯巴可在 $300°\sim350°C$ 時分解而氧化而與乾性油融合。

2. 半硬質樹脂: 此類樹脂自樹木中分泌出來不久，易於溶解，色澤較淡，常用者有:

(1) 丹馬橡膠 (Dammar): 產於印度、印尼、蘇門答臘等地，淡黃色、塊狀、熔點 $85°\sim130°C$，可溶於碳化氫系溶劑，可直接與油混合，品質良者可用作噴漆原料。

(2) 乳香 (Mastic): 產於西歐，熔點 $90°\sim110°C$，可溶於酒精、酮類、松節油中。

(3) 蘇丹拉克 (Sanclaraca): 產於北非，淡黃色，熔點 $130°C$。

3. 松脂: 此類樹脂為針葉樹的分泌物，可用人工割傷樹皮而得，其

中最著者爲松香 (Rosin)，可溶於酒精、酮、酯、石油系碳化氫、芳香族碳化氫等之中，色澤爲淡黃或褐黃，熔點在 $90°\sim100°C$ 左右。

4. 動物樹脂：此類樹脂係來自集生的昆蟲之分泌物，精製後總稱爲蟲膠 (Shellac)，市面上所售者可分爲條蟲膠、粒蟲膠和蟲膠片三種，主要產地爲東印度羣島。通常呈黃褐色，如經脫腊漂白可製成白洋干漆。蟲膠可溶於酒精，但不溶於碳化氫系的溶劑。

㈡合成樹脂：合成是以化學方法連結低分子物質成爲分子量大的高分子物質。聚合以前者稱爲單元體，聚合所得者稱爲聚合物或合成樹脂。聚合的反應通常可分爲加成聚合與縮合聚合。加成聚合其反應時分子的元素間並無移動，可以輕易還原成原狀態，凝固物在高溫加熱卽軟化，故亦稱熱可塑性樹脂，聚乙稀塗料、壓克力樹脂塗料屬於此類。至於縮合聚合，其反應時元素間產生移動，形成網狀構造，一旦反應完成，不能再恢復原來狀態，故亦稱熱硬化樹脂，以此類材料爲塗料，一旦乾燥就形成不熔及不溶性的塗膜，如尿素、三聚氰銨、多元酯、酚苯二甲酸等塗料屬於此型。

合成樹脂其種類甚多，茲舉主要者如下：

1. 尿素樹脂(Urea Resin)：係由尿素與甲醛縮合反應所製得，有變性成可溶於酒精及水者兩種，酒精變性者一般稱爲尿素樹脂塗料。水溶性者主要用於接着劑，少用於塗料。

2. 環氧樹脂 (Epoxy Resin)：係由丙二酚與氯甲基環氧乙烷在氫化鈉的存在下反應而得。也有用醇類或胺類爲原料而製得者。其最大特點爲粘着性優良，耐水、耐藥、耐磨性亦佳。

3. 多元酯樹脂 (Polyester Resin)： 酸與醇反應的生成物稱爲酯（Ester）， 多元酯是酸依序多次反應結合而成者的總稱，分飽和與不飽和二種。飽和者稱醇酸樹脂，不飽和者卽稱多元酯樹脂。其特點爲塗料的膜肉大，耐藥性優良，且有良好的硬度和玻璃肌感。

4. 醇酸樹脂 (Alkyd Resin)：卽飽和的多元酯樹脂，一般多由苯二

甲酸與甘油聚合之，故亦有以苯二甲酸樹脂稱之。其特性為耐久性優良、色澤之保持性佳、顏料分散較易等。

5. 三聚氰胺樹脂 (Melamine Resin)：三聚氰胺為石灰氮的衍生物，和福馬林（甲醛）的縮濃反應而得三聚氰胺樹脂。具有胺系樹脂的一般性質，如不燃性、耐熱性、耐電弧性等，且易於着色。所成塗料為低溫烘烤型，適用於車輛，照明器具，縫紉機及醫療器具。

6. 矽脂樹脂 (Silicone)：矽脂的單元體是一種矽醇，在酸性或鹼性溶液中大部份很不安定，縮合成矽醚。高分子的多元矽醚，即稱為矽脂樹脂，具有類似石蠟的斥水性，價格相當高，故只有少數用為耐熱塗料和特殊用途。

7. 酚甲醛樹脂 (Phenolic Resin)：係以酚類和甲醛為主要原料共同縮合而得，亦稱石炭酸樹脂，有可溶於酒精及油溶性者兩種。前者現已不多用，後者之耐酸、鹼等藥物之性能優良，密着性及電絕緣性亦佳。

8. 壓克力樹脂 (Acrylate Resins)：可分為甲基丙烯酸的衍生物和丙烯酸的衍生物，其中前者已工業化為世人所熟知，其性無色透明，耐候性及耐藥性均佳，所製透明板稱為有機玻璃，此特性很早也被應用於塗料。

㈢天然樹脂加工品：係在天然樹脂之中加入某些化學藥品，使其發生反應，以製成品質更優的樹脂。如硬化樹脂，係在松脂中加入石灰或鋅化合物等，經加熱而成；如又酯橡膠，係以松脂與甘油同時加熱，使松脂酸等與甘油反應而生成酯橡膠。

㈣瀝青類樹脂狀物質：將土瀝青或油瀝青與油類或揮發性溶劑配合，成為黑色之假漆。

7-8　纖維素

纖維素 (Cellulose) 亦為塗膜的主要原料之一，俗稱賽璐素，乃組成細胞壁及植物結構的安定多醣。如將木、竹材切為小塊，加入氫氧化鈉或

亞硫酸鹽以溶去其中之木質、樹脂等，所留下的即爲纖維素，不溶於水及有機溶劑，與稀酸、稀鹼不起作用，與硝酸、硫酸的混合液作用則生硝酸酯，亦即硝化纖維，或稱硝化棉。將硝化棉以溶劑溶解，加入樹脂、可塑劑，將之塗料化，即成爲噴漆。

原料用纖維素衍生物者，尙有醋酸纖維素、乙基纖維素、甲基纖維素、苯甲基纖維素等的纖維素醚。

7-9　塗膜的次要原料

塗膜的次要原料包括催乾劑和可塑劑，玆分述之：

㈠催乾劑 (Drier)：將鉛、錳等鹽類加入油中，因催化作用、氧化速度增加，使乾燥加速，這種鹽類稱爲催乾劑，常用者有密陀僧 (pbo)、醋酸鉛、二氧化錳、硫酸鋅、及鈷等。

㈡可塑劑 (Plasticizers)：　可塑劑的機能是利用其親和性滲進熱可塑性樹脂之分子間隙，使分子間的活動容易，其作用相當於分子間的滑動軸承。

調配可塑劑時，可使用一種或一種以上，其中主要者稱主可塑劑，相溶性甚佳可單獨使用；相溶差、僅爲減成本或輔助作用者稱爲副可塑劑。主可塑劑包括酯酸、磷酸酯等。副可塑劑包括二元酸酯、脂肪酸酯、氯化烷烴、環氧系、多元酯系等材料。

7-10　稀釋劑

稀釋劑也是塗料中不可缺少的材料之一，主要功能是調節塗料的粘度，因爲一般塗料爲防止顏料沉澱與減少搬運體積其粘度均甚高，故塗料在使用時，多須加稀釋劑以便於塗裝作業，然後揮發至大氣中而對塗膜性質無影響。

一般情形，稀釋劑係由低、中、高沸點溶劑適當配合而成，沸點在

100°C 以下者稱為低沸點溶劑,如丙酮、醋酸、乙酯等,其作用為減低粘度及增速乾燥;沸點在 100°~150°C 之間者,稱為中沸點溶劑,如醋酸丁酯、醋酸戊酯、丙酸丁酯、碳酸二乙酯等,其作用在調節流動性;沸點在 150°~160°C 之間者稱為高沸點溶劑,如丁基乙醇醚、甲基戊酮醇、乳酸乙酯、羥基丁酸乙酯等,其作用在調節適當粘度,生成光滑薄層,防止濕氣內侵而變色等。上述三類溶劑的配合以高沸點佔 20% ,中沸點佔 70%,低沸點佔 10 %為宜。

就塗料的全部溶液而言,稀釋劑含量約在 65 %,餘 30 %為溶劑, 5 %為助溶劑。溶劑、助溶劑與稀釋劑的關係密切,配合應適當,若稀釋劑太多,必使塗料失去平衡。導致分解或生白濁,不足則影響塗裝的不便,各種塗料所用的稀釋劑亦有一定,胡亂配合將引起塗料的變質,一般塗料係以室溫 20°C 時為基準而製造,故夏、多兩季所配之稀釋劑成份亦有異。下表為各種塗料所適用的稀釋劑:

塗 料 類 別	稀 釋 劑 主 要 溶 劑
油性塗料	脂肪族石油系
酞酸樹脂塗料	芳香族石油系
硝化纖維噴漆	酯、酮、醇及芳香族石油系
氯乙烯樹脂漆	酯、酮及芳香族石油系
胺基樹脂漆	醇及芳香族石油系
二液性多銨甲酸樹脂漆	酯、酮及芳香族石油系

7-11 塗料的種類

塗料依其製造的主要原料的不同,約可分為下列數種:

㈠油性塗料:展色劑主要為油料,如亞麻仁油、桐油、大豆油、棉子油等,亦有使用魚油者,將油類或熟練油與顏料混合而成。此類塗料的優點

為室外的耐候性良好，價格較低，適於廣泛應用，且流展性良好，施工容易。其缺點為乾燥速度慢，機械強度欠佳，對酸、鹼或有機溶劑之抗性小。

㈡纖維素塗料：係以硝化纖維素為主要原料，另加天然或合成樹脂賦予粘着性及光澤，加可塑劑以增加彈性，而以醋酸酯、丙酮等為溶劑，以酒精、芳香族或石油溶劑為稀釋。

此類塗料常需要多量之稀釋劑，故價格較高，具有乾燥快、強度大、塗面優雅等優點，拉卡（Lacquer）為其通稱，屬噴漆系統。

㈢天然樹脂塗料：係以天然樹脂如蟲膠、柯巴、松脂等溶於酒精或石油系溶劑中而成，溶劑揮發後直接形成塗膜，常見之洋干漆（蟲膠漆）即屬於此類。

此外，由漆樹生產之漆汁以及漆汁與明油（桐油熱至 $180°C$）及顏料調和而成的中國漆，均可屬於本類。

㈣油和天然樹脂塗料：將天然樹脂和植物乾性油加熱聚合，再加乾燥劑而以礦物松節油、礦酒精等為稀釋劑。其性質依所用樹脂、油類而異，此類塗料亦稱油性凡立水（Oil Varnish）。

㈤合成樹脂塗料：合成樹脂塗料是為了迎合油漆或凡立水等所無法達到的目的而誕生的，主要原料都以石油、煤炭為出發點，在聚合過程中或完成後加入乾性油、可塑劑、顏料等物質，再以溶劑溶化、稀釋劑稀釋之，如尿素樹脂塗料、醇酸樹脂塗料等，種類繁多，是塗料的生力軍，目前正不斷開發中。

7-12 常用的塗料

塗料的種類繁多，依其應用之目的而不同，從事工藝工作者，對其中常用者之種類及其主要成份與稀釋方法等應有所知，方不致使用錯誤，茲將常用塗料介紹如下：

㈠清油：亦稱為煮油（Boiled Oil），多以乾性油加空氣及乾燥劑，在

聚合鍋中加溫至 $100°\sim300°C$，賦予適度的粘性，使能在 $10\sim20$ 小時內乾燥，再經脫色而成。清油除可單獨使用外，亦爲油漆（Oil paint）不可或缺的展色劑。

清油之高級品者，多以亞麻仁油、荏油爲主要原料，乾燥性及耐久性均佳，且不易變黃；中級品則配合若干半乾性油，再加桐油以提高乾燥性，或略加沙丁魚油；下級品則以沙丁魚油爲主體，有臭味，其缺點爲容易變黃，須要配合稀釋劑使用。另有快乾清油，所需乾燥時間爲 10 小時，主體係以桐油爲聚合。

㈢油漆（Oil paint）：俗稱片特，廣用於木材及鐵材，係以清油和顏料混合，經調練機調練而成，有各種色澤，有時尚增加白堊（$CaCo_3$）、重晶石等爲體質顏料，如須消光，則增加硬脂酸鋁、硬脂酸鋅等，稀釋劑爲松節油、礦酒精及燈油等，其代表性產品俗稱調合漆。

油漆是藉空氣而硬化乾燥，故經歷長時間後，乾燥達到顛峯，卽呈老化而分解，塗膜因而變黃，此亦視所用油類而定，下級清油較高級品易於發黃。 如在通風不良濕氣較多之處， 乾燥塗膜又產生粘着現象， 稱爲回粘，使用大豆油及魚油必常有此現象，如漆中混若干桐油，可避免回粘的發生。塗膜老化，除呈黃色外，尚失去彈性，顏料亦分離而呈粉狀，稱爲白堊化，有時則呈龜裂而剝落。

㈣清漆（Varnish）：俗稱凡立水，亦有稱爲假漆，與油漆不同之點，油漆（片特）爲混合物，而清漆（凡立水）則爲溶液狀態，主要係以樹脂溶化於酒精或油類溶劑之中，通常分爲兩大類：

1. 酒精系凡立水（Spirit Varnish）：以洋干漆（Shellac varnish）爲最常見，卽以蟲膠溶解於酒精中而得，此外如柯巴、松香等均可溶於酒精，通稱爲酒精性凡立水。此類塗料待酒精揮發卽行固結，故乾燥性良好，但耐水性，耐熱較差，遇酒精又復溶解，容易白化，過去多用於低級木材塗裝，現逐漸淘汰，但因具有防止木材吐油，且不溶於石油系溶劑，現廣

用為木材底漆及填眼劑、油性着色劑等的抑制調合劑。

一般洋干漆均含有 3 — 5 ％的臘，呈橙黃色，但亦有脫臘或漂白的洋干漆。市面出售者，多牛滲有廉價的松香，但容易發粘、及被噴漆所溶化，不適作木材底漆之用，應加注意。

2. 油系凡立水 (Oil varnish)：油性凡立水係將天然或合成樹脂，與桐油、亞麻仁油等乾性油加熱融合再加入溶劑及催乾劑調配而成。可分中、短、長油性凡立水三大類，短油性者含乾性油為樹脂量 80 ％，故乾燥快，硬度高但附着力與耐候性較遜；長油性之乾性油含量為樹脂 150％以上，故性能與短油性者恰相反，中油性者則介於兩者之間。

油性凡立水過去為建築木材、家具、玩具等木製品之塗料，自新塗料陸續開發之後，現有逐漸被淘汰之勢。

㈣磁漆 (Enamel Paint)：或稱琺瑯漆、油性磁漆等，係油性凡立水加上顏料，經調練而成者，有各種色澤，亦可與金屬粉（如鋁粉）等配合，塗裝後金屬粉浮於表面，形成光輝的保護膜，磁漆多用於木材，金屬的不透明有色塗裝。此外尚有某些特殊配方，如結晶磁漆、縐紋磁漆、耐藥品漆、船底塗料、電絕緣塗料、耐油塗料等。

㈤噴漆 (Lacquer)：噴漆係以纖維素為主要原料的漆類，最常見者是硝化纖維噴漆 (Nitrocellulose lacquer)，乃以硝基纖維為主成份，配加天然樹脂、合成樹脂以提高塗膜的光澤、硬度、耐候力、附着力，再加上可塑劑及溶劑等調製而成。

噴漆早先用作汽車塗料，現已成塗料的主力，廣用於木材與金屬的塗裝，其無色者稱為透明噴漆 (Clear lacquer)，使用於木材底漆方面有所謂一度底漆（有膠固填孔作用）及二度底漆（富體質顏料，便於研磨）。噴漆中亦可加入顏料而成不透明的有色噴漆。噴漆的稀釋劑可用焦油系溶劑如苯、石腦油、甲苯、二甲苯等；亦可用醇系溶劑，如甲醇與丁醇。由於噴漆的成份類別多，故應用稀釋劑須依據其性質，市面常見者，俗稱香蕉

水，即係其中之一種。噴漆的稀釋劑，在塗刷時用 20～30 ％，在噴洒時約需 100 ％，因用量多，故宜採用質地優良者。

噴漆的優點在於乾燥快，可得不粘性的硬塗膜，耐油耐水、耐候性佳。缺點是膜肉較差、易白化及稍乏密着性。

㈥烤漆: 烤漆的範圍甚廣，係以合成樹脂中有熱硬化性能者為主體，加入溶劑等噴洒於被塗裝物之表面，經加溫硬化而成不熔亦不溶的硬膜，適用於金屬材料而不適於木材。環氧樹脂、三聚氰胺樹脂、酚樹脂、酸醇樹脂等均可製成烤漆，唯其加熱溫度與所得塗料的性能各有差別，視被塗裝物之需要而定，目前廣用於金屬、車輛、家電、機械等多方面的塗裝。下表（表 7-12）為不同烤漆與一般塗料性能的比較:

表 7-12　各類烤漆與一般塗料性能的比較

塗 料 類 別	加　　　溫	時　　間	硬 度 比	耐磨性比
環 氧 樹 脂	200°C	60 分	85	25
三 聚 氰 胺 樹 脂	120°C	60 分	50	7
酚 樹 脂 烤 漆	150°C	90 分	40	3.5
酸 醇 樹 脂 烤 漆	150°C	30 分	35	1.5
酸 醇 樹 脂 塗 料	常　溫	30 日	30	1
高 溶 質 噴 漆	常　溫	90 日	50	2

㈦乳化漆: 係屬聚合系樹脂塗料，以乳化聚合法製得之高分子化合物之水中分散體，使用形態為溶液或乳膠狀，目前以醋酸乙烯酯的單獨聚合物之使用量最多，可加以顏料，獲得無光澤或半光之塗膜,在建築、木工及紙張方面的用途正急速發展中，預料將與水溶性塗料同為時代的新塗料。

㈧天然漆: 漆樹的皮內有黏汁、用鐮刀橫割樹幹，有乳汁流出，取之濾去雜質，稱為生漆，白色帶黃，或呈紅褐色，經日光曝乾後稱為熟漆。

天然漆爲我國特產，故有中國漆之稱，其他僅日本、印度、波斯略有出產，製成之漆器，深具民俗風味。

我國舊日將天然漆依品質分爲廣青、生漆、紅貴、提莊、退光等五級，廣青雜質最多，提莊爲最純，退光漆卽是熟漆，係將提莊在日光下曝晒，一面攪拌，漆漸乾而色漸變黑，至全黑爲止，將漆液與明油（煮熟的桐油）及顏料調合，卽成各種色澤的塗料，此類塗料常以明油爲稀釋劑。

(九)柚木油 (Wood Oil finish)：是家具設計家研究如何表現柚木之材質感而發展出來的塗料，丹麥爲其開發者。柚木油並非在木材表面形成塗膜，而是進入木材的纖維之中，因而呈現柔軟平滑的材質感，深爲歐美人士喜好本色木器 (Natural wood) 者所欣賞。

柚木油之主要成份爲亞麻仁油，配合樹脂、溶劑與浸透性材料及乾燥劑，其詳細配方則爲各製造者的秘密。柚木油之優點在於能充分表現木材本色的美，因無塗膜故不發生龜裂、剝落等現象，作業方法簡單；其缺點爲乾燥慢、耐藥性差、新製品帶有油味，需持續頗久方告消失。

(十)卡秀塗料：卡秀 (Cashew) 係一種盛產於西印度羣島及巴西的植物堅果外殼的液汁，使之與酚樹脂共同聚合，再以溶解劑溶解並稀釋而成。

卡秀系塗料的色調與光澤類似天然漆，係日本人所開發者，廣用於類似漆器的木製品、建築門窗、家具、金屬製品、美術工藝品等。塗膜強韌而富彈性，光澤及密着性均佳，耐藥性及物理強度良好，彼邦人士頗樂用之。

(十一)合成樹脂塗料：合成樹脂的種類極多，本節前已大略述及，以合成樹脂製成的塗料，數量不勝枚舉，有單獨使用一種樹脂製成者，有與其他原料混合配製者，性質間亦有甚大的差異，端視使用的目的而選擇適當的塗料，目前可謂是合成樹脂塗料的天下，使用者實應密切注意收集有關產品的資料，使塗裝作業能夠趕上時代。

第三節　金屬的染色材料

7-13　銅的染色

(一)黃褐色: 將銅製品放入 12 ％沸騰的硫酸銅溶液中煮約 10 分鐘，
表面卽呈現晦暗的灰色，塗以凡士林或硝酸纖維素假漆，再加研磨或用蠶
絲刷擦，除去灰層，其下卽呈現美觀的黃褐色（板栗色），溶液中如添加
少許硫化銻，則效果尤佳。

(二)淺褐色: 染色溶液成份爲:

硫化鉀	10—20 公克
水	1 公升

將銅或鍍銅器物，浸漬於上述溶液中，俟表面呈黑色，塗以水，用細
輕石粉磨擦，黑色漸次褪落而呈淺褐色，恰如器物久經歲月的樣子。

(三)褐色: 染液成份爲:

高錳酸鉀	5 公克
硫酸銅	20 公克
水	1 公升

將溶液加至溫熱，然後把器物浸入，卽可染成。

(四)黑色:

硫酸銅	15 公克
氯化亞錫	15 公克
鹽 酸	20 公克
水	1 公升

先把硫酸銅溶解於 250$c.c.$ 的水中，再把氯化亞錫 20 公克溶解在鹽
酸及水 100$c.c.$ 中配成溶液，然後將兩種溶液合一，用玻璃棒攪拌均勻，

加水冲淡至 1 公升。銅或鍍銅器物置入其中，卽呈黑色，仔細洗滌後，置入下述藥液中處理，色澤將更爲美觀耐久，藥液配方如下：

硫代硫酸鈉	1000 公克
鹽 酸	75 公克
水	1 公升

溶液配製時，先把硫代硫酸鈉加入水中，加熱至溶解，待冷後添加鹽酸 75 公克，浸漬 2 — 3 分鐘，取出以水冲淨，最後用壓縮空氣吹乾。

㈤紅色：

硫酸銅	4 公克
銅 綠 $[CuCO_3 \cdot Cu(OH)_2]$	6 公克
食 鹽	40 公克
水	1 公升

溶液溫度爲 $90°C$，銅或鍍銅器物浸入卽可得紅色。

7-14 黃銅（銅鋅合金）染色

1. 金黃色：

硫 酸	1 公升
硝 酸	1 公升
鹽 酸	$\frac{1}{100}$ 公升

將黃銅器物浸入數秒，用水冲洗，如此重複三次卽可。如以食鹽代替鹽酸，其量爲 10 公克，亦可獲相同效果。

2. 金色：

重鉻酸鉀	100 公克
硫 酸	35 公克
水	1 公升

將黃銅器物浸入卽得。

3. 卡琪色:

硫酸鉀	200 公克
水	1 公升

上述藥液加熱至 $80°C$,然後把器物浸入。

4. 古色:

硝酸銅	100 公克
鹽 酸	100 公克
水	1 公升

溶液溫度 $80°C$,物件浸入數秒,乾燥後刷之。

5. 黑紫色:

碳酸銅	50 公克
氫氧化鈉	150 公克
水	1 公升

先將溶液煮沸,再將器物浸入,如氫氧化鈉含量較碳酸銅低,將出現現其他顏色,故應注意補充。

6. 橄欖色:

硫酸銅	10 公克
氯酸鉀	10 公克
水	1 公升

在室溫下將器物浸入卽得。

7. 黑色:

碳酸銅	4 公克
氨 水	30 公克
碳酸鈉	2 公克
水	1 公升

溶液溫度爲 $85-93°C$,對於銅 80 %、鋅 20 %的合金,效果最佳,

普通黃銅也適用，浸漬時間爲 5 —10秒。

8. 藍色:

醋酸鉛	20 公克
硫代硫酸鈉	55 公克
醋 酸	25 公克
水	1 公升

溶液溫度爲 82°C, 將器物浸入卽可, 亦適用於鍍鎳及鋼質零件。

9. 深草綠色:

硫酸銨鎳	55 公克
硫代硫酸鈉	55 公克
水	1 公升

溶液溫度 70°C, 將器物浸入數秒卽得。

10. 綠色:

醋酸鉛	140 公克
氯化銨	140 公克
食 鹽	140 公克
氨 水	70 公克
水	1 公升

室溫卽可染色, 器物浸入 2 小時後, 取出用附有醋酸的毛刷輕擦刷之。

7-15 青銅（銅錫合金）染色

1. 青綠色: 下列藥液在室溫下浸之卽可。

硝酸銅	200 公克
食 鹽	60 公克
氯化銨	40 公克
酒石酸鉀	120 公克
水	1 公升

2. 巧克力色:

醋酸銅	30 公克
硫酸銅	4 公克
氯化銨	50 公克
氨　水	5 公克
水	1 公升

先將溶液煮沸，然後將器物浸入。

7-16　銀的染色

1. 暗青黑色:

硫化氨	25 公克
水	1 公升

溶液溫度 60°—70°C，浸漬時間 10—20 秒。

2. 黃褐色: 下列溶液在室溫下浸入卽可。

硫化銨	4 公克
水	1 公升

3. 古色: 準備下述A、B兩液:

A液	
硫化鉀	25 公克
氯化銨	40 公克
水	1 公升
B液	
硫化鋇	2 公克
水	1 公升

先將器物在室溫下浸入A液，用毛刷擦刷。然後浸入加熱的B液，短時卽可。

4. 淡灰色: 將器物浸入煮沸的下述溶液卽得:

氯化鉑	1.5 公克
水	1 公升

5. 綠色:

鹽 酸	3 公升
碘	100 公克
水	1 公升

將器物浸入室溫下本溶液數秒,用水留心洗滌,仔細使乾,即得綠色。

7-17 鋼及鐵染色

1. 黑色:

氫氧化鈉	32.5 %（重量計）
氯化鉀	2.7 %
亞硫酸鈉	8.0 %
硝酸鈉	1.0 %
氰化鉀	1.6 %
水	其 餘

溶液製法係將水的 2/3 量中加入氫氧化鈉,再加促進劑,最後放進其他藥品,待充分溶解後,加入水的餘量,氫氧化鈉溶解時有發熱現象。

染色前, 器物應先磨平拋光, 並去銹去污, 待液體加熱至 $110°$〜$130°C$ 時,浸入 5 —30 分鐘,視鋼的含碳量而定,含碳愈高時間愈久。處理完畢後取出洗淨再置沸水中 2 — 3 分鐘。乾燥並浸入桐油、麻油或潤滑油中,鋼件宜在油中以 $150°C$ 煮 20〜30 分鐘,乾燥後用布擦光。

2. 深藍色:

氯化鐵	56 公克
硝酸汞	56 公克
鹽 酸	56 公克
酒 精	240 公克

水　　　　　　　　1 公升

在室溫下浸入 20 分鐘，取出後置陰濕處 12—24 小時，然後以沸水煮一小時，用鋼絲刷去表面棕色銹皮，則露出下層藍黑色氧化鐵。此步驟重複兩三遍，可得堅固的深藍色氧化膜層，最後用防銹油塗之即可。

3. 藍色：

將器物浸入半融溶的硝酸鉀或硝酸鈉溶液中，再加以五十分之一的二氧化錳為促進劑，如此即起藍色的薄膜。

第八章　其他材料

第一節　纖維材料

纖維材料是編織工藝的憑藉，纖維材料的種類繁多，而編織工藝的歷史久遠，我國黃帝的元妃嫘祖，養蠶製裳已載之史籍；在西方，據稱在萬年之前，人類已能用亞麻編織漁網。由此可以推想纖維材料被應用之廣泛了。

纖維材料約可分爲天然和人造兩大類，天然纖維中又可分爲植物、動物和礦物纖維三種；人造纖維約可分爲再生、半合成與合成纖維等三種，茲分述如后。

8-1　植物纖維

㈠麻　類

1.黃麻：屬田麻科的一年生草本植物，主要產地爲印度、巴西、尼泊爾、日本及我國，本省亦有種植。黃麻高度在印度有達五公尺者，省產者約爲 2～3 公尺，莖徑爲 1～2.5 公分，靭皮部中有纖維束，即爲可資應用的纖維。

黃麻纖維長約 1.5～3 公尺，單纖維長 0.8～4.1 公厘，優良者呈淡黃色、白黃或銀灰色，富有絹絲光澤，但常因氧化而呈黃褐色，因對化學品反應敏銳，故漂白困難。黃麻纖維的紡織容易，多產而價較其他麻類爲廉，其缺點爲易於變色，吸濕性大，易受濃、稀無機酸的腐蝕，抗鹼性亦

弱。

　黃麻採纖的方法多採浸漬法。其法係將麻莖捆束，浸於溫度27～30°C 的水中10～14日，使靱皮與木質部分開，然後剝取皮部，再清洗曬乾之。

　黃麻纖維可以紡織成粗細不等的麻紗，除製麻袋外，尚可用作窗簾、桌布、壁帘、墊褥、毯幕等，絞紡的纖維則可製成各類繩子，在編結方面用途甚廣，此類繩紗也可作為手織機的經緯，編織成各類工藝品。

　2.洋麻：屬錦葵科的一年生草本植物，莖高 2 ～ 4 公尺，原產地為印度及波斯，輸入臺灣的品種達十種以上。

　洋麻的纖維類似黃麻，為軟質纖維，細胞內有 Lignin 層，同為木質纖維素，其外觀較黃麻有光澤，呈淡青白色，甚為美麗，單纖維的長度為 2 ～ 6 公厘。洋麻纖維的性能與黃麻相似，故用途亦相同，可作黃麻的代替品。

　3.苧麻：屬於蕁麻科的宿根草，從地下莖生多數的地上莖，莖長 1 ～ 4 公尺，通常為 2 ～2.5公尺，莖徑約為 1.5 公分。地上莖由外皮、靱皮部、形成層、木質部以及髓部所形成，靱皮部為可資應用的纖維。苧麻係我國特產，以江西為最著。

　苧麻纖維柔靱光潔，長度為 6 ～25 公分，漂白性佳，可漂至極白，質輕而細，強度為亞麻等的三倍，耐濕性亦佳。苧麻纖維中含有橡膠性物質，在製成織物原料前，應先加以處理溶去。

　苧麻可以紡織成布，因纖維中含有膠性物質，彈力比之絹絲、棉等為低，缺乏對捻力，紡織較難，所成之布質較生硬，易生折痕，故我國多用作夏布。如在手織機上編織，可以利用其硬朗的特性，製成特殊的編織物。

　4.亞麻：屬亞麻科的一年生草本植物，高約60～100公分，據稱係人類最早應用的纖維之一，現盛產於蘇聯，本省亦有栽植。

　亞麻纖維長度平均為 60 公分，單細胞長度為 20～40 公厘，比苧麻、

大麻爲長。抗張力甚強，爲棉的一倍，以黃白色爲上品，白色次之，暗灰或暗黃者爲差。其單纖維性質與苧麻相同，缺乏撚挽力，織物易於生皺但伸縮率亦小。

亞麻纖維因具獨有柔軟、美麗的光澤，以及其他纖維所缺乏的特性，故用途頗爲廣泛。

5.大麻：屬桑科一年生草本植物，原產印度、波斯，現世界各地均有生產，尤以中國、日本、蘇聯等爲主產地。大麻可製煙，有麻醉性。雄麻纖維可製精細織物，但較粗硬而乏可撓性、漂白不易，故主要用於製繩索、麻袋、帆布、漁網絲、毯類等。

6.瓊麻：屬石蒜科多年生植物，主要產地爲中、南美及非洲，墨西哥所產者最著，臺灣南部恒春一帶栽植頗多。分綠葉種及白葉種，臺灣產者爲綠葉種。

瓊麻纖維爲白色，或略帶淡黃，有光澤，長 75～120 公分，單細胞長千分之 1.5～4 公厘，強度大而富彈性，但耐水性差，由於纖維粗硬而缺可撚性，故多用在製繩索，亦有製成長辮以縫地蓆，或製成花類等工藝品。

7.馬尼刺麻：屬芭蕉科草本植物，原產於菲律賓，纖維之質輕而強度大，呈淡黃色富光澤，適於製繩，質佳者可與蠶絲或棉紗混紡，或編爲草帽，質粗者可製地蓆。

㈡棉　類：

1.草棉：屬錦葵科一年生草本植物，春日播種，秋日收成，原產印度，現歐、美及我國均產之。

棉花爲棉樹朔果的種子纖維，色白而柔，長度約 1～6 公分，強度大于羊毛而小于絲，纖維外層有薄膜狀之棉腊，故有相當防水性能，其吸濕率在20％左右。棉纖維耐鹼而不耐酸，可以肥皂洗滌，由於有良好的繾合性，便於紡紗織布，用途廣泛，以往曾有纖維之王的雅號。

2.木棉: 係木棉科的木本植物,主要產地有馬來亞、爪哇、菲律賓、中美洲等地,臺灣亦有種植。

木棉纖維亦來自種子的葫毛,光澤與草棉幾乎相同,呈淡黃褐色,極輕而富彈性,具有天然轉曲,強度差而難以紡成紗,故常用作填充料。

(三)鳳梨纖維:

鳳梨有果實用者,亦有纖維用者,世界各地纖維用鳳梨約有五種,分別產於臺灣、華南、菲律賓、新加坡及美國,臺灣產者屬有刺紅皮種,可謂特產。

鳳梨纖維採自其葉,經精洗後,色白如生絲,質柔軟,抗張力頗大,長度自 90～180 公分,細胞長度自 25～90 公厘,纖維整齊美觀,在紡織上可代替真絲、亞麻、或與羊毛、棉花混合使用,亦可製成縫線、捲線、花邊、床墊、草蓆、提袋及布帳等。菲律賓所產鳳梨布舉世馳名。

(四)大甲草:

又名藺草,為多年生草本植物,本省通霄、苑裡兩鎮種植最多,為本省重要編織材料。分圓藺、三角藺兩種,長三至五尺,莖粗五至七厘,中有白心,莖帶黃色光澤,可以編製各類工藝品,以帽、蓆、提包等最為稱著。最上級者以三角藺為材料,取曬乾者用針剖析,草絲析得愈細,製品愈精緻,價值愈高。」

(五)林投葉:

林投係多年生灌木,為熱帶及亞熱帶產物,臺灣所產者有冲繩種及小笠種,多為野生,分佈於西部沿海地帶,桃園、新竹、臺中、屏東等海濱隨處可見,為本省豐富的纖維資源之一。

林投葉片,可分成適當寬度的葉絲,煮沸後除去葉肉,經漂白後,可編織帽子、履物、煙草袋,手提包、蓆子等。

林投葉片的選取,應採葉片生長在二年以上,葉長一公尺、寬2.5公分而無損者為佳,若生長未及時或強風地帶,其纖維品質較劣不適採用。

㈥椰子纖維：

　　椰子纖維和棕樹纖維是屬於同類，可以總稱爲棕類纖維，這類纖維具有很強的彈性，可以任意彎曲、扭捲或纏結而不致折斷，而且尚可染色，椰子纖維是採自椰子的外殼，係將椰殼壓碎，或埋入土中或浸於水中，待雜物除去，餘下纖維，即可應用。

　　椰子纖維可以撚線，編織成精美的產品。此外如製墊蓆、毛刷等，經久耐用，不易腐損。

㈦其他纖維：

　　1.稻稈：稻稈爲我國南方最常見的農業副產物，傳統多在農閒之時以稻稈製作各類手工藝品，如製繩、編袋、草鞋、床墊、掃帚等均可利用稻稈製成。

　　2.麥稈：麥稈爲我國北方常見的農業副產物，稈有光澤，可以編帽、織扇、製壁飾及麥稈畫等。

　　3.月桃葉：產臺灣中部，葉堅而平滑，可以編製手袋、草帽等。

　　4.檜木絲：係以本省特產木材檜木，刨成長薄片，有平刨絲與捻木絲兩種，平刨絲有各種不同寬度及厚度，可供編織不同藝品，捻木絲係將平刨絲再加工捻成細線再用於編織，檜木絲質輕而韌，且可染成不同色澤，所製手袋、帽子等，爲本省特產。

　　5.海草：臺灣南部沿海地帶的常生草類，質頗堅硬，經處理後，可編製帽蓆、地蓆、手袋及繩索等。

　　6.香蕉皮纖維：係本省香蕉樹砍倒後，取蕉莖的纖維，研究用於編織工藝。

　　7.絲蘭：盛產於美國西南部，又名聖燭，其葉可隨時割取，葉質堅韌，其肥壯的一段可作經材，係印第安人視爲編籃不可或缺的材料。

　　8.柳條：在春天綠葉初生，或初秋落葉時割取的柳條，其柔軟度適中，用作經材或緯材均宜，商業上爲避免小枝叢生，常以密植方法栽培，取其

材料用作編籃。

9.金絲草 (Buntal fiber)：出產於菲律賓，係由金絲櫚的葉柄纖維加工而成，質輕而堅韌，且具光澤，為編織草帽的優良材料。

10.拉菲亞葉 (Raffia)：是一種熱帶的棕櫚樹，其葉可撕成寬窄不等的細條，可以用於編織。

8-2 動物纖維

㈠獸毛：動物均有皮毛，自最軟的羊毛至最粗的野豬毛，均有人用作編織。動物毛中以羊毛為最常見，可以紡成毛紗毛線，毛紗可以織布，毛線則常用於編織、鈎織等，產品千變萬化不勝枚舉。羊毛的回復性甚佳，織物不易生縐，且具有撥水性，毛鱗和毛波能構成氣室，為熱的絕緣體，所織衣物為多季優良衣料。又羊毛可以染色，所得色澤艷麗美觀，更增其編織的效果。

除羊毛之外，尚有許多名貴的獸毛，這類獸毛纖維較短而硬，稱為剛毛，如駱駝毛、駝馬毛、駝羊毛等。再如兔毛，則以柔細稱著，其中尤以安哥拉兔毛尤為著名。

㈡禽毛：野禽或家禽均有羽毛，其纖維不同於獸毛，其中有不少可用於編織或手工藝品，如潔白的鵝毛，美觀的雞毛，華麗的孔雀毛、鵁鶄毛等。羽毛經過處理後亦可染色，製成羽毛花、羽毛飾品等。

㈢蠶絲：蠶分家蠶和野蠶，家蠶即飼育蠶，其絲為纖維中最優者。絲由繭拉成，每繭所拉的絲可長達一至二千呎。原絲色澤依所食之桑葉而異，中國多為白色，日本為乳白，義大利為黃色。原絲經煮練後謂之生絲，絲之加撚與棉麻毛等紡成紗相似，但不必經過梳、併等工程。

絲的色澤光、觸感柔、彈力好、強度佳、纖細而質輕，故為理想的纖維。絲不若羊毛之易受鹼的影響，但易受高溫之濃鹼液損害，洗濯應用中性洗濯劑及溫水，稀碳酸鹼液則無論冷熱對絲均無損害。絲對染料親和性

很高，可以低溫染色，故可染成許多艷麗色澤，爲高級編織材料。

8-3　礦物纖維

㈠石棉：石棉係來自礦石的天然纖維，品質佳者其纖維細長，強韌而富可撓性，能紡成絲，亦有與植物纖維混紡，加熱燒去植物纖維而得純石棉的產物。石棉不會燒燃，耐酸鹼、耐摩擦，爲防火的維織材料。

㈡玻璃纖維：玻璃原爲硬而不能撓屈的礦物質，現代的技術已可製成細而透明的紡織纖維，其強度甚大，具有光滑的表面，清潔的特性，耐高溫、不燃燒，宜於室外使用。工藝方面常用的爲補強玻璃纖維，作爲樹脂藝品的補強層，如各類家具、玩具、室內飾物以及雕塑品等。

㈢金屬絲：任何延展性好的金屬，如金、銀、銅等，均可抽拉成細絲，黃金可以抽成直徑千分之一吋的細絲，比有些纖維更爲細緻，凡一般纖維能製造的產物，金屬絲亦能勝任，金屬絲的特性在於閃爍的光芒，常被用在與其他纖維的混紡，如錦緞、飾物花紋、女帽、提包以及室內飾物等，具有炫目的特殊效果。

8-4　人造纖維

㈠合成纖維：合成纖維係以煤炭、石油、水、空氣等原料，用化學方法合成聚合物再紡成纖維狀者。各種新纖維日新月異不斷發展出來，合成纖維的性質依其種類而異，與天然及再生纖維相比具有強韌、質輕、抗藥性高、抗蟲性佳、無吸濕性（尼隆例外）等的特性。已工業化的合成纖維約有多元醯胺系纖維（耐隆等）、多元酯系纖維（達克隆、臺麗隆、特多隆等）、聚丙烯腈系纖維（奧隆等）、以及聚烯烴系、聚氯乙烯系、聚偏二氯乙烯系、聚乙烯醇系、聚氨基甲酸酯系、聚偏二腈乙烯系、氟碳系等十類。

㈡再生及半合成纖維：係將天然的纖維素，如棉、麻、木材等經化學

處理後，再還原成纖維素，再生纖維之原料，多爲塊狀固體，必須加熱融熔，或加溶劑溶解，然後再從紡嘴噴壓而出，經凝固而成纖維，屬於再生類纖維種類亦多，如黏液嫘縈、銅氨嫘縈、多元樹嫘縈、皂化嫘縈、醋酸纖維、海藻纖維、蛋白纖維等，屬於半合成纖維者有三醋酸纖維及醋化醋酸纖維等。

第二節　臺灣的植物纖維資源

8-5　本省的植物纖維

植物纖維資源和編織工藝關係密切，本省的亞熱帶氣候使植物生長茂盛而且種類繁多，故其資源特別豐富，惜未充分加以研究與利用，根據調查本省可應用的纖維植物約有二百餘種，茲列表（表 8-5）以供參考。

第三節　藤　料

藤是常綠木本植物，通常依附其他林木枝幹而生長，其莖部卽爲藤材，用途甚廣，是家具及編織工藝的原料。本省藤料出產頗豐，唯因加工業日盆發達，現已不敷應用，目前則多賴進口藤料，茲分述之。

8-6　省產黃藤

臺灣原產藤材有黃藤及水藤兩種，水藤幹皮之素質粗硬脆弱，並乏彈性，不宜加工，故無經濟價值，本省之藤材，實僅指黃藤而言：

㈠植物性狀：黃藤學名爲 Daemonorops margaritae，大陸廣東省亦生產之，莖細長約 70m 左右，莖徑 3—4cm，外皮多刺，羽狀複葉，長 1～2 公尺，由多數小葉合成，總葉柄及葉鞘，生有極銳利之刺，果實爲核果，

表 8-5　臺灣的植物纖維

學名	中名	自生引種之別	科別	利用部分	主要用途
Abroma augusta L.		引種	梧桐科	韌皮纖維	繩索
Abrus Precatorius L.	相思子、雞母珠	自生	荳科	韌皮	繩索
Abutilon asiaticum D. Don		自生	錦葵科	韌皮纖維	繩索、紙
Abutilon avicennae Gaertner	磨藏	引種	錦葵科	韌皮纖維	繩索、紡織
Abutilon indicum Sweet	米籃草、帽仔盾	自生	錦葵科	韌皮纖維	繩索、紡織
Abutilon striatum Dicks.	猩猩花	引種	錦葵科	韌皮纖維	繩索
Acacia arabica Willd.		引種	荳科	韌皮纖維莖枝	編製、繩索、紙
Adiantum Capillus Veneris L.	鐵線草	自生	蕨科	葉柄	編製
Agave americana L.	龍舌蘭	引種	石蒜科	葉纖維	繩索、紡織、紙、填充
Agave rigida Mill. var. sisalana Perr.	瓊蔴	引種	石蒜科	葉纖維	繩索、紙
Agave vivipara L.		引種	石蒜科	葉纖維	繩索、紡織
Agave cantala Roxb		引種	石蒜科	葉纖維	繩索
Albizzia procera Benth.	蕃婆樹、白其蕃	自生	荳科	韌皮纖維	繩索
Althaea rosea Cav.	蜀葵	引種	錦葵科	韌皮纖維	繩索、粗絲
Ananas comosus Merr	鳳梨	引種	鳳梨科	葉纖維	紡織、繩索、粗絲
Andropogon intermedius R. Br		自生	禾本科	莖稈	紙
Apluda mutica L.	稻米草、絲線草	自生	禾本科	莖稈	帽
Areca catechu L.	檳榔樹	引種	椶櫚科	果皮、苞放	紙
Arenga pinnata Merr.	糖椰子	自生	椶櫚科	葉鞘、葉柄、根纖維	筵席、帚刷、填充、繩索

學名	俗名	自生	科	利用部分	用途
Artocarpus commmnis Forst.	麵包樹	自生	桑科	靱皮	捆包
Asclepias curassavica L.	馬利筋	自生	蘿摩科	種毛	填充
Avena sativa L.	燕麥	引種	禾本科	莖稈	編製、紙
Bambusa dolichoclada Hayata	長刺竹	引種	禾本科	莖稈	編製
Bambusa multiplex Raensch.	鳳凰竹	引種	禾本科	莖稈	編製
Bambusa Oldhami Munro	綠竹	引種	禾本科	莖稈	填充
Bambusa stenostachya Hack.	刺竹	引種	禾本科	靱皮纖維	紙、編製、捆縛
Bauhinia purpurea L.		引種	荳科	靱皮纖維	繩索
Bixa orellana L.	臙脂樹	引種	臙脂樹科	靱皮纖維	繩索、粗絲
Boemeria nivea Hook. et Arn.	苧蔴	引種	蕁蔴科	靱皮纖維	紡織、粗絲
Boemeria platyphylla D. Don var. clidemioides Wedd.		自生	蕁蔴科	靱皮纖維	紡織、粗絲
Boemeria spicata Thunb. var. duploserrata C.H. Wright	小赤蔴	自生	蕁蔴科	靱皮纖維	紡織、粗絲
Bombax ceiba L	斑芝樹、棉樹、木棉	自生	木棉科	弱毛、靱皮纖維	填充、繩索
Borassus flabelliformis Murr.	扇椰子	輸入	椶櫚科	葉身、葉柄靱皮纖維	編製
Broussonetia Kaempferi Sieb.		自生	桑科	靱皮纖維	繩索、紙
Broussonetia Kasinoki Sieb.	楮	自生	桑科	靱皮纖維	紙
Broussonetia papyrifera Vent	楮、鹿仔樹	自生	桑科	靱皮纖維	紙、繩索、蓆蓆、捆包
Calamus Margaritae Hance	省藤、黃藤	自生	椶櫚科	靱皮、莖	繩索
Calamus Rotang L.		輸入	椶櫚科	莖	編製、繩索
Calathea zebrina Lindl.		輸入	竹芋科	葉	編筥
Calotropis gigantea Ait. Hort.		輸入	蘿藦科	種毛、靱皮纖維	填充、繩索、粗絲

學名	俗名		科	利用部分	用途
Carica papaya L.	番瓜樹, 木瓜	輸入	番瓜樹科	韌皮纖維	編製、帽
Carludovica palmata Ruiz et Pav.	巴拿馬草	輸入	巴拿馬科	葉	編製
Cassia fistula L.	——	輸入	豆科	韌皮纖維	衣服
Castilloa elastica Cerv.	——	輸入	桑科	韌皮	填充、繩索 / 紙、紙
Ceiba pentandra Gaertn.	木棉	自生	木棉科	蒴毛、韌皮纖維	填充、繩索 / 紙
Celosia argentea L.	野雞冠, 菁葙	自生	莧科	韌皮纖維	粗絲
Celosia cristana L.	雞冠	輸入	莧科	韌皮纖維	繩索
Celtis sinensis Pers.	朴樹, 粕仔	自生	榆科	韌皮 / 韌皮纖維	捆包 / 繩索
Cibotium Baromez Smith.	胃碎補狗脊	自生	紗欏科	葉毛草	填充
Clerodendron paniculatum L.	龍船花	自生	馬鞭毛科	莖	編製
Cocos nucifera L.	古古椰子	輸入	椰子科	果皮纖維	繩索、席刷、紙 / 繩索
Corchorus aetangulus Lam.	——	自生	田蔴科	韌皮纖維	紡織、繩索
Corchorus capsularis L.	黃蔴	輸入	田蔴科	韌皮纖維	紡織、繩索 / 粗絲
Corchorus olitorius L.	黃蔴, 山蔴, 斗鹿	自生	田蔴科	韌皮纖維	紡織、繩索 / 粗絲
Cordia Myxa L.	破布子	自生	紫草科	韌皮纖維	繩索
Corypha elata Roxb.	——	輸入	椰科	葉身	編製
Crotalaria juncea L.	太陽蔴	輸入	豆科	韌皮纖維	繩索、粗絲
Crotalaria retusa L.	羊角豆	自生	豆科	韌皮纖維	繩索、粗絲 / 紙
Crotalaria striata D.C.	——	輸入	豆科	韌皮纖維	繩索、粗絲
Curcuma longa L.	鬱金	引殖	蘘荷科	葉	捆縛、捆包
Cycas revoluta Thunb.	鳳尾松	引殖	鳳尾松科	毛草	填充
Cyperus iria L.	荊三棱	自生	莎草科	莖	筵席

學名	俗名	生長	科	部位	用途
Cyperus malaccensis Lam.	茳茫	自生	莎草科	莖	編製
Cyperus papyrus L.	——	引種	莎草科	莖	編製、紙
Cyperus procerus Roxb.	茳茫	自生	莎草科	莖	編製
Cyperus tegetiformis Roxb.	茳茫、茳芏、鹹草	引種	莎草科	莖	編製
Deberegeasia edulis Wedd	柳葦	自生	蕁麻科	靭皮纖維	繩索
Dendrocalamus latiflorus Munro	麻竹	引種	禾本科	莖稈	編製
Donax cannaeformis Rolfe	紅頭龍竹蘭	自生	竹芋科	莖	編製
Dragea volubilis Benth.		自生	蘿藦科	靭皮纖維、莖	繩索、捆縛
Eichhornia crassipes Solms.	洋雨久花	引種	雨久花科	葉柄靭皮纖維／葉柄靭皮纖維	紙、繩索／編製、粗繩
Elaeis guinensis Jacq.	油椰子	引種	椶櫚科	葉柄	紙、繩索
Eleusine coracana Gaertn.	龍爪稷	引種	禾本科	莖稈	紙
Eleusine indica Gaertn.	蟋蟀草	自生	禾本科	莖稈	紙
Eucalyptus longifolia Link.	——	引種	桃金孃科	靭皮	紙
Eucalyptus robusta Sm.	——	引種	桃金孃科	靭皮	紙
Excoecaria Agallocha L.	——	引種	大戟科	靭皮	紙
Festuca ovina L.	——	自生	禾本科	靭皮	紙
Ficus bengalensis L.	印度榕樹	引種	桑科	靭皮纖維／氣根纖維	繩索、紙／繩索、紙
Ficus cornata Reinw.	牛乳樹	自生	桑科	靭皮根纖維	粗繩、紙
Ficus macrophylla Desf.	——	引種	桑科	氣根纖維	編綯
Ficus religiosa L.	菩提樹	引種	桑科	靭皮纖維	繩索、紙
Ficus retusa L.	榕樹	自生	桑科	靭皮	紙
Fimbristylis complunata Link.	野飄拂草	自生	莎草科	莖	莚蓆

學名	中名	自生／引種	科	莖／纖維	用途
Flagellaria indica L.	藤竹仔	自生	籐竹仔科	莖	捆縛
Fouroroya gigantea Vent.	—	引種	石蒜科	葉纖維	繩索、紡織
Funtumia elastica Cerv.	—	引種	夾竹桃科	種毛	紡織
Glycine max Merrill.	大豆	引種	豆科	韌皮纖維、莢殼	紙
Gossypium arboreum L.	樹棉、木棉	引種	錦葵科	種毛、韌皮纖維、種殼	紡織、捆縛、紙；填充、粗絲；紙、筵席、紙
Gossypium barbadense L.	海島棉	引種	錦葵科	種毛、韌皮纖維、種殼	紡織、捆縛、紙；填充、粗絲；紙、筵席、紙
Gossypium herbaceum L.	草棉	引種	錦葵科	種毛、韌皮纖維、種殼	紡織、捆縛、紙；填充、粗絲；紙、筵席、紙
Gossypium hirsutum L.	陸地棉、高原棉	引種	錦葵科	種毛、韌皮纖維、種殼	紡織、捆縛、紙；填充、粗絲；紙、筵席、紙
Gossypium nanleing Meyen	南京棉、中國棉	引種	錦葵科	種毛、韌皮纖維、種殼	紡織、捆縛、紙；填充、粗絲；紙、筵席、紙
Gymnema sylvestris R. Brown		引種	蘿藦科	韌皮纖維	紙
Hedychium coronarium Koenig	縮砂蔤	引種	蘘荷科	莖	紙
Helianthus annuus L.	向日葵	引種	菊科	韌皮纖維	粗絲、紙
Helianthus tuberosus L.	菊藷	引種	菊科	韌皮纖維	紡織
Helminthostachys zeylanica Hook	倒麟麟、蜈蚣草	自生	瓶爾小草科	莖	編製
Heteropogon contortus Beauv.	赤芒萱	自生	禾本科	莖稈	筵席、紙

學名	俗名		科		用途
Hibiscus cannabinus L.	洋麻	引種	錦葵科	靭皮纖維	紡織、粗絲、細索、紙
Hibiscus esculentus L.	—	引種	錦葵科	靭皮纖維	細索、紙
Hibiscus mutabilis L.	木扶蓉	自生	錦葵科	靭皮纖維	紙、細索、粗絲
Hibiscus rosa-sinensis L.	扶桑、大紅花	引種	錦葵科	靭皮纖維	細索
Hibiscus sabdariffa L.	酸楊桃	引種	錦葵科	靭皮纖維	細索、粗絲、紙
Hibiscus surrattensis L.	黃金葵	自生	錦葵科	靭皮纖維	細索
Hibiscus syriaceus L.	木槿	自生	錦葵科	靭皮纖維	細索
Hibiscus tiliaceus L.	右納、黃堇	自生	錦葵科	靭皮纖維	細索、粗絲、紙
Hordeum sativum Fessen var. vulgaris Hack.	大麥	引種	禾本科	莖稈	冠帽
Hypolytrum latifolium Rich.	—	自生	莎草科	莖	筵蓆
Imperata exaltata Brongn. var genuina Hackel	—	自生	禾本科	莖稈	紙
Indigofera tinctoria L.	木藍	自生	豆科	{枝 / 靭皮}	{編籃 / 紙}
Juncus effusus L.	燈心草、蘭	自生	燈心草科	莖	編製
Kadsura japonica L.	南五味子、紅骨蛇	自生	木蘭科	靭皮纖維	編製
Kleinhovia Hospita L.	面頭菓	自生	梧桐科	靭皮纖維	
Languas speciosa Merr.	月桃	自生	蘘荷科	葉鞘	細索、編製、紡織
Languas spp.	—	引種	蘘荷科	葉鞘	編製
Lepironia mucronata Rich.	蓆草、蒲包草	自生	燈心草科	莖	編製
Linum perenne L.	宿根亞麻	引種	亞麻科	靭皮纖維	紡織、紙
Linum usitatissimum L.	亞麻	引種	亞麻科	靭皮纖維	紡織、紙
Livistonia chinensis R. Br.	蒲葵	引種	椶櫚科	葉	細索、粗絲
Luffa acutangula Roxb.	—	引種	葫蘆科	果實纖維	填充、箒刷

學名	俗名		科	採用部分	用途
Lycopodium cernuum L.	鹿茸草、猫公剌	自生	石松科	莖	填充
Lygodium scandens Sw.	血桐、大布樹	自生	海金沙科	莖	編製
Macaranga Tanarius Muell Agr.	橙桐	自生	大戟科	韌皮纖維	粗絲
Malva sylvestris L.	——	引種	錦葵科	韌皮纖維	繩索
Mulva sylvestris L. var mauritiana Boiss	錦葵	引種	錦葵科	韌皮纖維	繩索
Malva verticillata L.	冬葵	引種	錦葵科	韌皮纖維	繩索
Maranta arundinacea L.	竹芋	引種	竹芋科	莖、葉	筵席
Marsdenia tinctoria R. Br.	扶桑蘭	自生	蘿摩科	韌皮纖維	粗絲
Melaleuca leucadendra L.	加那布的	引種	桃金孃科	韌皮	紙、填充、捆縛
Miscanthus japonicus Andr.	萱仔	自生	禾本科	莖稈、葉	紙
Miscanthus sinensis Andr.	芒、菅芒	自生	禾本科	莖稈	編製
Moringa oleifera Lam.	——	自生	山葵樹科	韌皮纖維	繩索
Morus alba L.	桑	引種	桑科	韌皮纖維	繩索、紡織、筵席、紙、捆縛
Musa cavendishii Lamb.	粉蕉	引種	芭蕉科	葉鞘纖維鞘	紡織、筵席
Musa liukiuensis Makino	琉球系芭蕉	引種	芭蕉科	葉鞘纖維	繩索
Musa paradisiana L.	木瓜芭蕉	引種	芭蕉科	葉鞘	編製
Musa sapientum L.	香蕉、甘蕉、弓蕉	引種	芭蕉科	葉鞘纖維	繩索、紙、筵席
Musa textilis Nee	馬呢喇蔴	引種	芭蕉科	葉鞘纖維	紡織、繩索、紙
Nicotiana Tabacum L.	煙草	引種	茄科	莖、葉	紙
Ocimum Basilicum L.	九層塔	引種	唇形科	韌皮纖維	粗絲、繩索
Oredoxa regia H.B.K.	大王椰子	引種	椶櫚科	葉身、葉鞘	編製、繩製
Orysa sativa L.	稻	引種	禾本科	莖稈	紡織、繩製
Pandanus amaryllifolius Roxb.	——	引種	露兜樹科	葉	筵席

學名	名稱	引種/自生	科	利用部分	用途
Pandanus luzonensis Merrill	—	引種	露兜樹科	葉	編製
Pandanus tectorius Sol.	林投	自生	露兜樹科	葉、莖、根	莚席、編製、稿屑、紙、粗絲、稻莖
Pandanus utilis Bery	—	引種	露兜樹科	根	編製、糯莖
Panicum miliuceum L.	穄	引種	禾本科	葉、稈	紙
Parkia africana R. Br.	—	引種	豆科	葉、根	捆包
Phaseolus vulgaris L.	荣豆	引種	豆科	靭皮纖維	紙
Philydrum lanuginosum Banks	田葱	自生	田葱科	葉纖維	編製
Phoenix dactylifera L.	裏椰子	引種	椶櫚科	葉身、葉柄	編製、糯莖、粗絲
Phormium tenax L.	新西蘭蔴	引種	百合科	葉纖維	糯莖、粗絲、莚席
Phragmites karka Trin	—	自生	禾本科	莖稈、葉	紙、紙
Phyllostachys lithophila Hayata	石竹、長竹	自生	禾本科	莖稈	編製
Phyllostachys Makinoi Hayata	桂竹	自生	禾本科	莖稈	編製、紙
Phyllostachys pubescens H. Leh.	孟宗竹、淡竹	引種	禾本科	莖稈	編製
Pisum sativum L.	豌豆	引種	豆科	莢殼纖維	填充
Populus nigra L.	黑楊	引種	楊柳科	靭皮	糯莖、粗絲
Pueraria phaseeloides Benth	—	引種	豆科	靭皮纖維	粗絲
Pueraria Thunbergiana Benth	葛、葛藤草	自生	豆科	靭皮纖維	紡織、捆縛
Quisqualis indiea L.	使君子	引種	使君子科	莖、葉	編製
Raphia Hookeri M. et W.	—	引種	椶櫚科	莖	捆縛、編製
Ravenala madagascariensis F.F. Gmel.	扇芭蕉	引種	芭蕉科	葉	填充、冠

學名	俗名	自生／引種	科	利用部	用途
Ricinus communis L.	蓖麻	自生	大戟科	葉、莖	紙
Sabal mexicanum Mart.	—	引種	棕櫚科	葉	編製、箒刷
Saccharum Narenga Ham.	甘蔗	引種	禾本科	莖	紙
Saccharum officinarum L.	甘蔗	引種	禾本科	莖	紙
Saccharum sinense Roxb.	甘蔗	引種	禾本科	莖	紙、編製
Saccharum spontaneum L.		自生	禾本科	莖	紙、編製、繩索
Salix babylonica L.	柳、垂柳	引種	楊柳科	靱皮、枝	編製
Salix purpurea L.	杞柳	引種	楊柳科	枝	編製、編籃
Salix tetrasperma Roxb.		自生	楊柳科	莖	紙、編籃
Sansevieria zeylanica Willd	鳳尾草、虎尾蘭	引種	百合科	葉纖維	紙、莚席、繩索
Scirpus lacustris L.	莞	自生	莎草科	莖	編製、紙
Scirpus maritimus L.	海荊三稜	自生	莎草科	莖	編製、紙
Scirpus mucronatus L.	水毛花	自生	莎草科	莖	莚席、紙
Scirpus triqueter L.	藨草、大甲藺	自生	莎草科	莖	編製
Sesbania grandiflora Pers.		引種	豆科	靱皮纖維	繩索、粗絲、紙
Sesbania Sesban Merrill		自生	豆科	靱皮纖維	繩索
Sida acuta Burm.	田菁	自生	錦葵科	靱皮纖維	繩索、捆縛
Sida cordifolia L.	圓葉、嗽血草	自生	錦葵科	靱皮纖維	繩索、粗絲、紙
Sida rhombitolia L.	細號嗽血草	自生	錦葵科	靱皮纖維	繩索、紡織
Spathoglottis plicata Blume	大號嗽血草	自生	蘭科	葉	填充、紙
Sporobolus indicus R. Br.	紅頭嗽蘭	自生	禾本科	莖稈	編製
Sterculia faetida L.	牛頓草、蟋蟀草	引種	梧桐科	靱皮纖維	繩索、莚席、帽子
Tacca pinnatifida Forst	—	引種	蒟蒻薯科	葉柄、花柄	莚席、箒刷

				纖	紙、填充
Tetrapanax papyrifera C. Koch	蓪草、通脫木	自生	五加科	髓	紙、填充
Theobroma Cacao L.	可可樹	引種	梧桐科	靭皮纖維	捆絆、繩索
Thespesia populnea Soland.	臺灣葵	自生	錦葵科	靭皮	繩索
Thysanolaena maxima O. Kuntze	──	自生	禾本科	莖	箒刷
Trachycarpus excelsa Wendli	棕櫚	自生	椶櫚科	莖身纖維、葉身柄	編製、箒刷、繩索、箒刷
Trema orientalis Blume.	裏白楠、山黃蔴	自生	榆科	靭皮、靭皮纖維	捆絆、紡織
Triticum vulgare Vill.	小麥	引種	禾本科	莖稈	編製、紙
Triumfetta semitriloba Jaecr.	──	自生	田蔴科	靭皮纖維	紡織、粗緣
Uraria lagopodioides Desv	──	自生	豆科	靭皮纖維	紡織
Urena lobata L.	苘天花	自生	錦葵科	靭皮纖維	紡織、繩索
Urtica Thunbergiana S. et Z.	蕁蔴	自生	蕁蔴科	靭皮纖維	繩索、紡織
Vigna sinensis Endl	豇豆	引種	豆科	靭皮纖維	粗緣
Villebrunea fruicosa Nakai	山水柳	自生	蕁蔴科	靭皮纖維	繩索、粗緣
Vitis vinifera L.	葡萄	引種	葡萄科	莖	紙、繩索
Waltheria americana L.	──	自生	梧桐科	靭皮纖維	繩索
Wikstroemia indiea C. A. Mey	印度雁皮	自生	瑞香科	靭皮纖維	繩索、紙
Wisteria florbunda D. C.	籐	引種	豆科	靭皮纖維	紡織
Yucca gloriosa L.	──	引種	百合科	葉緣纖維	捆絆、繩索、編製
Zea mays L.	玉蜀黍	引種	禾本科	莖稈、葉	紙、編製、填充

種子球狀。

　㈡分佈：全省各地，北起淡水，南迄鵝鑾鼻，其垂直分佈自平地迄海拔3000公尺均有，唯平原地帶已少見，淺山地區尚有零星分佈，故以高山原始林地帶爲主產區。自加工業發達以後，低山地區藤材已被採取殆盡，又因原始林木被砍伐亦多，藤材無所依托，目前蓄積量已大爲減少。

　㈢採伐：黃藤的收穫，以蔓莖堅硬而長度達十三台尺（約四公尺）以上者爲採伐標準。本省黃藤採伐期大約每年或隔年一次，時間不定，多在旱季而避免在雨季，採伐時先在藤之握手處剝去有刺表皮15公分，以手抓其稈，用鐮刀由基部砍斷，再將藤拉下，去其外層包皮，切成 13 台尺長度，不足者切成 10 或 6 台尺。打綑運至平地。

　㈣處理：丸藤採回後須經過處理，首先要加燻洗，方法有數種，主要係以硫磺爲烟燻劑，或將藤條置於室外，上覆塑膠布使密不通風，或將藤條置於烟燻室內密閉之後燃點硫磺燻之，每萬條藤稛約需硫磺 **5 公斤**，燻畢以水洗淨，如此重複數次，直至藤材乾淨爲止。燻洗完畢再以去節刀除去節目，然後依藤莖大小及長短，分爲丸藤及割成藤皮兩種，丸藤須經扶直的手續，藤皮則須剖剝，然後分類包裝出售。藤皮通常爲每百條一束，30束一綑，丸藤則視徑圍不同，自 100 條至 500 條一綑不等。

8-7　進口藤料

　由於藤工藝的發展，對藤材的需求日增，而省產材料不敷需要，每年須向國外輸入，目前加工業所消耗的原藤，約97%是依賴進口，故進口之藤材實佔重要位置，茲分述如下：

　㈠類別：進口藤材名稱及產地約如表 8-7。

　進口地區主要以印尼的蘇門答臘、加里曼丹、蘇拉威西、東馬來西亞的砂勞越、沙巴以及西馬來西亞和泰緬地區。

　㈡採購：外國原藤長約60—70公尺，常剪斷爲 3 ~ 6 公尺再行捆包。

表 8-7　進口藤材名稱及產地

種　　　類	英 文 名	產　　　　　　　　地
瑪　瑙　藤	Manuo	Sumatra, Kalimatan, Sulawesi
色　牙　藤	Siga	Sumatra, Kalimatan
道 以 治 藤	Tohiti	Sulawesi
倫　地　藤	Lunti	Kalimatan
紅 不 律 藤	Hobilu	Sanrariter
雜　　　藤		各　　地

自產地經新加坡或香港抵達基隆或高雄，進口之前依種類及需要之不同，分別已經過水洗、油煮、硫磺燻洗等處理。

　　㈢分級:

　　1.瑪瑙藤分爲 A、B、C、D 四級。直徑規格則有七種，自 20mm.～65mm，差距約爲 5mm。瑪瑙藤的質地較道以治藤軟而輕，必須以油煮處理，否則日後易生蟲患，交易以條計算，主要用於家具及室內裝潢。

　　2.色牙藤分爲 A、B、C三級。直徑規格分爲 6～11mm、及 11～16mm 兩種。表皮有一層臘質，光亮鮮艷，故又稱「艷藤」，表皮硬，藤心白，A級品用於製藤蓆，餘者用於剝藤皮及抽藤心，交易以重量計。

　　3.道以治藤分爲五級，直徑在 10～32mm 之間，分爲四種，這類藤比瑪瑙藤爲重，適於製家具，交易以重量計。

　　4.倫地藤分爲三種，直徑與色牙藤相似，自 4～16mm，質地較色牙輕而軟，用於取藤皮及心，編織籃及工藝品，亦可用於家具，交易以重量計。

　　5.紅不律藤直徑小，約自 2～4mm 之間，表皮呈紅茶色，又名紅藤或金光藤，用於編織或家具，交易以重量計。

㈣處理: 進口藤材之處理, 大致和省產者相同, 藤條材料係先將原藤經打目、水洗、硫燻、曬乾、選別、矯直、至剪條為止。藤皮及藤心材料係將上述藤條皮部經剖剝、修薄、漂白而成, 餘下藤心經機器剖成角心, 再抽成丸心, 經過漂白而成。其中色牙藤及倫地藤以製藤皮、藤心為主; 瑪瑙藤及道以治藤以其徑口較粗適於製家具, 常將其去皮磨光後再撓曲以作家具支架。

㈤展望: 進口藤材對本省藤業加工關係密切, 由於競爭和保護政策的擡頭, 目前各原料產地多有限制出口的措施, 故除開發藤材新的來源之外, 更應加緊引進優良藤種, 試驗栽培以增加自己的供應能力。

第四節 塑膠材料

塑膠是人造的新材料, 在短短的數十年中, 它的全球產量將接近三億噸, 超過了其他任何材料 (包括鋼鐵), 目前已使用於製造各種日常用品, 而在某些方面已經取代了金屬、木材、玻璃、皮革、陶瓷以及天然纖維的地位, 故也不斷被引用到工藝領域中來, 在工藝方面的用途正日益增長。

8-8 塑膠與合成樹脂

塑膠 (plastics) 有時被稱為合成樹脂 (Synthetic resin), 兩者的含義無明顯的不同, 一般而言, 用人工合成的有機高分子化合物稱為合成樹脂; 合成樹脂中加入顏料、填充料、安定劑及可塑劑等成分, 而其最終狀態為固體者則稱為塑膠。蓋因當年貝克蘭(Bakeland)教授首先合成的酚甲樹脂之外觀, 顏似松脂(rosin)而得名, 又因其也具有「可塑性流動」(plasticity flow), 故又稱塑膠 (Plastics)。

也有人認為合成樹脂應指熱硬性樹脂, 即分子量低的樹脂, 經架橋等反應生成高分子, 一旦成形後不因加熱而軟化變型者; 而在熱可塑性樹脂

中加入安定劑、色料、填充料、可塑劑等，經加工成形後再加熱仍可軟化者稱為塑膠。

8-9 原料和聚合

塑膠係以碳為主幹的高分子化合物，碳的主要來源為煤炭、石油、天然氣及煤氣。

煤炭是有機化合物的寶藏，由煤的乾餾所得的煤焦油中可分離出苯、甲苯、二甲苯、酚、萘、蒽等成分，均為合成的重要原料。但由於煤炭化學的製造成本比石油化學高，近十年來漸有被石油取代的趨勢。

高分子的合成，分為聚縮合 (polycondensation) 和聚加成 (polyaddition) 二種。「聚縮合」在聚合時放出簡單的化合物如水、二氧化碳、氨等而聚合，如酸與酒精反應時放出水而生成酯(ester)；二元酸(dibasic acid)與二元醇 (diol) 反應，放出水而聚縮合成多元酯(polyester)。「聚加成」在聚合成不產生任何副產物，如苯乙烯聚加成反應後生成聚苯乙烯。

聚縮合為分段反應，因此可在任何階段停止反應；反之聚加成是連鎖反應，反應一開始，即於瞬間起連鎖作用生成分子量幾千幾萬的高分子物質。這兩種性質影響塑膠的性能很大。

很多塑膠是以 $CH_2=CHX$ 的單體聚加成而得，如X為H時生成物為聚乙烯，X為苯時即為聚苯乙烯，X為 Cl 時生成物為氯乙烯，其他如醋酸乙烯酯、丙烯腈等均以乙烯基為基礎而生成的。

8-10 主要塑膠的種類和性能

(一)種類：塑膠的種類甚多，主要者類別如表 8-10.1。

(二)性能：各種主要塑膠的性質如表 8-10.2。

表 8-10.1 主要塑膠之分類

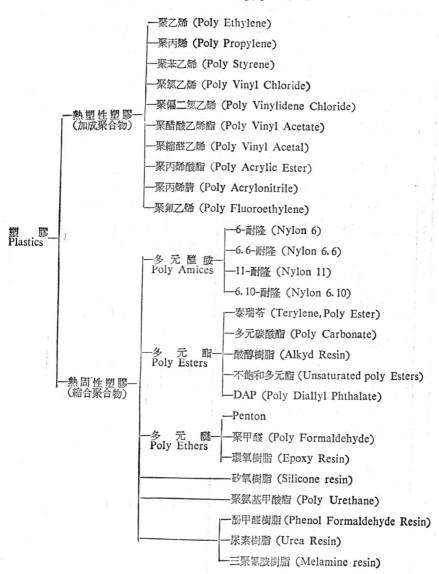

```
                    ┌─聚乙烯 (Poly Ethylene)
                    ├─聚丙烯 (Poly Propylene)
                    ├─聚苯乙烯 (Poly Styrene)
                    ├─聚氯乙烯 (Poly Vinyl Chloride)
       熱塑性塑膠─    ├─聚偏二氯乙烯 (Poly Vinylidene Chloride)
       (加成聚合物)   ├─聚醋酸乙烯酯 (Poly Vinyl Acetate)
                    ├─聚縮醛乙烯 (Poly Vinyl Acetal)
                    ├─聚丙烯酸酯 (Poly Acrylic Ester)
                    ├─聚丙烯腈 (Poly Acrylonitrile)
                    └─聚氟乙烯 (Poly Fluoroethylene)

塑 膠
Plastics                              ┌─6-耐隆 (Nylon 6)
                      多元醯胺         ├─6.6-耐隆 (Nylon 6.6)
                      Poly Amices     ├─11-耐隆 (Nylon 11)
                                      └─6.10-耐隆 (Nylon 6.10)

                                      ┌─泰瑞苓 (Terylene, Poly Ester)
                                      ├─多元碳酸酯 (Poly Carbonate)
                      多 元 酯        ├─酸醇樹脂 (Alkyd Resin)
                      Poly Esters     ├─不飽和多元酯 (Unsaturated poly Esters)
       熱固性塑膠─                     └─DAP (Poly Diallyl Phthalate)
       (縮合聚合物)
                                      ┌─Penton
                      多 元 醚        ├─聚甲醛 (Poly Formaldehyde)
                      Poly Ethers     └─環氧樹脂 (Epoxy Resin)

                      ──────矽氧樹脂 (Silicone resin)

                      ──────聚氨基甲酸酯 (Poly Urethane)

                                      ┌─酚甲醛樹脂 (Phenol Formaldehyde Resin)
                                      ├─尿素樹脂 (Urea Resin)
                                      └─三聚氰胺樹脂 (Melamine resin)
```

表 8-10.2　主要塑膠

	熱　可　塑　性　樹　脂					
	氯乙烯樹脂		苯乙烯樹脂			ABS 樹脂
	硬質	軟質	一般用	耐衝擊用	苯乙烯—丙烯腈共聚合物	
1 透明性	透明—不透明	透明—不透明	透明—不透明	半透明—不透明	透明—不透明	半透明—不透明
2 成形收縮率%	0.1—0.4	1.0—5.0	0.1—0.6	0.2—0.6	0.2—0.6	0.3—0.8
3 比重	1.35—1.45	1.15—1.35	1.04—1.07	1.04—1.10	1.04—1.10	0.99—1.10
4 抗張力 kg/cm^2	350—360	100—250	350—630	140—480	670—840	170—630
5 伸長率%	2—40	200—450	1—2.5	10—50	1.5—3.5	10—140
6 拉張彈性率 $10^5 kg/cm^2$	250—420	—	280—350	140—310	280—390	70—290
7 壓縮強度 kg/cm^2	550—900	60—120	800—1,100	280—630	980—1,200	170—770
8 彎曲強度 kg/cm^2	700—1,100	—	610—1,000	350—700	980—1,300	250—950
9 衝擊強度（Izod 法 有 V 缺口）$kg.cm/cm^2$	1.7—8.6	依可塑劑而變	1.1—1.7	3—15	1.5—2.1	10—50
10 Rockwell 硬度	Shore 70—90	—	M65—80	M35—70 R50—100	M80—90	R80—120
11 線膨張率 $10^{-5}/°C$	5—20	7—25	6—8	4—20	7	6—13
12 熱變形溫度（荷重 $18.6 kg/cm^2$）°C	50—75	—	70—90	70—80	90—93	70—100
13 體積抵抗率 Ωcm	$>10^{15}$	$10^{11}—10^{14}$	$>10^{17}$	$>10^{16}$	$>10^{16}$	$10^{13}—10^{17}$
14 耐重壓（短時間法）KV/mm	17—51	12—39	20—28	12—24	16—20	12—17
15 誘電率（$10^6 c/s$）	2.8—3.1	3.3—4.5	2.4—2.7	2.4—3.8	2.8—3.1	2.4—4.8
16 力率（$10^6 c/s$）	0.006—0.019	0.04—0.14	0.0001—0.0004	0.0004—0.002	0.007—0.010	0.007—0.026
17 耐電弧性 sec	60—80	—	60—100	20—100	100—150	45—85
18 吸水率（24hr）%	0.07—0.40	0.15—0.75	0.03—0.05	0.1—0.3	0.2—0.3	0.1—0.3
19 燃燒性	自　熄　性		燃燒	燃燒	燃燒	燃燒
20 酸及鹼之影響	受氧化性酸之侵蝕		受氧化性酸之侵蝕		受氧化性酸之侵蝕	
21 耐溶劑性	受芳香烴之作用膨潤 受酮類及酯類之侵蝕		受芳香烴及鹵化烴之侵蝕		受酮類、酯類及鹵化烴之侵蝕	

之 性 能 一 覽 表

熱　　可　　塑　　性　　樹　　脂								
α-甲基丙烯酸酯樹脂	聚乙烯		聚丙烯	氟碳樹脂		多元醛胺樹脂	多元碳酸酯樹脂	
樹脂	高密度	低密度		三氟化	四氟化	耐隆		
透明—不透明	半透明—不透明	半透明—不透明	半透明—不透明	透明—不透明	不透明	半透明—不透明	透明—不透明	1
0.1—0.8	2.0—5.0	3.0	1.0—2.5	0.5—1.0	—	0.9	0.5—0.7	2
1.17—1.20	0.94—0.97	0.91—0.93	0.90—0.92	2.1—2.2	2.13—2.22	1.13—1.16	1.2	3
490—770	250—390	130—200	300—420	300—400	100—260	650—740	560—670	4
2—10	15—100	90—650	200—700	100—200	100—350	25—70	60—100	5
310	40—100	10—30	90—140	130—210	40	110—250	225	6
840—1,300	700	350—500	590—700	2,300—5,600	120	470—880	770	7
910—1,200	180—300	—	950—1,300	520—650	110	560—1,100	770—910	8
1.3—2.1	6—30	不易析	2—26	20—120	10—15	4—15	50—70	9
M85—105	Shore D60—70	Shore D40—45	R85—110	R110—115	Shore D50—65	R100—120	M60—70	10
5—9	11—13	16—18	6—9	4—7	10	8—13	7	11
70—90	68—85 (4.6kg/cm²)	40—50 (4.6kg/cm²)	90—115 (4.6kg/cm²)	—	115—130 (4.6kg/cm²)	125—170 (4.6kg/cm²)	130—140	12
$>10^{14}$	$>10^{16}$	$>10^{16}$	$>10^{16}$	10^{18}	$>10^{18}$	10^{14}	10^{16}	13
18—22	18—20	18—28	25—32	21	19	17—20	14—16	14
2.2—3.2	2.3—2.4	2.2—2.4	2.0—2.3	2.4—2.5	2.0	4.0—4.7	2.9	15
0.02—0.03	<0.0003	<0.0005	0.0001—0.0005	0.0036—0.017	<0.0002	0.04—0.13	0.01	16
無變化		135—160	185	>360	>200	—	10	17
0.3—0.4	<0.01	<0.01	<0.01	0.00	0.00	1.9—3.3	0.15	18
燃燒	燃燒	燃燒	燃燒	自熄性	不燃	自熄性	自熄性	19
受氧化性酸及強鹼之侵蝕	受氧化性酸之侵蝕	受氧化性酸之侵蝕		不侵蝕	不侵蝕	被酸侵蝕	受強酸及強鹼之侵蝕	20
受酮類、酯類及鹵化烴之侵蝕	常溫時無作用		常溫時無作用	遇鹵化烴稍微膨潤	無作用	不受普通溶劑之侵蝕	受芳香烴及鹵化烴之侵蝕	21

主 要 塑 膠 之

		熱 可 塑 性 樹 脂			熱 硬 化 性 樹 脂		
		縮醛樹脂及其共聚合物	纖 維 素 塑 膠		酚 甲 醛 樹 酯		
			硝酸纖維素醋	醋酸纖維素	填充木粉	紙張積層	綿布積層
1	透明性	半透明—不透明	透明—不透明	透明—不透明	不透明	不透明	不透明
2	成形收縮率%	2.5—3.0	—	0.3—0.7	0.4—0.9	—	—
3	比重	1.41—1.43	1.35—1.40	1.23—1.34	1.32—1.45	1.34—1.37	1.30—1.36
4	抗張力 kg/cm^2	620—700	490—560	130—600	500—800	700—900	650—1,100
5	伸長率%	15—40	40—45	6—70	0.4—0.8	0.3—1.8	0.3—1.0
6	拉張彈性率 $10^5 kg/cm^2$	260—290	130—150	50—280	0.5—1.2	0.5—1.4	0.4—1.1
7	壓縮強度 kg/cm^2	1,300	1,600—2,500	160—250	1,600—2,500	2,500—3,000	2,100—3,100
8	彎曲強度 kg/cm^2	840—980	630—770	140—1,100	700—1,200	1,200—1,700	1,100—2,100
9	衝擊強度(Izod法 有V缺口) $kg\text{-}cm/cm^2$	5—17	20—30	2—23	1.0—2.6	2.5—4.0	4.3—11
10	Rockwell 硬度	M75—95	R95—115	R35—125	M95—120	Brinell 34—45	M90—115
11	線膨張率 $10^{-5}/°C$	8	8—12	8—16	3—5	2—5	2—3
12	熱變形溫度(荷重 $18.6kg/cm^2$)$°C$	125($4.6kg/cm^2$)	60—70	45—100($4.6kg/cm^2$)	125—170	120—150	130—170
13	體積抵抗率 Ωcm	10^{13}—10^{14}	10^{11}	10^{10}—10^{13}	10^9—10^{13}	10^{10}—10^{13}	10^{10}—10^{12}
14	耐電壓(短時間法) KV/mm	18	12—24	10—14	8—17	12—39	6—24
15	誘電率 (10°C/s)	3.7	6.4	3.2—7.0	4.0—7.0	4.0—6.0	4.0—7.0
16	力率 (10°C/s)	0.004	0.06—0.09	0.01—0.10	0.03—0.07	0.04—0.06	0.05—0.10
17	耐電弧性 sec	130	—	50—300	閃 絡	閃 絡	閃 絡
18	吸水率 (24rh)%	0.12—0.25	1.0—2.0	1.9—6.5	0.3—1.0	0.2—0.6	0.8—2.0
19	燃燒性	可 燃	爆發可燃	自熄可燃	自 熄 性	緩慢可燃	緩慢可燃
20	酸及鹼之影響	受強酸及強鹼之侵蝕	受強酸及強鹼之侵蝕		及氧化性酸及強鹼之侵蝕		
21	耐溶劑性	不受普通溶劑之侵蝕	受酮類、酯類之侵蝕		不 作 用		

性 能 一 覽 表

熱 硬 化 性 樹 脂							
尿素樹脂	三聚氰胺樹脂	多元酯樹脂	酞酸二丙烯酯樹脂	環氧樹脂	環氧樹脂	矽氧樹脂	
填充纖維素　α-纖維素	填充纖維素　α-纖維素	玻璃纖維布積層	填充玻璃纖維	注型品	玻璃纖維布積層	玻璃纖維布積層	
半透明—不透明	半透明—不透明	半透明—不透明	半透明—不透明	透明—不透明	不透明	不透明	1
0.6—1.4	0.5—1.5	—	0.1—0.5	0.1—0.4	—	0—0.5	2
1.47—1.52	1.47—1.52	1.5—2.1	1.55—1.90	1.11—1.40	1.7—2.0	1.6—1.9	3
400—900	500—900	2,000—6,000	350—600	300—900	3,200—4,300	700—2,800	4
0.5—1.0	0.6—0.9	—	—	3.0—6.0	—	—	5
0.7—1.1	0.8—1.0	0.7—3.5	1.0—1.6	0.2	1.8—3.0	1.0—2.1	6
1,800—3,200	1,800—3,000	2,100—5,100	1,800—2,100	1,100—1,500	1,600—5,000	1,000—3,300	7
700—1,100	700—1,100	3,000—7,400	650—1,300	950—1,500	3,100—6,400	300—3,200	8
1.1—1.7	1.0—1.5	60—150	2.1—12	0.9—4.3	43—110	21—110	9
M110—120	M110—125	M100—115	M110	M80—110	M105—120	M80—100	10
2—4	4	1.5—3.0	1—4	4—7	1—1.2	0.5—1.0	11
125—145	125—195	80—180	>150	50—120	140—190	260	12
10^{11}—10^{12}	10^{12}—10^{14}	10^{12}—10^{14}	>10^{13}	10^{13}—10^{16}	10^{11}—10^{13}	10^{13}—10^{15}	13
9—16	42—16	15—20	14—16	15—20	15—30	7—20	14
6.0—8.0	7.2—8.4	3.0—4.2	3.8—4.2	3.3—0.05	4.5—5.3	1.5—4.3	15
0.25—0.35	0.027—0.045	0.007—0.03	0.01—0.02	0.03—0.05	0.01—0.03	0.0015—0.003	16
60—80	110—180	80—140	100—130	45—120	50—180	15—250	17
0.4—0.8	0.1—0.6	0.2—0.5	0.1—0.4	0.08—0.15	0.05—0.3	0.1—0.7	18
自熄性	自熄性	自熄性—燃燒	自熄性	燃燒	燃燒	自熄性	19
受強酸及強鹼之侵蝕	受強酸及強鹼之侵蝕	受強酸及強鹼之侵蝕	受強酸及強鹼之侵蝕	受氧化性酸及強鹼之侵蝕	受氧化性酸及強鹼之侵蝕	受氧化性酸及強鹼之侵蝕	20
不作用	不作用	受某種溶劑之作用稍微膨潤	不作用	不作用	不作用	受某些溶劑之侵蝕	21

8-11 工藝方面常用的塑膠

㈠壓克力樹脂 (Acrylate Resin)：屬於熱可塑性塑膠，壓克力單體的基本式爲：

$$CH_2 = C \left\langle \begin{matrix} R' \\ COOR \end{matrix} \right.$$

故亦可稱爲乙烯系熱可塑性樹脂的單體，其中 R 及 R' 爲氫原子時，即爲丙烯酸 (acrylic acid)。R 及 R' 爲 CH_3 時即爲 a-甲基丙烯酸酯，常見的壓克力即屬於此類。

壓克力具有優異的明晰度，良好的光線傳透力以及耐天候變化性能，特別適於熱成形及機械加工，比重 1.17 至 1.20，成形收縮率 0.1~0.8，抗張力爲 $490~770 \, kg/cm^2$，Rockwell 硬度爲 M85~105，由此可知其強度及硬度均佳且耐吹脹，可製成無色或具各種色彩者。壓克力具可燃性，受氧化性酸及強鹼的侵蝕，亦受酮類、酯類及鹵化烴的侵蝕。

工藝上常用的壓克力板，其厚度自 0.30 吋至 4 吋不等，在加熱成型方面，其熱變形溫度在荷重 $18.6kg/cm^2$ 範圍內爲 $70~90°C$；在機械成型方面，壓克力可以鋸、切、磨、銼、鑽孔、攻絲、雕嵌，利用溶劑尚可接合、鑲嵌等，自小件陳設物以至家具均可製作，是工藝上應用最廣的塑膠材料之一。

㈡多元酯樹脂 (Polyester Resin)：俗稱保麗樹脂，亦有稱強化塑膠 (Fiber Reinforced plastics) 而簡稱爲 FRP。蓋因塑膠單獨使用時有質脆的共同缺點，爲彌補此種缺點乃利用玻璃纖維的強度（超越鋼絲）來改善塑膠製品的機械強度。可用纖維加以強化的塑膠種類很多，如多元酯樹脂、環氧樹酯、酚甲醛樹脂等，但通常多指以玻璃纖維補強的多元酯樹脂，目前亦有以合成纖維代替玻璃纖維爲補強材料者，其效果亦不遜。

將二鹽基酸與二元醇反應可得多元酯，若使用二鹽基酸爲不飽和者，

則得不飽和多元酯，將其溶解於乙烯系單體中，可得透明的飴狀樹脂，卽不飽和的多元酯樹脂,此不飽和飴狀樹脂加入觸媒而硬化而成固態的塑膠。故多元酯樹脂屬於熱固性塑膠。

多元酯樹脂可以加熱硬化，也可以常溫加觸媒硬化，且對各種塡充劑的親和力極佳，如玻璃纖維、合成纖維、天然纖維及各種粉狀塡充劑如骨粉、石膏、白堊等均有親和力，此種在常溫中能由液態轉成固態，且能添加各類塡充劑的特性，較之石膏尤勝一籌，故在工藝方面用途日廣，舉凡雕塑、仿古藝品、日常用品等均可應用此一新材料以製成。

多元酯樹脂的比重自 $1.5 \sim 2.1$，抗張力 $2,000 \sim 6,000 kg/cm^2$, Rockwell 硬度 M100～115，線膨張率 $1.5 \sim 3.0 \ 10^{-5}/°C$ 時，自熄可燃性，熱變形溫度爲 $80 \sim 180°C$，可耐酸類及烴系溶劑（石油系），但易被鹼或氧化性酸所侵蝕，當其以玻璃纖維補強時，其機械強度因所用纖維數量及狀態而不同，下表（表 8-11）可見其一斑：

表 8-11　不同的玻璃纖維對多元酯樹脂強度的影響

性　　　　　質	預成形被蓆 preform mats	平　　　　織 plain weave	斜紋織 twill weave
玻璃纖維合量%	35	60	62
抗力強度 kg/cm^2	1,200	2,810	5,120
彎曲強度 kg/cm^2	2,110	4,000	7,030
衝擊強度 kg/cm^2	64.2	72.8	201.4
比　　　　　重	1.55	1.72	1.85

多元酯樹脂的硬化法有如下數種：

1. 加熱硬化: 用於中小型物體的成形，但要用金屬模子，觸媒以 BPO (Benzoyl peroxide) 爲主，加熱溫度自 $100 \sim 130°C$ 依成形品的大小而不同。

2.常溫硬化: 可使用廉價的木模、石膏模、塑膠模以及大型的成形品，觸媒用 MEKP (Methyl Ethyl Ketone Peroxide) 促進劑爲六氫苯甲酸亞鈷(cobaltous naphthenate)，在應用時要先加促進劑再加觸媒，兩者相遇，易起爆炸，故零售時多先摻促進劑於不飽和的原料中，避免發生危險。

3.永久不完全硬化: 觸媒用量若不足，卽不可能充分架橋，形成性質差的樹脂，爲避免此現象，BPO 的用量至少要在 1% 以上，MEKP 的用量應在 0.5% 以上。

4.後硬化: 多元酯樹脂，不論常溫或加溫硬化，均不易一時反應完成，成形數個月之後，其反應有仍在進行者，故欲使產品安定，可以100°C 左右溫度加熱2小時，稱爲後硬化。

㈡塑膠泡棉 (Plastic Foams): 俗稱泡利隆，大致可分爲兩種，其一如天然軟木之具有單獨氣泡者，以聚苯乙烯泡棉 (Polystyrene foams) 爲代表，另一如天然海棉 (Sponge) 之具有連續氣泡者，以聚氨基甲酸泡棉 (polyurethane foams) 爲代表。

聚苯乙烯泡棉係以適當的方法將發泡劑混入具有熱可塑性的原料內，以加熱或擠出等方法製成之多孔性泡沫體，其成形法有一段法及二段法，目前多採二段法，先將原料粒加熱至 90~110°C，得到米花狀泡沫粒，於通風處放置數小時待其充分成熟，然後置入模內加熱至 110~120°C，再膨脹而熔合爲一體，如此可獲得10~80倍體積的泡棉。至於板狀泡棉，則係將原料球粒添加塡料以擠壓機擠出，使其發泡製成。工藝方面常用以造型或切割成圖形文字者卽屬此類塑膠。其色潔白，具有光澤，質輕、無吸水性、隔熱性優異，適於−70°C至＋70°C的溫度範圍。對海水、酸、鹼、植物油及低級醇具有很大的安定性，但對礦物油、苯等芳香烴類、丙酮等酮類及酯類諸化合物不安定。工藝上亦有利用此一特性，在泡棉板上作種種雕刻花紋。此外亦用作包裝材料、漂浮材料、隔熱保冷材料等。

聚氨基甲酸酸泡棉係以多元醚爲主要原料加觸媒與助劑而成。有軟質、

硬質及半硬質等三種，其中軟質泡棉、氣墊性（壓縮荷重）優異，可得密度 0.015～0.03 的製品，是所有塑膠泡棉中最輕者，為家具、床具、車輛、運動用具等常用的襯墊。此類泡棉不與動植物油、礦物油、汽油、酒精、海水、肥皂水等起作用，但遇丙酮、甲乙酮、醋酸乙酯、弱酸、鹼等即稍被侵蝕，不能與強酸接觸。容易切斷，可與 PVC 膠膜及布類膠貼。

第五節　接　着　劑

材料間的接合，是工作法的一大要項，以往多以原始的方法來運作，如木材的接法多以榫、釘、膠等來解決，金屬材料則多賴焊接。近年以來，由於合成樹脂的勃興，促成接着劑的多方發展，在相同材料以及相異材料之間的接合，提供了不少有效而優良的產品。過去認為無法接合的物件，目前已可輕易而迅速的接合起來，節省了不少時間與精力，由於接着劑並非什麼「主要材料」，一般人多未寄重視，事實上目前的接着劑已有長足的進步，對這方面的資料如能密切注意，在適當的材料上應用適當的接着劑，必可收到事半功倍的效果。

8-12　接着劑的分類

接着劑必需具備的條件有二。一是施於接合物之間的物質，在加壓初期須具有流動性；二是接着完畢後，接着劑須能固化，雖受外力如壓縮、撕裂、剪切、剝離、熱、光等，亦不致流動或變形。接着劑的分類情形如下：

(一)依硬化方式分：

1.蒸發型接着劑：此類接着劑使用最為普遍，當接着劑的溶液、乳液或分散媒通過接合物孔隙揮發之後，接着劑即產生固化。此類接着劑以應用在紙、布、木、竹、皮革等多孔性或膨潤性的接合體上為佳，其種類如

下表 (表 8-12.1)

表 8-12.1 蒸 發 型 接 着 劑

型　　別	接　　着　　基　　劑	溶劑（分散媒）
溶　液　型	澱粉、糊精、乾酪素、大豆、動物膠、阿拉伯膠、加拿大香膏 (Canada Balsam)、甲基纖維素、藻酸鈉 (sodium alginate)、聚乙烯醇、聚乙烯甲醚 (polyvinyl methyl ether)、矽酸鈉	水
溶　液　型	天然橡膠、硝酸纖維素、醋酸纖維素、乙基纖維素、氯乙烯—醋酸乙烯酯共聚合物、聚乙烯縮丙醛、聚丙烯酸酯、聚苯乙烯、合成橡膠、酸醇樹脂、苯駢呋喃—茚樹脂 (Coumarone-indene resin)	有　機　溶　劑
乳 濁 液 型	天然橡膠、聚醋酸乙烯酯、聚丙烯酸酯合成橡膠	水

2.感壓型接着劑: 將接着劑加壓力於接合體上，使粘性流動而緊密接合之，如粘膠帶、絆創膏、絕緣膠帶等，將基劑塗佈於支撐體上者均屬之，此類接着劑有如下表 (表 8-12.2)。

表 8-12.2 感 壓 型 接 着 劑

粘 着 基 劑	天然橡膠、松脂、合成橡膠、酸醇樹脂、苯駢呋喃—茚樹酯、聚醋酸乙烯酯、聚乙烯縮丙醛、聚乙烯醚、聚異丁烯
支　撐　體	橡皮、布、紙、玻璃紙、玻璃纖維布、聚氯乙烯、醋酸纖維素、聚乙烯、氟碳樹脂、多元酯

3.感熱型接着劑: 將接着劑加熱軟化或熔融，然後緊壓於接合物，冷却後卽呈固化，這一類接着劑係使用熱可塑性樹脂爲基材，接着溫度則由

樹脂的軟化點來決定，熱可塑性樹脂用於接着方面種類頗多，例如將聚氯乙烯、醋酸乙烯酯系樹脂在溶液狀態下塗刷於紙張、玻璃紙、鋁箔上，乾燥後可用加壓（熱封）使其接着。將 PVC 熔接棒，用熱噴槍的熱風熔融後，可以作硬質 PVC 的接着劑，又如將聚乙烯縮丁醛夾於兩張玻璃中間加壓、加熱使密貼，可成三明治式的安全玻璃。下表（表8-12.3）為可作接着劑的樹脂及其熔着溫度。

熱　可　塑　性　樹　脂	熔着溫度 °C
聚醋酸乙烯酯（PVAc）	40～100
聚氯化乙烯（PVC）	180
氯化乙烯—醋酸乙烯酯共聚合體	
95: 5	165
90:10	155
85:15	130
70:30	100
聚偏二氯乙烯	200
偏二氯乙烯—氯乙烯共聚合體	
95: 5	180
90:10	170
80:20	150
聚乙烯縮丁醛	102
聚乙烯縮乙醛	125
聚乙烯縮甲醛	150
聚乙烯（PE）	110～120
聚苯乙烯（PS）	
分　子　量　200,000	>180
120,000	160～180
23,000	～130
3,000	105～100
聚 α—甲基丙烯酸丁酯	30
聚 α—甲基丙烯酸乙酯	115
聚 α—甲基丙烯酸甲酯	180

4.反應型接着劑：將尚未架橋化的液體施塗於接合物之中，於常溫或加熱狀態下添加促進劑，使其發生聚縮或聚加反應，卽成不熔亦不融的樹脂，而產生接着作用，此類接着劑多以熱硬化性樹脂爲基劑。如石炭酸、尿素、三聚氰胺、酞酐、呋喃等屬於聚縮樹脂；如雙環氧化合物、異氰酸酯、不飽和多元酯、呋喃甲醇等屬於聚加樹脂。兩者的接着強度都非常大。

(二)依成分性質分：

1.植物性接着劑：以玉米、番薯、樹薯、西米等的澱粉爲原料，其形態有乾式、糊狀或液狀。

2.動物性接着劑：其原料多來自魚膠或肉類罐頭工業的副產品，形態可有乾式、膏狀或液狀。

3.樹脂類接着劑：多以合成樹脂爲基劑，配合其他原料製成，其形態可有乳狀、液狀及固態者。

4.橡膠類接着劑：原料來自天然橡膠或合成化合物，形態多爲乳狀與溶液狀者。

5.乾酪素 (Casein)：原料來自牛乳，有乾式與溶液狀者。

6.天然膠：如阿拉伯膠、特拉加康斯 (Tragacnth) 膠等，多爲溶液狀。

8-13　接着劑的選擇

接着的強度受接着劑的凝結力以及互接物界面吸着力影響甚大，故在使用接着劑以前，對於各種條件要詳加考慮，例如接合體的材質、表面狀態、接着部分的形狀、接着方法、是否可以加熱、接着後的環境、接着部的受力、對藥性水性等的抗力等等，茲將各類接着劑的性能表列如下：（表 8-13.1）

表 8-13.1　各類接著劑的性能

接着方式：SR＝溶劑從溶液或乳劑逸出　F＝熱融解　V＝加熱　R＝常溫硬化(21〜27°C)
　　　　　M＝65〜95°C硬化　H＝135〜155°C硬化　　CR＝由於化學反應硬化
溶　　劑：A＝醇類　Cl＝氯化烴　E＝脂肪酸脂　H＝芳香烴　H.A＝脂肪烴
　　　　　K＝酮類　W＝水（溶劑或乳劑）
性　　能：◎＝優　○＝良　△＝可　・＝稍不良　×＝不良

主成分的塑別	接着方式	溶劑	水	溶劑	熱	低溫	菌	木材	金屬	橡膠	玻璃	皮革	紙	織物	陶器
動物性糊　乾酪素	CR.SR.	W.	△	○	△	△	・	○	×	×	×	○	○	△	
膠	SR.	W.	×	◎	△	○		◎	×	×	×	△	○	◎	△
血清															
蛋白	SR.	W.	×	○	・	・	・	×	×	×	×	○	○	△	
	M.	W.	△	△	△	△		○	・			×	△	◎	
溶解性血清	SR.	W.	×	○	・	・	・	△	×	×	×	○	○	△	
	M.	W.	△	△	△	・		・	×			×	△	◎	
植物性糊　糊精	SR.	W.	×	△	・	・	×	・	×	×	×	○	◎	△	
阿拉伯膠	SR.	W.	×	△	・	・	×	×	×	×	△	◎	△		
礦物性糊　矽酸鈉	M.SR.	W.	×					△	△		◎		○	△	◎
熱可塑性　乙烯基樹脂															
乙烯縮醛	SR.F.	A.E.H.	○	△	・			○	○	△	○		△	△	
聚醋酸乙烯酯或聚醋酸乙烯醇	SR.F.	A.Cl.E.H. K.W.	・	△	△	△		◎	◎	◎	○	○	○	◎	
醋酸乙烯酯共聚合物	SR.	A.Cl.E.H. K.W.	△	△	△	△		◎	○		○	○	◎	○	
乙烯醇	SR.	A.W.	・	◎	◎	△		△	×	×	×	○	○	◎	
乙烯・烷基醚	R.F.	A.Cl.E.F. K.W.	○	×		○	○	○	・		○	・	○		
乙烯・甲基醚・順丁烯二酸酐	SR.E.CR.	A.E.K.W.	×	×		△	○	△	・			○	○		
聚氯乙烯	SR.E.	A.	△	△	△			◎	◎	◎	○	○	○	○	
乙烯聚丁醛	SR.F.	E.W.	○	○		△	△	△	○		◎	○	○	○	
聚乙烯、醋酸乙烯酯共聚合物	SR.F.	E.K.						○	○		○	○	○	○	

主成分的塑膠		接着方式	溶　劑	抵抗性					接着性							
				水	溶劑	熱	低溫	菌	木材	金屬	橡膠	玻璃	皮革	紙	織物	陶器
熱	一氮伍圓酮-(2)乙烯	SR.H.	A.Cl.E.H.K.W.	×	×	○	○	○	△	△	○	◎	◎	○	◎	
	偏二氯乙烯共聚合物	SR.F.	E.K.W.	◎	○	•	○	◎	△	△	○	△	○	○	◎	
	丙烯酸酯系樹脂															
	丙烯酸乙酯	SR.	E.K.	◎	•	○	○	○	•	×	○	○	○	○	◎	
	甲基丙烯酸丁脂	SR.	E.H.K.	◎	•	×	○	○	•	○	○	◎				
可	甲基丙烯酸異丁酯	SR.	E.H.K.	◎	•	○	○	○	•	○	○	◎				
	甲基丙烯酸乙酯	SR.F.	Cl.E.H.	○	•	×	○	○	•	△	○	○				
	甲基丙烯酸甲酯	SR.F.	Cl.E.H.K.	○	×	△	◎	×	×	△	○	○	◎			
	α-氰基丙烯酸甲酯	R.	不要	△	○	•	○	-	◎	○	◎	•	×	×	◎	
	纖維素															
	醋酸纖維素	SR.F.	Cl.E.K.	•	△	○	•	◎	△	×	×	×	○	○		
	醋酸鉻酸纖維素	SR.F.	A+HCl.E.H.K.	•	•	•	◎	△								
	硝酸纖維素	SR.	E.K.(A+H)	•	•	△	•	•	○	•	×	△	◎	○		
	乙基纖維素	SR.F.	A.E.H.K.	△	×	•	◎	○	△	△	○	×	△	○		
	烴乙基纖維素	SR.F	W.	×	◎	○	○	△	-	-	•	-	○	◎		
塑	CMC	SR.	W.	×	◎	△	○	•	-	-	-	-				
	甲基纖維素	SR.	W.	×	◎	△	○	△	×	•	×	△	○	△		
	苯乙烯系樹脂															
	聚苯乙烯	SR.F	Cl.E.H.K.W.	◎	△	△	○	○	×	△	○	△	○	◎		
	苯駢呋喃-茚樹脂	SR.F	Cl.F.H.K.W.	◎	×	•	△	△	○	○	○	○				
	聚異丁烯	SR.	H.HA.	◎	×	×	◎	×	×	×	○	○	×			
	多元醯胺系樹脂															
性	多元醯胺	SR.	A	◎	○	△	○	◎	◎	○	-	○	○	◎	◎	
	蟲膠	SR.	A.	○	×	△	○	△	○	○	○	○	○	○		
	瀝青	H.	H.HA.	○	×	×	○	◎	△	○	○	○	△	○		

主成分的塑膠	接着方式	溶劑	水	溶劑	熱	低溫	菌	木材	金屬	橡膠	玻璃	皮革	紙	織物	陶器
酚系樹脂															
酚甲醛樹脂	R.	A.K.W.	◎	◎	◎	◎	◎	△	×	◎	×	△	△	△	○
	M.	A.K.W.	◎	◎	◎	◎	◎	◎	×	◎	×	○	○	○	○
	H.	A.K·W.	◎	◎	◎	◎	◎	◎	×	◎	×	◎	○	○	○
酚甲醛·彈性體	SR.R.	Cl.K.	◎	◎	◎	◎	◎	◎	◎	◎	◎	◎	◎	◎	
	M.	Cl.K.	◎	◎	◎	◎	◎	◎	◎	◎	◎	◎	○	○	
	F.H.	Cl.K.	◎	◎	◎	◎	◎	◎	◎	◎	◎	◎	○	○	
酚甲醛·環氧	H.CR.	不要	◎	◎	◎	◎	◎	◎	•	◎	○	◎	○	○	
酚甲醛·多元醯胺	F.H.	A.	×	•	△	◎	◎	◎	×	×	•	×	•	•	
酚甲醛·乙烯縮醛	M.H.	A.H.K.	◎	◎	◎	△	◎	◎	◎	○	•	△	◎	○	
間—苯二酚系樹脂															
間—苯二酚	R.	A.K.W.	◎	◎	◎	◎	◎	◎	×	◎	×	◎	○	○	○
	M.	A.K.W.	◎	◎	◎	◎	◎	◎	×	◎	×	○	○	○	○
間—苯二酚·呋喃甲醛	R.	A.W.	◎	◎	◎	◎	◎	◎	×	◎	×	○	○	○	•
間—苯二酚·酚	R.	A.K.W.	◎	◎	◎	◎	◎	◎	×	◎	×	○	○	○	○
	M.	A.K.W.	◎	◎	◎	◎	◎	◎	×	◎	×	◎	○	○	○
間—苯二酚·多元醯胺	R.	A.W.	◎	◎	◎	◎	◎	•	◎	○	○	○	○	△	
間—苯二酚·尿素	M.	W.	○	◎	○	◎	◎	◎	×	○	×	◎	◎	○	△
尿素樹脂															
尿素	R.	W.	△	◎	△	◎	◎	◎	◎	×	×	○	○	◎	○
	H.	W.	○	◎	△	◎	◎	◎	×	×	×	○	◎	◎	×
尿素·呋喃甲醇	R.	W.	○	◎	△	◎	◎	◎	×	○	×	○	○	◎	×
三聚氰胺系樹脂															
三聚氰胺	H.	A.	◎	◎	◎	◎	◎	◎	×	×	×	×	○	○	•
三聚氰胺·尿素	H.	W.	◎	◎	◎	•	◎	◎	◎	×	◎	×	◎	○	△

主成分的塑膠		接着方式	溶　　劑	抵抗性					接　着　性							
				水	溶劑	熱	低溫	菌	木材	金屬	橡膠	玻璃	皮革	紙	織物	陶器
熱硬化性	多元醯胺系樹脂															
	多元醯胺·環氧	M. R. SR. CR. H.	不要或者APR	◎	◎	○	○	◎	◎	◎	◎	◎	◎	◎	◎	◎
	多元酯系樹脂															
	多元酯	H.	A. E. H. K.	○	◎	△	○	△	○	△	◎	·	○	△	○	△
	多元酯·彈性體	H. R.	不要	◎	○	◎	◎	◎	◎	·	◎	△	○	◎		
	酸醇樹脂	SR. F.	E. H. W.	○	△	×	△	○	△	◎						
	環氧樹脂	C. R. H. M. R.	不要	◎	◎	○	◎	◎	◎	◎	◎	◎	◎	◎		
	呋喃樹脂															
	呋喃甲醇或呋喃酮	R.	A. K. Cl.	◎	◎	◎	○	◎	○	×	○	△	△	○		
		H.	A. K. Cl.	◎	◎	△	○	◎	○	×	◎	△	○	○	△	
		CR.	A. K. Cl.	◎	◎	△	◎	○	·	·	○	△	×	×	◎	
	聚氨基甲酸酯															
	異氰胺酯樹脂	H. R. M.	Cl. E. H. K.	◎	◎	◎	◎	◎	◎	◎	◎	◎	◎	◎	◎	
	矽氧系樹脂															
	矽氧	H.	H. K.	◎	·	◎	○	○	-	○	-	○	-	-	○	
	矽氧橡膠	R. V.	H.	◎	×	◎	○	○	-	◎	-	◎	-	-	○	
橡膠	橡膠															
	天然橡膠	SR.	Cl. H. HA. W.	○	·	·	○	◎	·	△	◎	○	◎	○		
		V.	Cl. H. HA. W.	○	△	△	○	◎	·	·	◎	○	◎	◎		
	再生橡膠	SR.	Cl. H. HA. W.	◎	·	·	○	◎	○	△	○	○	◎	○		
		V.	Cl. H. W.	△	·	○	○	◎	○	△	△	○	◎	·		
	氯化橡膠	SR. F.	E. H. K.	△	×	△	△	◎	△	△	△	△	○	△		
	環化橡膠	SR. F.	Cl. H.	◎	·	·	△	◎	·	△	○	×	×	◎	◎	×
	丁二烯·丙烯腈橡膠	SF. F	Cl. H. K. W.	◎	◎	◎	○	◎	○	◎	◎	◎	◎	△		
		V.	Cl. H. K.	◎	○	△	○	◎	○	◎	◎	◎	◎	△		

主成分的塑膠		接着方式	溶　　劑	抵抗性					接　着　性							
				水	溶劑	熱	低溫	菌	木材	金屬	橡膠	玻璃	皮革	紙	織物	陶器
橡　　　膠	丁二烯·苯乙烯橡膠	SR. V.	Cl. H. HA. K. V.	○	·	△	○	◎	○	○	○	○	○	○	◎	·
	丁烯橡膠	SR.	H. W.	○	·	○	△	·	△	△	○	◎	○	◎	△	
		V.	H.	△	·	△	△	·	△	△	△	○	△	△	△	
	氯橡膠	SR. R.	Cl. E. H. HA. K. W.	◎	◎	○	○	△	·	△	·	△	·	△	△	×
		V.	Cl. E. H. K.	◎	◎	△	○	○	◎	○	○	○	○	○	○	
	多硫橡膠 (Thiokol)	SR.	Cl. H. W.	△	△	△	△	○	△	·	△	·	△	△	△	
		CR.	Cl. H.	△	○	○	△	○	△	◎	○	○	○	○	○	
	多硫橡膠·環氧系	CR. MR.	不要	◎	◎	○	○	◎	○	◎	△	○	○	○	◎	◎

　　本省市面上出售之接着劑成品頗多，茲舉南寶牌合成樹脂接着劑之產品及適用範圍以供參考（表 8-13.2）。

8-14　使用接着劑應注意的事項

　　使用接着劑時，如方法得當，可以避免許多無謂的損失，下列事項在使用接着劑時宜加注意：

　　㈠多數接着劑均為液態，其性能與時間有關，久了常會變化，故使用時先從陳料開始，如能在容器上標明進貨日期，依次應用，則更為理想。

　　㈡有許多糊料，外表看來相似，但其成分可能迥然不同，最好不要隨便混合，以免引起化學變化，破壞性能。

　　㈢濃稠或糊性的接着劑，要避免乾燥或結殼，如裝在容器中，壁上要時常刮拭，保持乾淨，乾燥的糊料不但浪費無用，如掉入接着劑中在機器塗佈時會引起很大麻煩。

　　㈣植物性接着劑，特別是漿糊，結冰後即失效，而不能恢復原來性質，故應避免冰結。

　　㈤任何動物性接着劑，加熱的時間無論長短，皆不得超過 60°C，若

連續施以高溫，其強度將急劇降低，喪失正常的效果，故通常應裝置溫度穩定控制器。

㈥使用接着劑，其劑量以最薄份量能達到接合目的卽可。劑量不宜過多，愈多則劑膜愈厚，固結需時愈長，且易使紙張等的接着面起皺起泡，而在成本方面也划不來。

㈦不可將乾糊料加入已調好的溶液中，如此將導致糊料結塊。要使稀溶液變濃，應先調好濃度高的溶液，再摻合混和，直到達到目的爲止。

㈧調好的接着劑，最好靜置一段時間再開始使用，最低限度要待幾小時，如此可使黏度及其他性質穩定，達到良好的效果。

㈨糊料冷卻後，通常其黏度變大，任何接着劑在使用前，應使其在正常作業溫度內，如溫度不足應使其增溫，如欲加添稀釋劑，亦應在增溫後加入，否則容易調得過稀。

書名	作者	
國史新論	錢穆	著
秦漢史	錢穆	著
秦漢史論稿	邢義田	著
與西方史家論中國史學	杜維運	著
中西古代史學比較	杜維運	著
中國人的故事	夏雨人	著
明朝酒文化	王春瑜	著
共產國際與中國革命	郭恒鈺	譯
抗日戰史論集	劉鳳翰	著
盧溝橋事變	李雲漢	著
老臺灣	陳冠學	著
臺灣史與臺灣人	王曉波	著
變調的馬賽曲	蔡百銓	譯
黃帝	錢穆	著
孔子傳	錢穆	著
唐玄奘三藏傳史彙編	釋光中	編
一顆永不殞落的巨星	釋光中	編
當代佛門人物	陳慧劍	著
弘一大師傳	陳慧劍	著
杜魚庵學佛荒史	陳慧劍	著
蘇曼殊大師新傳	劉心皇	著
近代中國人物漫譚‧續集	王覺源	著
魯迅這個人	劉心皇	著
三十年代作家論‧續集	姜穆	著
沈從文傳	凌宇	著
當代臺灣作家論	何欣	著
師友風義	鄭彥棻	著
見賢集	鄭彥棻	著
懷聖集	鄭彥棻	著
我是依然苦鬥人	毛振翔	著
八十憶雙親、師友雜憶（合刊）	錢穆	著
新亞遺鐸	錢穆	著
困勉強狷八十年	陶百川	著
我的創造‧倡建與服務	陳立夫	著
我生之旅	方治	著

語文類

書名	作者	
中國文字學	潘重規	著

— 2 —

滄海叢刊書目

— 1 —